高等职业教育工程造价专业系列教材

建筑设备识图与施工工艺

丛书总主编　胡六星

主　　　编　徐　欣

副　主　编　黄煜煜　　王利霞　　徐德胜

参　　　编　黄怡鋆　　丁艳荣　　王国霞

主　　　审　景巧玲　　袁　昶

机械工业出版社

本书是全国高等职业教育工程造价专业规划教材，是根据教育部对高等职业教育的教学基本要求编写完成的。本书系统地介绍了包括建筑给水排水工程识图与施工、供暖与燃气工程识图与施工、通风与空调工程识图与施工、建筑电气工程识图与施工等内容。其体系完备、内容翔实、图文并茂、深入浅出、系统性强，注重实践性和实用性，突出现行新规范和新标准。

　　本书可作为高职高专院校、成人高校及继续教育和民办高校工程造价专业、建筑工程技术专业、工程监理专业、建筑装饰工程技术专业教材，同时亦适用于建筑经济管理、物业管理等专业。此外，还可作为建筑工程专业师生及技术人员的岗位培训教材及有关人员的自学教材。

图书在版编目（CIP）数据

建筑设备识图与施工工艺/徐欣主编. —北京：
机械工业出版社，2015.4（2024.1重印）
高等职业教育工程造价专业系列教材
ISBN 978-7-111-49715-8

Ⅰ.①建…　Ⅱ.①徐…　Ⅲ.①房屋建筑设备-建筑安装工程-建筑制图-识别-高等职业教育-教材②房屋建筑设备-建筑安装工程-工程施工-高等职业教育-教材
Ⅳ.①TU8

中国版本图书馆 CIP 数据核字（2015）第 055470 号

机械工业出版社（北京市百万庄大街 22 号　邮政编码 100037）
策划编辑：李　莉　责任编辑：李　莉
责任印制：常天培　责任校对：任秀丽　胡艳萍
固安县铭成印刷有限公司印刷
2024 年 1 月第 1 版·第 11 次印刷
184mm×260mm · 19.75 印张 · 485 千字
标准书号：ISBN 978-7-111-49715-8
定价：55.00 元

电话服务　　　　　　　　　网络服务
客服电话：010-88361066　　机 工 官 网：www.cmpbook.com
　　　　　010-88379833　　机 工 官 网：weibo.com/cmp1952
　　　　　010-68326294　　机 工 官 博：www.golden-book.com
封底无防伪标均为盗版　　机工教育服务网：www.cmpedu.com

前　　言

本书是根据《教育部 财政部关于实施国家示范性高等职业院校建设计划 加快高等职业教育改革与发展的意见》（教高［2006］14 号）、《教育部关于全面提高高等职业教育教学质量的若干意见》（教高［2006］16 号）等文件精神，依据工程造价专业基本要求，由经验丰富的一线教师编写而成。本书以学生能力培养为主线，具有鲜明的时代特点，体现出实用性、实践性、创新性的特色，是一本理论联系实际、教学面向生产的高职高专教育精品规划教材。

本书在编写过程中遵循的原则以及特点如下。

1. 本书理论和实践部分重点内容翔实、图文并茂、通俗易懂，便于学生自学。

2. 本书内容包含理论讲解、施工图识图、施工安装，形成完整的知识体系，各专业可根据需要有选择性地讲解。书中特别强调对学生识图能力的培养，提高学生的实践技能，体现了高等职业教育注重以能力为本位的人才培养观念。

3. 采用现行的规范和标准。书中内容介绍了新材料、新技术、新工艺，使学生更多地掌握新知识、新技术。

4. 本书实用性强，对于那些需要进一步提高的学生、相关专业的工程技术人员也有一定的参考价值。

本书的编写分工如下：单元 1、单元 3、单元 5、单元 6，由湖北水利水电职业技术学院徐欣编写；单元 2，由湖北水利水电职业技术学院黄煜煜编写；单元 4，由山西大同大学王利霞编写；单元 7，由湖北水利水电职业技术学院王国霞和丁艳荣编写；单元 8，由东华理工大学机电工程学院徐德胜编写；单元 9，由湖北水利水电职业技术学院黄怡鎏编写。全书由徐欣负责统一定稿，国家注册造价工程师、监理工程师、湖北城市建设职业技术学院景巧玲及中建三局安装公司高级工程师袁昶任主审。

本书在编写过程中参考了大量的书籍、文献，在此向有关编著者表示衷心的感谢！同时对湖北水利水电职业技术学院建工系主任钟汉华教授及同事们的关心、帮助和支持，在此一并表示感谢！

在编写过程中，由于编者水平有限，书中疏漏之处在所难免，敬请专家、同仁及广大读者批评指正。

编　者

目　　录

单元1 建筑给水工程

学 习 目 标

知识目标

●了解给水系统的分类；理解给水压力的组成；掌握给水系统的组成；掌握建筑常用给水管材及附件特点；理解给水设备的种类及作用；掌握水表、水箱管道安装要点。

●掌握消火栓给水系统的组成及作用；理解自喷系统的组成及作用。

●了解中水系统的组成及中水处理设施；掌握热水供应系统的组成；了解热水供应系统的分类；理解热水管道系统的布置和敷设。

能力目标

●会选择建筑给水方式、管材及阀门。

●初步学会安装水表、水箱。

●火灾发生时，能使用消火栓灭火。

●会选择热水供应方式，初步学会布置热水管道。

课题1 建筑给水系统

建筑给水系统是供应建筑物内部生活、生产和消防用水的一系列工程设施的组合。建筑给水系统的任务是通过室外给水系统将水引入建筑物内，并在满足用户对水质、水量、水压等要求的情况下，经济合理地把水送到各个配水点，如配水龙头、生产用水设备、消火栓等。

1.1.1 建筑给水系统的分类和组成

1. 建筑给水系统的分类

建筑给水系统按供水对象及其用途可以分成三类。

（1）生活给水系统 供人们在不同场合饮用、烹饪、盥洗、洗涤、沐浴等日常用水的给水系统。其水质必须符合国家规定的生活饮用水卫生标准。

（2）生产给水系统 供各类产品生产过程中所需的用水、生产设备的冷却、原料和产品的洗涤及锅炉用水等的给水系统。生产用水对水质、水量、水压的要求随工艺的不同而有较大的差异。

（3）消防给水系统 供各类消防设备扑灭火灾用水的给水系统。消防用水对水质的要求不高，但必须按照建筑设计防火规范保证足够的水量和水压。

上述三类基本给水系统可以独立设置，也可根据情况组成不同的共用给水系统。如生活、生产、消防共用给水系统；生活、消防共用给水系统等。还可按供水用途不同、系统功能不同，设置成饮用水给水系统、中水给水系统、消火栓给水系统、自动喷水灭火给水系统等。

2. 建筑给水系统的组成

一般情况下，建筑给水系统由下列各部分组成，如图1-1所示。

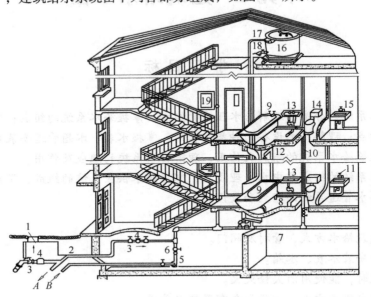

图1-1　建筑给水系统的组成

1—阀门井　2—引入管　3—闸阀　4—水表　5—水泵　6—止回阀　7—干管　8—支管　9—浴盆
10—立管　11—水龙头　12—淋浴器　13—洗脸盆　14—大便器　15—洗涤盆　16—水箱
17—进水管　18—出水管　19—消火栓　A—入贮水池　B—来自贮水池

　　（1）引入管　将室外给水管引入建筑物或将市政管道引入小区给水管网的管段。水表节点是指安装在引入管上的水表及其前后设置的阀门和泄水装置的总称。水表用以计量该幢建筑的总用水量，水表前后的阀门用于水表检修、拆换时关闭管路，泄水装置主要用于系统检修时放空管网、检测水表精度及测定进户点压力值。水表节点一般设在水表井中。接户管是布置在建筑物周围，直接与建筑物引入管和排出管相接的给水排水管道。入户管（进户管）是住宅内生活给水管道进入住户至水表的管段。

　　（2）给水管网　指由建筑内水平干管、立管、横管和连接卫生器具的支管组成的管道系统，其作用是将引入管引入的水输送到各用水点。

　　（3）管道附件　指给水管网中的各种配水龙头、各类阀门、管道支架、补偿器、压力表、温度计等。

　　（4）升压设备　为给水系统提供适当的水压。常用的升压设备有水泵、气压给水设备、变频调速给水设备。

　　（5）贮水和水量调节设备　贮水池、水箱在系统中起流量调节、贮存消防用水的作用，水箱还具有稳定水压的功能。

　　（6）消防设备　建筑物内部应按照《建筑设计防火规范》等规定设置消火栓、自动喷水灭火设备等。

　　（7）给水深度处理设备　水质有特殊需要时（如直饮水系统）需设给水深度处理设备。

1.1.2　建筑给水系统所需压力

1. 计算表达式

建筑给水系统的压力必须满足能将需要的水量输送到建筑物内最不利点（下行上给式系统通常位于系统的最高、最远点）的用水点处，并保证有足够的流出水头。流出水头是指各种配水龙头和用水设备，为获得规定的出水量（额定流量）而必需的最小压力。水头损失指水通过管渠、设备、建筑物等引起的能耗。

给水系统所需水压 H，如图 1-2 所示，其计算公式如下：

$$H = H_1 + H_2 + H_3 + H_4$$

式中　H——给水系统所需的水压（kPa）；

　　　H_1——引入管起点至配水最不利点位置高度所要求的静水压（kPa）；

　　　H_2——引入管起点至配水最不利点的给水管路（即计算管路）的沿程与局部水头损失之和（kPa）；

　　　H_3——水表的水头损失（kPa）；

　　　H_4——配水最不利点所需的流出水头（kPa）。

在初步确定给水方式时，对于一般的多层民用建筑所需的给水压力，可按其层数根据经验法进行估算：1 层为 100kPa；2 层为 120kPa；3 层及 3 层以上每增加 1 层，水压增加 40kPa。上述为按建筑物自室外地面算起所需的最小压力保证值，对于引入管或室内管道较长或层高超过 3.5m 时，其值应适当增加。

2. 计算结果比较

计算出的建筑给水系统所需压力 H 应与室外给水管网压力（也称资用压力）H_0 进行比较。

当室外给水管网压力 H_0 略大于建筑所需压力 H 时，说明设计方案可行。当室外给水管网压力 H_0 略小于建筑所需压力 H 时，可适当放大部分管段的管

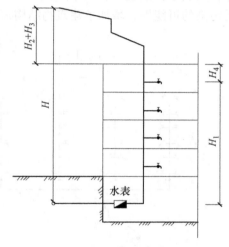

图 1-2　建筑内部给水系统所需压力

径，减小管道系统的压力损失，以达到室外管网给水压力满足室内给水系统所需压力。

当 H_0 大于 H 较多时，可将管网中部分管段的管径调小一些，以节约投资。当 H 大于 H_0 较多时，应在给水系统中设置增压装置。

1.1.3　建筑给水方式

一般建筑工程中常见的给水方式有如下几种。

1. 直接给水方式

当室外给水管网提供的水压、水量和水质都能满足建筑要求时，可直接把室内给水管网与室外给水管网相连，利用室外管网压力供水，称为直接给水方式，如图 1-3 所示。该方式要求室外管网在最低压力时也能满足室内用水要求。一般单层和层数少的建筑采用这种供水方式。这种方式的优点是：可充分利用室外管网水压，节约能源，且供水系统简单、投资少、减少水质受污染的可能性。缺点是：若室外管网一旦停水，室内立即断水。

2. 单设水箱的给水方式

当室外给水管网供水压力大部分时间满足要求,仅在用水高峰时段由于用水量增加,室外管网中水压降低而不能保证建筑上层用水时;或者建筑内要求水压稳定,并且该建筑具备设置高位水箱的条件,可采用这种方式,如图1-4所示。该方式在用水低谷时,利用室外给水管网直接供水并向水箱充水;用水高峰时,水箱出水供给给水系统,从而达到调节水压和水量的目的。

这种给水方式的优点是:系统比较简单,投资较少,充分利用了室外管网压力供水,节电,系统具有一定的储备水量,供水的安全可靠性较好。缺点是:系统设置了高位水箱,增加了水质受污染的可能性,增加了建筑物结构荷载。

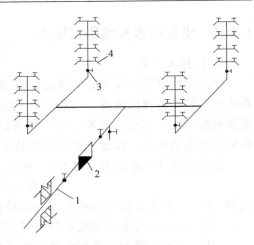

图1-3 直接给水方式
1—引入管 2—水表 3—阀门 4—配水龙头

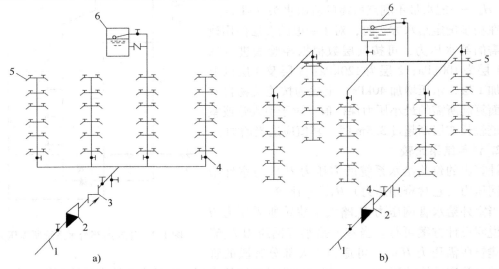

图1-4 单设水箱的给水方式
a) 管网部分由水箱供水 b) 管网全部由水箱供水
1—引入管 2—水表 3—止回阀 4—阀门 5—配水龙头 6—水箱

3. 设贮水池、水泵的给水方式

设贮水池、水泵的给水方式是指室外管网供水至贮水池,由水泵将贮水池中水抽升至室内管网各用水点,如图1-5所示。此方式适用于外网的水量满足室内的要求,而水压大部分时间不足的建筑。当室内一天用水量均匀时,可以选择恒速水泵;当用水量不均匀时,宜采用变频调速泵,使水泵在高效工况下运行。这种供水方式安全可靠,不设高位水箱,不增加建筑结构荷载。但是外网的水压没有充分被利用。为了安全供水,我国当前许多城市的建筑小区设贮水池和集中泵房,定时或全日供水,也采用这种小区供水方式。

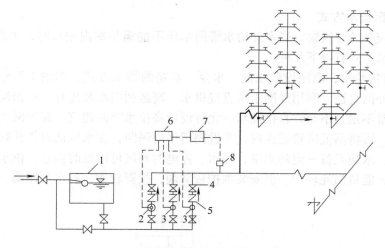

图 1-5　设贮水池、水泵的给水方式

1—贮水池　2—变速泵　3—恒速泵　4—闸阀　5—止回阀

6—电控柜　7—调节器　8—管道水压控制器

4. 水泵和水箱的给水方式

水泵、水箱的给水方式，如图 1-6 所示，是水泵自贮水池抽水加压或直接抽水加压，利用高位水箱调节流量，在外网水压高时也可以直接供水。此方式适用于外网水压经常或间断不足，允许设置高位水箱的建筑。设置的水箱贮备一定水量，停水停电时可以延时供水，供水可靠，可以充分利用外网水压，节省能量。但安装、维护较麻烦，投资较大；有水泵振动和噪声干扰；需设高位水箱，增加结构荷载。

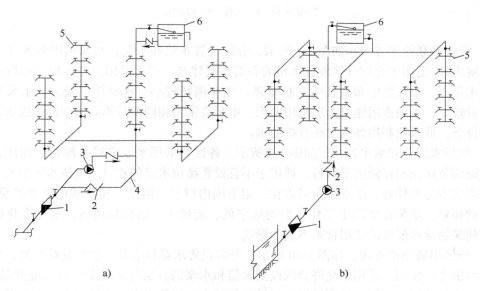

a)　　　　　　　　　b)

图 1-6　设水泵、水箱的给水方式

a) 水泵直接抽水　b) 水泵从贮水池抽水

1—水表　2—止回阀　3—水泵　4—旁通管　5—配水龙头　6—水箱

5. 竖向分区给水方式

对于层数较多的建筑物，当室外给水管网水压不能满足室内用水时，可将其竖向分区。各区采用的给水方式有以下几种。

1）低区直接给水，高区设贮水池、水泵、水箱的供水方式，如图 1-7 所示，这种供水方式是低区与外网直连，利用外网水压直接供水，高区利用水泵提升，水箱调节流量。适用于外网水压经常不足且不允许直接抽水，允许设置高位水箱的建筑。在外网水压季节性不足供低区用水时，可将高低区管道连通，并设阀门平时隔断，在水压低时打开阀门由水箱供低区用水。水池、水箱贮备一定的水量，停水、停电时高区可以延时供水，供水可靠。可利用部分外网水压，能量消耗较少。但安装维护较麻烦，投资较大，有水泵振动、噪声干扰。

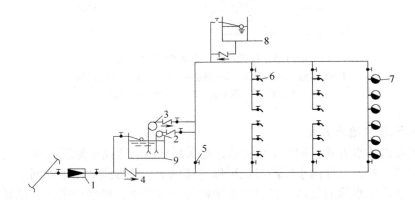

图 1-7　低区直接给水，高区设贮水池、水泵、水箱的给水方式
1—水表　2—生活水泵　3—消防泵　4—止回阀　5—阀门　6—配水龙头
7—消火栓　8—水箱　9—贮水池

2）分区并联给水方式，如图 1-8 所示，分区设置水箱和水泵，水泵集中布置（一般设在地下室内）。适用于允许分区设置水箱的各类高层建筑，广泛采用。各区独立运行互不干扰，供水可靠，水泵集中布置便于维护管理，能源消耗较小。管材耗用较多，水泵型号较多，投资较高，水箱占用建筑上层使用面积。水泵宜采用相同型号不同级数的多级水泵，在可能条件下，低区应利用外网水压直接供水。

3）气压水罐并联给水方式，如图 1-9 所示，各区均采用水泵自贮水池抽水加压，利用气压水罐调节水压和控制水泵运行。适用于不宜设置高位水箱的建筑。气压水罐给水方式的优点是水质卫生条件好，给水压力可以在一定范围内调节。但是气压水罐的调节贮量较小，水泵启动频繁，水泵在变压下工作，平均效率低、能耗大、运行费用高，水压变化幅度较大，对建筑物给水配件的使用带来不利的影响。

4）分区串联给水方式，如图 1-10 所示，分区设置水箱和水泵，水泵分散布置，自下区水箱抽水供上区使用。适用于允许分区设置水箱和水泵的高层建筑（如高层工业建筑）。这种给水方式的总管线较短，投资较省，能量消耗较小。但是供水独立性较差，上区受下区限制；水泵分散设置，管理维护不便；水泵设在建筑物楼层，由于振动产生噪声干扰大；水泵、水箱均设在楼层，占用建筑使用面积。

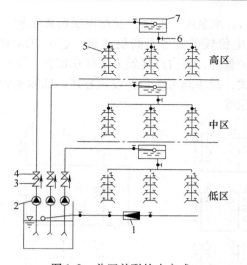

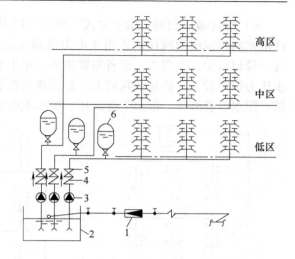

图 1-8 分区并联给水方式
1—水表 2—水泵 3—止回阀
4、6—阀门 5—配水龙头 7—高位水箱

图 1-9 气压水罐并联给水方式
1—水表 2—贮水池 3—水泵
4—止回阀 5—闸阀 6—气压水罐

5）分区水箱减压给水方式，如图 1-11 所示，分区设置水箱，水泵统一加压，利用水箱减压，上区供下区用水。适用于允许分区设置水箱，电力供应充足，电价较低的各类高层建筑。这种给水方式的水泵数量少、维护管理方便；各分区减压水箱容积小，少占建筑面积。下区供水受上区限制，能量消耗较大。屋顶的水箱容积大，增加了建筑物的荷载。在可能的条件下，下层应利用外网水压直接供水，中间水箱进水管上最好安装减压阀，以防浮球阀损坏和减缓水锤作用。

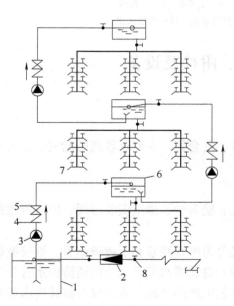

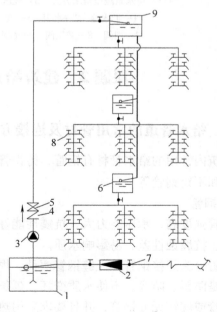

图 1-10 分区串联给水方式
1—贮水池 2—水表 3—水泵 4—止回阀
5—闸阀 6—水箱 7—配水龙头 8—阀门

图 1-11 分区水箱减压给水方式
1—贮水池 2—水表 3—水泵 4—止回阀 5—闸阀
6—减压水箱 7—阀门 8—配水龙头 9—高位水箱

6）分区减压阀减压给水方式，如图1-12所示，水泵统一加压，仅在顶层设置水箱，下区供水利用减压阀减压。适用于电力供应充足，电价较低的各类高层建筑。这种方式的设备、管材较少，投资省，设备布置集中，便于维护管理，不占用建筑上层使用面积。下区供水压力损耗较大，能量消耗较大。根据建筑物形式，减压阀可有各种设置方式，如输水管减压、配水立管减压、配水干管减压、配水支管减压等。

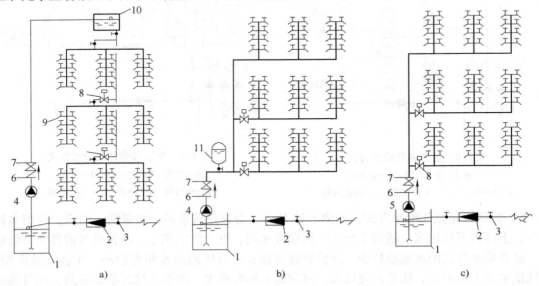

图1-12 分区减压阀减压给水方式
a）高位水箱减压给水方式 b）气压水罐减压给水方式 c）无水箱减压给水方式
1—贮水池 2—水表 3—阀门 4—水泵 5—变速泵 6—止回阀
7—闸阀 8—减压阀 9—配水龙头 10—高位水箱 11—气压水罐

课题2 建筑给水管材、附件及设备

1.2.1 给水管道的常用管材及连接方式

建筑内常用的给水管材有钢管、铸铁管、塑料管、复合管，在要求较高的建筑中还可采用铜管和不锈钢管等。

1. 钢管

钢管强度高、承压能力大、抗震性能好、长度大、接头少、加工安装方便，但造价较铸铁管高、抗腐蚀性差、易影响水质。

钢管分为焊接钢管和无缝钢管两种。焊接钢管又分为镀锌钢管和不镀锌钢管。钢管镀锌的目的是防锈、防腐、不使水质变坏、延长使用年限。自动喷水灭火系统的消防给水管采用镀锌钢管或镀锌无缝钢管，并且要求采用热浸镀锌工艺生产的产品。水质没有特殊要求的生产用水或独立的消防系统，才允许采用非镀锌钢管。焊接钢管的直径规格用公称直径 DN 表示。一般情况下 DN 既不是内径也不是外径，而是名义直径，只要公称直径相同的管材、管件或阀门等就可直接相互连接。无缝钢管承压能力较高，一般用于高温高压的管路系统中。

无缝钢管的规格用外径×壁厚（$D×\delta$）表示，外径相同的管道，根据压力和温度的不同而采用不同的管壁厚。工作时介质具有温度，温度升高会降低材料的机械强度，因此，管道及附件的最高工作压力随介质温度的升高而降低。

钢管的连接方法有螺纹连接、焊接、法兰连接和沟槽式（卡箍）连接。螺纹连接是利用螺纹连接管件（管道接头零件），相互连接各管段。管件包括接长用（管箍、外丝）、转弯用（90°弯头、45°弯头）、分支用（三通、四通）、变径（补芯、大小头）、封堵（丝堵、管堵头）、拆卸（活接头）等多种，如图 1-13 所示。螺纹连接也称丝扣连接。焊接接头紧密、不需配件，施工迅速，但不能拆卸。镀锌钢管不能焊接。法兰连接一般用于阀门、水表、水泵等与管道连接处，以及需要经常拆卸检修的管道上。沟槽式连接是用滚槽机或开槽机在管材上开（滚）出沟槽，套上密封圈，再用卡箍固定。与螺纹连接相比，可以将连接口径范围扩大，能承受较高的压力；与法兰连接相比，不破坏镀锌层，不需要二次镀锌，操作方便，拆卸灵活。

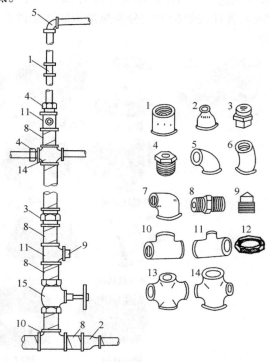

图 1-13 钢管螺纹连接配件及连接方法
1—管箍 2—异径管箍 3—活接头 4—补芯 5—90°弯头
6—45°弯头 7—异径弯头 8—外丝 9—管塞 10—等径
三通 11—异径三通 12—螺母 13—等径四通
14—异径四通 15—阀门

2. 铸铁管

铸铁管按材质分为球墨铸铁管和普通灰口铸铁管。铸铁管具有抗腐蚀性好、经久耐用、价格便宜的特点，适宜埋地敷设，但性脆、重量大，施工比钢管困难。球墨铸铁管具有铸铁管的耐腐蚀性和钢管的韧性和强度，耐冲击、耐振动、管壁薄等优点，在给水管材中有较好的应用前景。

铸铁管接口形式有承插接口和法兰接口。泵房内或经常拆卸检修的管道，多使用法兰接口。承插接口就是将填料填充在承口和插口间的缝隙内将二者连接起来。填料分为石棉水泥、膨胀水泥、青铅及柔性橡胶圈等。铸铁管的规格用公称直径 DN 表示。

3. 塑料管

目前，塑料给水管在民用建筑给水领域的应用越来越广泛。塑料管的种类较多，常用的有聚乙烯（PE）管、高密度聚乙烯（HDPE）管、硬聚氯乙烯（UPVC）管、聚丙烯（PP-R）管、聚丁烯（PB）管等。与金属管材相比，塑料管具有内外壁光滑、流体阻力小、色彩柔和、造型美观、重量轻、安装方便、防锈、耐腐蚀、使用寿命长、综合造价低等优点，因此得以广泛应用。

塑料管的连接方法一般有螺纹连接、热熔焊接、法兰连接、胶黏连接等。塑料管件有三通、四通、弯头等，用途与钢管管件相同。

下面以用途最广的聚丙烯管为例进行介绍。

（1）聚丙烯（PP-R）管材与管件　如图1-14所示的分类，PP-R规格用外径 *de*（范围为12~160mm）和壁厚 *e* 表示，公称压力最高为2.0MPa（冷水）和1.0MPa（热水），管材一般为灰色。管材按壁厚尺寸分为S5、S4、S3、S2.5和S2五个系列。管材长度一般为4m或6m。管件按熔接方式分为热熔承插连接件和电熔连接管件。管件按管系列S分类与管材相同。

| 截止阀 | 内螺纹三通 | 90°弯头 | 挂墙弯头 | 短脚管卡 |

| 外螺纹三通 | 活接头 | 管帽 | 四通 | 内螺纹弯头 |

| 外螺纹活接 | 45°弯头 | 异径套管 | 外螺纹接头 | 正三通 |

| 同径直通 | 异径直通 | 内螺纹直接 | 外螺纹弯头 |

图1-14　PP-R管管材管件

（2）管材、管件特点　产品无毒、卫生性能好；耐热性能好，长期使用温度为70℃，瞬时温度可达95℃；保温性能好，导热系数只有钢管的1/200，用于热水系统中无需再加保温材料；使用寿命长，管道系统在正常使用条件下寿命达50年以上；该管材安装方便可靠，热熔式连接，数秒钟可完成一个接点，无渗漏之忧；环保，废料可多次重复回收利用，属于绿色环保建材。缺点是抗气体渗透性差、低温脆性较大、线膨胀系数较大、长期受紫外线照射易老化分解。

（3）适用范围　适用于建筑物内冷热给水、纯净水、液体食品、酒类的输送及供暖系统、空调系统用水等。

4. 复合管

复合管是金属与塑料混合型管材，它结合金属管材和塑料管材的优势，有铝塑复合管和钢塑复合管两类。

铝塑复合管，如图1-15所示是中间以铝合金为骨架，内外壁均为聚乙烯等塑料的管道，卫生、无毒，线性膨胀系数小。具有与金属管材相当的强度，韧性好、耐冲击。导热系数约为钢管的1/100。耐温、耐压：普通饮用水管长期耐受温度小于60℃，耐压1.0MPa；耐高温管长期耐受温度小于95℃，耐压1.0MPa，瞬间耐受温度为110℃。安装方便可靠，任意弯曲不反弹，减少大量管接头。气体渗透性好：铝塑复合管可完全隔绝空气，因而避免氧气通过管壁进入管路对热力管道及其他设备产生侵蚀作用。管道系统在正常使用下寿命可达50 年以上。

　　铝塑复合管一般采用卡套连接，其管件一般是铜制品。其适用范围为：建筑冷热水管、纯净水管、采暖空调管、燃气管、压缩空气管、电磁波隔断管等。不同颜色管材代表相应的用途。热水管：橙色；建筑给水管：蓝色、白色；煤气管：黄色。铝塑复合管的规格用内径外径表示，例如 P—1620，表示普通型铝塑复合管，内径 16mm，外径为 20mm。

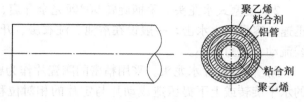

图 1-15　铝塑复合管的结构

　　钢塑复合管以钢管或钢骨架为基体，与各种类型的塑料（如聚丙烯、聚乙烯、聚氯乙烯等）经复合而成。按塑料与基体结合的工艺又可分为衬塑复合钢管和涂塑复合钢管两种。衬塑镀锌钢管是在外层镀锌焊接钢管的内壁复衬塑料，内衬塑料层均为聚乙烯。适用于建筑给水、生活饮用水及热水等系统中。钢塑复合管用螺纹连接、法兰连接和卡箍连接。钢塑复合管产品标记由衬塑材料代号和公称直径组成。例 SP—C—（PEX）—DN100，表示：公称直径 100mm，内衬交联聚乙烯钢塑复合管。

1.2.2　给水附件

　　给水附件是安装在管道及设备上的具有启闭、调节或计量功能的装置，分为配水附件、控制附件、水表及其他附件等。

1. 配水附件

　　配水附件诸如装在卫生器具及用水点的各式水龙头，用以调节和分配水流，如图 1-16所示，它们是使用最为频繁的管道附件，产品应符合节水、耐用、开关灵活、美观等要求。

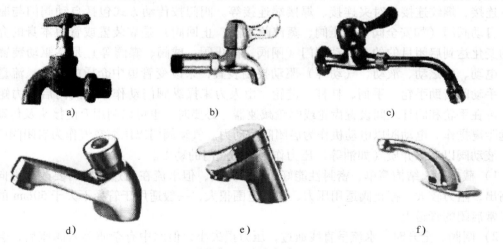

a)　　　　　　　　　　b)　　　　　　　　　　c)

d)　　　　　　　　　　e)　　　　　　　　　　f)

图 1-16　配水龙头

a) 旋启式水龙头　b) 旋塞式水龙头　c) 陶瓷芯片式水龙头　d) 延时自闭水龙头
e) 混合水龙头　f) 自动控制水龙头

　　1）旋启式水龙头。普遍用于洗涤盆、污水盆、盥洗槽等卫生器具的配水，由于密封橡胶垫磨损容易造成滴、漏现象，我国已明令限期禁用普通旋启式水龙头，以陶瓷芯片水龙头取代。

2）旋塞式水龙头。手柄旋转 90° 即完全开启，可在短时间内获得较大流量。由于启闭迅速，容易产生水击，一般设在浴池、洗衣房、开水间等压力不大的给水设备上。因水流直线流动，阻力较小。

3）陶瓷芯片水龙头。采用精密的陶瓷片作为密封材料，由动片和定片组成，通过手柄的水平旋转或上下提压造成动片与定片的相对位移以启闭水源，使用方便，但水流阻力较大。陶瓷芯片硬度极高，优质陶瓷阀芯使用 10 年也不会漏水。新型陶瓷芯片水龙头大多有流畅的造型和不同的颜色，有的水龙头表面镀钛金、镀铬、烤漆、烤瓷等，造型较多，使水龙头有了装饰功能。

4）延时自闭水龙头。主要用于酒店及商场等公共场所的洗手间，使用时将按钮下压，每次开启持续一定时间后，靠水压力及弹簧的增压而自动关闭水流，能够有效避免"长流水"现象，避免浪费。

5）混合水龙头。安装在洗面盆、浴盆等卫生器具上，通过控制冷、热水流量调节水温，作用相当于两个水龙头，使用时将手柄上下移动控制流量，左右偏转调节水温。

6）自动控制水龙头。根据光电效应、电磁感应等原理，自动控制水龙头的启闭，常用于建筑装饰标准较高的盥洗、淋浴、饮水等的水流控制，具有防止交叉感染、提高卫生水平及舒适程度的功能。

2. 控制附件

"阀门"的定义是在流体系统中，用来控制流体的方向（如角阀）、压力（如减压阀、安全阀）、流量的装置。由于管道系统中阀门显得非常重要，所以，必须掌握常用阀门的主要特性。常用阀门如图 1-17 所示。

阀门的主要零件包括阀体、阀盖、阀杆、阀瓣、密封面等。阀门与管道的连接形式包括法兰连接、螺纹连接、对夹连接、焊接端连接等。阀门按传动方式包括自动阀门与驱动阀门。自动阀门（如安全阀、减压阀、蒸汽疏水阀、止回阀）是靠装置或管道本身的介质压力的变化达到启闭目的的。驱动阀门（闸阀、截止阀、球阀、蝶阀等）是靠驱动装置（手动、电动、电磁动、液动、气动等）驱动控制装置，来改变管道中介质的压力、流量和方向。手动阀借助手轮、手柄、杠杆、链轮，由人力来操纵阀门动作。当阀门启闭力矩较大时，可在手轮和阀杆之间设置齿轮或蜗轮减速器。必要时，也可以利用万向接头及传动轴进行远距离操作。电动阀以电动机作为启闭阀门动力。气动阀门以压缩空气作为启闭阀门的动力。液动阀以液体介质（如油等）压力作为启闭阀门的动力。

1）截止阀。结构简单、密封性能好，维修方便，但水流在通过阀门时要改变方向，低进高出，阻力较大。截止阀适用压力、温度范围很大，一般适用于管径不大于 50mm 的管道或经常启闭的管道上。

2）闸阀。全开时，水流呈直线通过，压力损失小，但水中有杂质落入阀座后，会使阀门关闭不严，易产生磨损和漏水。一般管径大于 50mm 或需要双向流动的管段上采用闸阀。

3）蝶阀。是用随阀杆转动的圆形蝶板作启闭件，以实现启闭动作的阀门。蝶阀主要用截断阀，亦可设计成具有截断兼调节的功能。目前蝶阀在低压大中管径管道上使用越来越多。蝶阀的蝶板安装于管道的直径方向。在蝶阀阀体圆柱形通道内，圆盘形蝶板绕着轴线旋转，旋转角度为 0～90°之间，旋转到 90°时，阀门处于全开状态。蝶阀结构简单、体积小、重量轻，只由少数几个零件组成。而且只需旋转 90°即可快速启闭，操作简单，同时该阀门具有良好的流体控制特性。蝶阀处于完全开启位置时，蝶板厚度是介质流经阀体时唯一的阻力，因此通过该阀门所产生的压力降很小，故具有较好的流量控制特性。蝶阀有弹性密封和金属密封两种密封形式。弹性密封阀门，密封圈可以镶嵌在阀体上或附在蝶板周边。常用的蝶阀有对夹式蝶阀和法兰式蝶阀两种。对夹式蝶阀是用双头螺栓将阀门连接在两管道法兰之间。一般管径大于 50mm 或需要双向流动的管段上采用蝶阀。

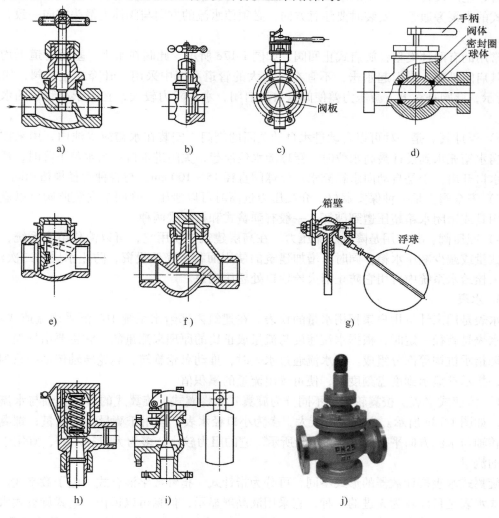

图 1-17　各类阀门

a) 截止阀　b) 闸阀　c) 蝶阀　d) 球阀　e) 旋启式止回阀　f) 升降式止回阀　g) 浮球阀
h) 弹簧式安全阀　i) 杠杆式安全阀　j) 减压阀

4）球阀。和旋塞阀是同属一个类型的阀门，区别在于它的关闭件是个球体，球体绕阀体中心线作旋转来达到开启、关闭的一种阀门。球阀在管路中主要用来作切断用，一般安装在直径 50mm 以下的管路上。适用于安装空间较小的场合。球阀是近年来被广泛采用的一种新型阀门，它具有以下优点：①球阀流体阻力小，其阻力系数与同长度的管段相等。②球阀结构简单、体积小、重量轻。③球阀紧密可靠，目前球阀的密封面材料广泛使用塑料，密封性好，在真空系统中也已广泛使用。④球阀操作方便，开闭迅速，从全开到全关只要旋转90°，便于远距离的控制。缺点是：容易产生水击，不宜用作调节流量，否则易漏水。

5）止回阀。用以阻止水流反向流动，应装设处包括：引入管，利用室外管网压力进水的水箱（其进水管和出水管合并为一条的出水管道），消防水泵接合器的引入管和水箱消防出水管，生产设备可能产生的水压高于室内给水管网水压的配水支管，水泵出水管和升压给水方式的水泵旁通管。安装时要注意方向，必须使水流的方向与阀体上箭头方向一致，不得装反。

常用的有两种类型：旋启式止回阀，如图 1-17e 所示，此阀在水平、垂直管道上均可设置，其启闭迅速，易引起水击，不宜在压力大的管道系统中采用。升降式止回阀，如图 1-17f 所示，此阀是靠上下游压力差使阀盘自动启闭，水流阻力较大，宜用于小管径的水平管道上。

6）浮球阀。是一种可以自动进水自动关闭的阀门，安装在水箱或水池内，用来控制水位。当水箱充水到设计最高水位时，浮球随水位浮起，关闭进水口；当水位下降时，浮球下落进水口开启，于是自动向水箱充水。浮球阀直径 15～100mm，与各种管径规格相同。

7）安全阀。是一种保安器材，介质压力过高时可以泄压。管网中安装此阀可以避免管网、用具或密闭水箱超压遭到破坏。一般有弹簧式和杠杆式两种。

8）减压阀。其作用是降低水流压力。在高层建筑中使用它，可以简化给水系统，减少水泵数量或减少减压水箱，同时可增加建筑的使用面积，降低投资，防止水质的二次污染。在消火栓给水系统中可用它防止消火栓栓口处超压现象。

3. 水表

水表是用来计量用户累积用水量的仪表。在建筑内部给水系统中广泛采用流速式水表。这种水表是管径一定时，根据水流速度与流量成正比的原理来测量的。它主要由外壳、翼轮和传动指示机构等部分组成。当水流通过水表时，推动翼轮旋转，翼轮转轴传动一系列联动齿轮，指示针显示到度盘刻度上，便可读出流量的累积值。

1）流速式水表。按翼轮构造不同分为旋翼式和螺翼式。旋翼式的翼轮转轴与水流方向垂直，如图 1-18a 所示。它的阻力较大，多为小口径水表，宜用于测量小的流量；螺翼式的翼轮转轴与水流方向平行，如图 1-18b 所示。它的阻力较小，多为大口径水表，宜用于测量较大的流量。

旋翼式水表按计数器的形式不同，可分为指针式、指针数字混合式、电子数字式。电子数字式水表是目前较为先进的一种，它采用液晶屏显示，信息可以远传。老式旋翼式水表的读数不太方便，共有 7 档，从 ×1000～×0.001m³，方法是由高位向低位读，取小不取大。

2）IC 卡智能水表。是一种新型的预付费水表，如图 1-19 所示。由控制器和电磁阀组成，它将使用水计量管理水平提高到一个新台阶。用户将已充值的 IC 卡插入水表存储器，通过电磁阀来控制水的通断，用水时 IC 卡上的金额会自动被扣除。IC 卡水表结构紧凑、体积小，具有抗外界磁场干扰的功能，各项参数采用液晶显示，读数方便、清晰。

3）电子远传水表。是基表与电子装置的组合，具有计量、数据处理与存储、信号远程传输（包括有线和无线）等功能的水表。如图 1-20 所示。远传水表又称为一次水表，可发出传感信号，经配置二次仪表（数据采集箱）后，即可在一定距离内抄读水表读数。同时，也可在现场直接抄读。当远传信号线遭到破坏时，系统自动启动报警记录，保证系统运行安全。但需预埋信号管线，投资较大，特别适用于小区、居民用水量的远距离集中抄读。

a)   b)

图 1-18 流速式水表
a）旋翼式水表 b）螺翼式水表

图 1-19 IC 卡水表   图 1-20 电子远传水表

水表是计量装置。应在有水量计量要求的建筑物装设水表。直接由市政管网供水的独立消防给水系统的引入管，可以不装设水表。住宅建筑应在配水管上和分户管上设置水表，安装螺翼式水表，表前与阀门之间应有 8 ~ 10 倍水表直径的直线管段，其他（旋翼式等）水表的前后应有不小于 300mm 的直线管段，注意水流方向与表壳上的箭头方向一致。安装水表的管道必须清除排净管内的杂物、泥沙等。按照三表集中设在公共部位，尽量不进户的精神，分户水表宜设在户门外。如设于管道井、分层集中设于走道的壁龛内、水箱间。当分户水表必须设置在户内时，表外壳距墙表面不得大于 30mm，表前后管段长度大于 300mm 时，其超出管段应煨弯沿墙敷设。

4. 其他附件

在给水系统的适当位置，经常需要安装一些保障系统正常运行、延长设备使用寿命、改善系统工作性能的附件，如排气阀、橡胶接头、伸缩器、管道过滤器、倒流防止器、水锤消除器等如图 1-21 所示。

1）排气阀，用来排除集积在管中的空气，以提高管线的使用效率。

2）橡胶接头，由织物增强的橡胶件与活接头或金属法兰组成，用于管道吸收振动、降低噪声，补偿因各种因素引起的水平位移、轴向位移、角度偏移。

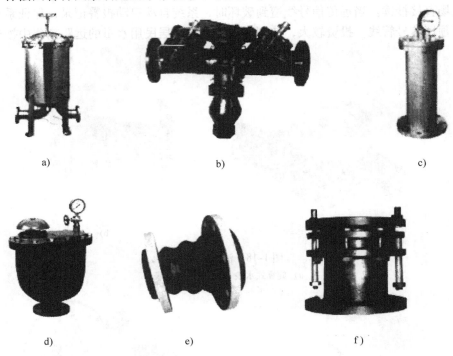

图 1-21　其他附件
a）排气阀　b）过滤器　c）伸缩器　d）可曲挠橡胶接头　e）倒流防止器　f）水锤消除器

3）伸缩器，可在一定的范围内轴向伸缩，也能在一定的角度范围内克服因管道对接不同轴而产生的偏移。它既能极大地方便各种管道、水泵、水表、阀门的安装与拆卸，也可补偿管道因温差引起的伸缩变形，代替 U 形管。

4）管道过滤器，用于除去液体中少量固体颗粒，安装在水泵吸水管、水加热器进水管、换热装置的循环冷却水进水管上，以及进水总表、住宅进户水表、减压阀、自动水位控制阀、温度调节阀等阀件前。保护设备免受杂质的冲刷、磨损、淤积和堵塞，保证设备正常运行，延长设备的使用寿命。

5）倒流防止器，也称防污隔断阀，由两个止回阀中间加一个排水器组成，用于防止生活饮用水管道发生回流污染。倒流防止器与止回阀的区别在于：止回阀只是引导水流单向流动的阀门，不是防止倒流污染的有效装置；管道倒流防止器具有止回阀的功能，而止回阀则不具备管道倒流防止器的功能，设管道倒流防止器后，不需再设止回阀。

6）水锤消除器，在高层建筑物内用于消除因阀门或水泵快速开、闭所引起管路中压力骤然升高的水锤危害，减少水锤压力对管路及设备的破坏，可安装在水平、垂直甚至倾斜的管路中。

1.2.3　建筑给水系统的设备

城市有各种不同高度、不同类型的建筑，对给水水量、水压要求不同，城市给水管网不能按最高水压设计，而是以满足大多数低层建筑的用水要求为准。当室外给水管网的水量、水压不能满足建筑用水要求，或建筑内对供水可靠性、水压稳定性有较高要求时，需要设置各种附属设备，如水泵、水池、水箱、气压给水装置、变频调速给水装置等增压和储水设备。

1. 水泵

水泵是提升液体的通用的机械设备。在建筑给水系统中，多采用离心泵，如图1-22所示，它具有结构简单、体积小、效率高等优点。其不足是：起动前泵内要灌满液体。

1）离心泵的工作原理。离心泵依靠旋转叶轮对液体的作用把原动机的机械能传递给液体。由于离心泵的作用液体从叶轮进口流向出口的过程中，其速度能和压力能都得到增加，被叶轮排出的液体经过压出室，大部分速度能转换成压力能，然后沿排出管路输送出去。这时，叶轮进口处因液体的排出而形成真空或低压，吸水池中的液体在液面压力（大气压）的作用下，被压入叶轮的进口，于是，旋转着的叶轮就连续不断地吸入

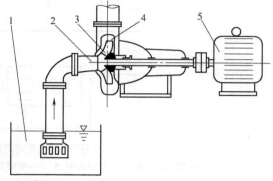

图1-22 离心泵及其工作装置简图
1—吸水池 2—吸入室 3—叶轮 4—压出室 5—电机

和排出液体。其安装方式有抽吸式和自灌式两种，抽吸式是指泵轴高于吸水面，自灌式是指吸水池水面高于泵轴，多采用自灌式。

2）离心泵的基本工作参数

①流量：反映水泵出水水量大小的物理量，是指在单位时间内通过水泵的水的体积，以符号 Q 表示，单位常用 L/s 或 m^3/h 表示。

②扬程：流经泵的出口断面与进口断面单位流体所具有的的总能量之差称为泵的扬程，用符号 H_b 表示，单位一般用高度单位 mH_2O 表示，也有用 kPa 或 MPa 表示的。

③轴功率、有效功率和效率：轴功率是指电动机输给水泵的总功率，以符号 N 表示，单位用 kW 表示。有效功率是指水泵提升水做的有效功的功率，以符号 N_u 表示，$N_u = \eta QH$，单位 kW 表示。效率是指水泵有效功率与轴功率的比值，用符号 η 表示。

④转速。反映水泵叶轮转动的速度，以符号 n 表示，单位用 r/min 表示。

3）变频调速水泵：当室内用水量不均匀时，给水系统无任何水量调节设施时，可采用变频调速水泵。这种水泵的构造与恒速水泵一样也是离心泵，不同的是配有变速配电装置，整个系统由电动机、水泵、传感器、控制器及变频调速器等组成，其转速可以随时调节。其作用原理如图1-23所示。

水泵启动后向管网供水，由于用水量的增加，压力降低，这时从传感器测量的数据变为电信号输入控制器，经控制器处理后传给变频器增高电源频率，使电动机转速增加，提高水泵的流量和压力，满足当时的供水需要。随着用水量的不断增大，水泵转速也不断加大，直到最大用水量。在高峰用水过后，水量逐渐减小，亦由传感器、控制器及变频器的作用，降低电源频率，减小电动机转速，使水泵的出水量、水压逐渐减少。变频调速泵根据用水量变化的需要，使水泵在有效范围内运行，达到节省电能的目的。

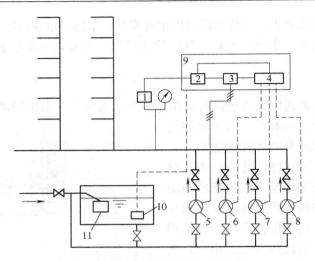

图 1-23　变频调速水泵工作原理

1—压力传感器　2—微机控制器　3—变频调速器　4—恒速泵控制器　5—变频调速泵
6、7、8—恒速泵　9—电控柜　10—水位传感器　11—液位自动控制阀

2. 贮水池

贮水池是建筑给水常用调节和储存水量的构筑物，采用不锈钢、钢筋混凝土、砖石等材料制作，形状多为圆形和矩形。

生活或生产用水与消防用水合用水池时，应设有消防用水不被挪用的措施，如图 1-24 所示。

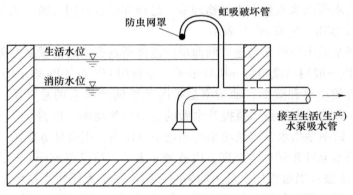

图 1-24　贮水池中消防用水平时不被挪用的措施

3. 水箱

水箱种类较多，有高位水箱、减压水箱等。水箱形状通常有圆形和矩形两种。制作材料有钢板（普通、搪瓷、镀锌、复合与不锈钢板等）、钢筋混凝土、玻璃钢和塑料等，现在使用较多的是不锈钢氩弧焊接水箱。

下面介绍在建筑给水系统中广泛采用的矩形高位水箱。水箱的配管主要有进水管、出水管、溢流管、泄水管、水位信号管和通气管等，如图 1-25 所示。

1）进水管。当水箱直接由室外给水管网进水时，为防止溢流，进水管出口应装设液压水位控制阀或浮球阀，并在进水管上装设检修用的阀门。当采用浮球阀时，一般不少于 2 个，浮球阀直径与进水管管径相同。当水箱由水泵供水，并利用水位升降自动控制水泵运行时，可不设水位控制阀。从侧壁进入的进水管其中心距箱顶应有 150～200mm 的距离。

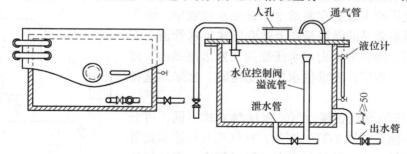

图 1-25　水箱的平、剖面及接管示意图

2）出水管。为检修方便，出水管上应设阀门。出水管内底或管口至水箱内底的距离应大于 50mm，以防沉淀物进入配水管网。为防止短流，出水管不宜与进水管在同一侧面；若进水、出水合用一根管道时，则应在出水管上装设阻力较小的旋启式止回阀，止回阀的标高应低于水箱最低水位 1.0m 以上如图 1-26 所示，以保证止回阀开启所需的压力。

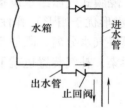

图 1-26　水箱进出水管合用示意图

3）溢流管。溢流管口应设在水箱设计最高水位以上 50mm 处，管径应比进水管大一级。溢流管上不允许设置阀门，溢流管出口应设网罩。

4）泄水管。水箱泄水管应自底部接出，用于检修或清洗时泄水，管上应装设闸阀，其出口可与溢水管相接，但不得与排水系统直接相连。

5）水位信号管。反映水位控制阀失灵的报警装置。可在溢流管口下 10mm 处设信号管，一般自水箱侧壁接出，其出口接至经常有人值班房间内的洗涤盆上，其管径为 15～20mm。若水箱液位与水泵联锁，则应在水箱侧壁或顶盖上安装液位继电器或信号器，采用自动水位报警装置，并应保持一定的安全容积：最高电控水位应低于溢流水位 100mm；最低电控水位应高于最低设计水位 200mm 以上。

6）通气管。供生活饮用水的水箱，当贮量较大时，宜在箱盖上设通气管，以使箱内空气流通。其管径一般≥50mm，管口应朝下并设网罩。

水箱的设置高度，应使其最低水位的标高满足最不利配水点（消火栓或自动喷水喷头）的流出水压要求。对于储备消防用水的水箱，在满足消防流出压力确有困难时，应采取增压、稳压措施，如出水管上设管道离心泵，以达到防火设计规范的要求。

4. 气压给水设备

气压给水是由水泵、压力罐及一些附件组成，水泵将水压入压力罐，依靠罐内的压缩空气压力，自动调节供水流量和保持供水压力的供水方式。气压给水设备的分类与组成如下。

1）按气压给水设备输水压力稳定性不同，可分为变压式和定压式两类。变压式气压给水设备在向给水系统输水过程中，水压处于变化状态。水泵向室内给水系统加压供水时，水泵出水除供用户外，多余部分进入气压罐，罐内水位上升，空气被压缩，压力上升。当压力升至最大工作压力时，压力控制器动作，水泵停止工作，用户所需的水全部由气压罐提供，随着罐内水量的减少，空气体积膨胀，压力逐渐降低，当压力降至设计最低工作压力时，压力控制器动作水泵再次启动。这种方式适用于用户对水压允许有一定波动。

定压式气压给水设备在向给水系统输水过程中，水压相对稳定。目前常见的做法是在上述变压式供水管道上安装压力调节阀，将调节阀出口水压控制在要求范围内，使供水压力稳定。当用户要求供水压力稳定时，宜采用这种方式。

2）按气压给水设备罐内气、水接触方式不同，可分为补气式和隔膜式（图1-27）两类。补气式气压给水设备在气压水罐中气、水直接接触，在运行过程中，部分气体会溶于水中，气体将逐渐减少，罐内压力随之下降，时间稍长，就不能满足设计要求。为保证系统正常工作，需设补气装置。

隔膜式气压给水设备在气压水罐中设置帽形或胆囊形（胆囊形优于帽形）弹性隔膜，隔膜固定在罐体法兰盘上。隔膜将气水分离，既使气体不会溶于水中，还使水质不易被污染，补气装置也就不需设置。

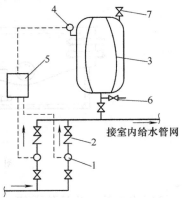

图 1-27　隔膜式气压给水设备
1—水泵　2—止回阀　3—隔膜式气
压水罐　4—压力信号器　5—控制器
6—泄水阀　7—安全阀

课题 3　建筑消防给水系统

建筑消防系统根据使用灭火剂的种类和灭火方式，可分为下列三种。

1）消火栓灭火系统。

2）自动喷水灭火系统。

3）其他使用非水灭火剂的固定灭火系统，如气体灭火系统（二氧化碳灭火系统和卤代烷灭火系统）、泡沫灭火系统、干粉灭火系统等。

1.3.1　消火栓给水系统

建筑消火栓给水系统是把室外给水系统提供的水量，经过加压（外网压力不满足需要时），输送到用于扑灭建筑物内的火灾而设置的固定灭火设备，是建筑物中最基本的灭火设施。

1. 室内消火栓给水方式

按照室外给水管网可提供室内消防所需水量和水压情况，室内消火栓给水方式有以下四种。

（1）室外管网直接供水的消火栓给水方式　如图1-28所示，当室外给水管网所提供的水量、水压，在任何时候均能满足室内消火栓给水系统所需水量、水压，可以优先采用这种方式。当选用这种方式且与室内生活或生产合用管网时，进水管上如设有水表，则所选水表应考虑通过消防水量能力。

（2）设水箱的消火栓给水方式　如图1-29所示，这种方式适用于室外给水管网一天之内压力变化较大，但水量能满足室内消防、生活和生产用水。这种方式管网应独立设置，水箱可以和生产、生活用水合用，但其生活或生产用水不能动用消防 10min 储备的水量。

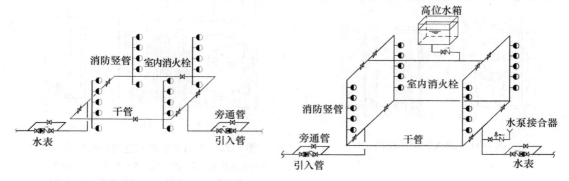

图 1-28　直接给水的消火栓供水方式　　　　图 1-29　设水箱的消火栓供水方式

（3）设消防水泵、消防水箱的消火栓给水方式　如图 1-30 所示，室外管网压力经常不能满足室内消火栓给水系统的水量和水压要求时，宜设水泵和水箱。为保证初期使用消火栓灭火时有足够的消防水量，水箱应储存 10min 的消防水量。消防水箱的补水由生活或生产用水泵供给，消防水泵的扬程按室内最不利点消火栓灭火设备的水压计算，并保证在火灾初期 5min 之内能启动水泵供水。

（4）高层建筑分区给水的消火栓给水方式　消火栓栓口的静水压力不应大于 1.00MPa，当大于 1.00MPa 时，应采取分区给水系统。消火栓栓口的出水压力大于 0.50MPa 时，应采取减压措施。分区方式有并联分区和串联分区两种。并联分区的消防水泵集中于底层，管理方便，系统独立设置，互相不干扰。但在高区的消防水泵扬程较大，其管网的承压也较高。串联分区消防泵设置于各区，水泵的压力相近，无需高压泵及耐高压管，但管理分散，

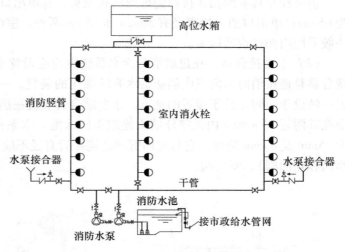

图 1-30　设水泵、水箱的消火栓供水方式

上区供水受下区限制，高区发生火灾时，各区水泵联动逐区向上供水，供水安全性差。

2. 消火栓给水系统的组成

建筑消火栓给水系统一般由水枪、水带、消火栓、消防管道、消防水池、高位水箱、水泵接合器及增压水泵等组成。

（1）消火栓设备　是由水枪、水带和消火栓组成，均安装于消火栓箱内。

消火栓箱有双开门和单开门，又有明装、半明装和暗装三种形式。常用消火栓箱的规格有 800mm×650mm×200（320）mm，用木材、钢板或铝合金制作而成。外装玻璃门，门上

应有明显的标志，如图 1-31 所示。消防卷盘设备可与 *DN*65 消火栓放置在同一个消火栓箱内，也可以单独设消火栓箱。如图 1-32 所示为带消防卷盘的室内消火栓箱。

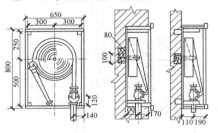

图 1-31　消火栓箱示意图

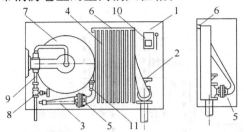

图 1-32　带消防卷盘的室内消火栓箱

1—消火栓箱　2—消火栓　3—水枪　4—水带
5—水带接扣　6—挂架　7—消防卷盘　8—闸阀
9—钢管　10—消防按钮　11—消防卷盘喷嘴

水枪一般为直流式，喷嘴口径有 13mm、16mm、19mm 三种。水带口径有 50mm、65mm 两种。喷嘴口径 13mm 水枪配置口径 50mm 的水带，16mm 水枪可配置 50mm 或 65mm 的水带，19mm 水枪配置 65mm 的水带。

水带长度一般为 10m、15m、20m、25m 四种，水带的长度应根据水力计算选定。水带材质有棉织、麻织和化纤等，有衬橡胶与不衬橡胶之分，衬胶水带阻力较小。

消火栓是具有内扣式接口的球形阀式龙头，有单出口和双出口之分。双出口消火栓直径为 65mm；单出口消火栓直径有 50mm 和 65mm 两种。室内消火栓、水带和水枪之间的连接，一般采用内扣式快速接头。

（2）水泵接合器　在建筑消防给水系统中均应设置水泵接合器，如图 1-33 所示。水泵接合器是连接消防车向室内消防给水系统加压的装置，一端由消防给水管网水平干管引出，另一端设于消防车易于接近的地方。水泵结合器应设在消防车易于到达的地点，同时还应考虑在其附近 15～40m 内设室外消火栓或消防水池。水泵接合器的接口为双接口，接口直径为 65mm 及 80mm 两种，它与室内管网的连接管直径不应小于 100mm，并应设有截止阀（或闸阀和止回阀）、安全阀。

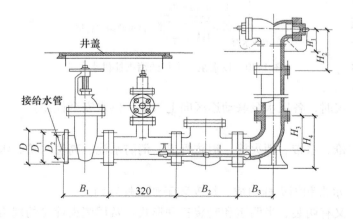

图 1-33　消防水泵接合器

（3）消防管道　包括消防干管、立管、消火栓支管。消防管道应采用金属管道，如球墨给水铸铁管、低压流体输送焊接管、无缝钢管。消火栓支管出口应向外。

（4）消防水箱　临时高压消防给水系统必须设置消防水箱，它对扑救初期火灾起着重要作用。消防水箱常与生活或生产高位水箱合用，以保持箱内贮水经常流动，防止水质变坏。水箱的安装高度应满足室内最不利点消火栓所需的水压要求，且应储存有室内 10min 的消防储水量。

（5）消防水泵　为了在起火后很快提供所需的水量和水压，在每个消火栓处应设远距离启动消防水泵的按钮，以便在使用消火栓灭火的同时，启动消防水泵。建筑物内的消防控制室均应设置远距离启动或停止消防水泵运转的设备。为了保证火灾发生时，消火栓处有足够的流量和压力，消防水泵的水直接送到消火栓而不到消防水箱。所以消防水箱出水管上要装止回阀，消防水箱的水来自于生活水泵。

（6）消防水池　消防水池用于无室外消防水源情况下，贮存火灾持续时间内（2h）的室内消防用水量。消防水池可设于室外地下或地面上，也可设在室内地下室，或与室内游泳池、水景水池兼用。

3. 消火栓给水系统的布置

（1）室内消火栓的布置　设置消火栓给水系统的建筑各层均设消火栓，并保证有两支水枪的充实水柱同时到达室内任何部位。只有建筑高度小于或等于 24m，且体积小于或等于 5000m³ 的库房，可采用一支水枪的充实水柱到达任何部位。消火栓应设在明显易取用的地点，如耐火的楼梯间、走廊、大厅和车库出入口等。消防电梯前室应设消火栓，以便消防人员救火打开通道和淋水降温减少辐射热的影响。室内消火栓栓口距楼地面安装高度为 1.1m，栓口方向宜向下或与墙面垂直。

（2）室内消防管道的布置

①建筑物内的消火栓给水系统是否与生产、生活给水系统合用或单独设置，应根据建筑物的性质和使用要求经技术经济比较后确定。与生活、生产给水系统合用时，给水管一般采用热浸镀锌钢管或给水铸铁管；单独消防系统的给水管可采用非镀锌钢管或给水铸铁管。

②室内消火栓超过 10 个，且室外消防用水量大于 15L/s 时，室内消防给水管道应布置成环状，其进水管至少应布置两条。当环状管网的一条进水管发生事故时，其余的进水管应仍能供应全部用水量。

③超过 6 层的塔式和通廊式住宅、超过 5 层或体积超过 10000m³ 的其他民用建筑、超过 4 层的厂房和库房，如室内消防立管为两条或两条以上时，应至少每两根立管相连组成环状管网。对于 7~9 层的单元式住宅的消防立管允许布置成枝状管网。

④闸门的设置应便于管网维修和使用安全，检修关闭阀门后，停止使用的消火栓在一层中不应超过 5 个，关闭的竖管不超过 1 条；当竖管为 4 条及以上时，可关闭不相邻两条竖管。消防阀门平时应开启，并有明显的启闭标志。

1.3.2　自动喷水灭火系统

自动喷水灭火系统是由洒水喷头、报警阀组、水流报警装置（水流指示器或压力开关）等组件，以及管道、供水设施组成，能在发生火灾时喷水，用以控制和扑灭火灾的固定式自动灭火系统。自动喷水灭火系统应在人员密集、不易疏散、外部增援灭火与救生较困难的、性质重要或火灾危险性较大的场所中设置。

目前我国使用的自动喷水灭火系统有三类，分别为：①闭式系统，包括湿式自动喷水灭火系统、干式自动喷水灭火系统等。②开式系统，包括雨淋自动喷水灭火系统等。③水幕系统。

1. 自动喷水灭火系统的种类

（1）闭式自动喷水灭火系统　闭式自动喷水灭火系统是指在自动喷水灭火系统中采用闭式喷头，平时系统为封闭系统，火灾发生时，建筑物内温度上升，当室温升高到足以打开闭式喷头上的闭锁装置时，喷头即自动喷水灭火。

闭式自动喷水灭火系统一般由水源、加压贮水设备、喷头、管网、报警装置等组成。

1）湿式自动喷水灭火系统，如图1-34所示，管网中充满有压水，当建筑物发生火灾，当温度上升到足以使闭式喷头感温元件爆破或熔化脱落时，喷头出水灭火。此时管网中有压水流动，水流指示器被感应送出电信号，在报警控制器上指示，某一区域已在喷水。持续喷水造成报警阀的上部水压低于下部水压，其压力差值达到一定值时，原来处于关闭的湿式报警阀就会自动开启。此时，消防水流通过湿式报警阀，流向自动喷洒管网供水灭火。同时，另一部分水进入延迟器、压力开关及水力警铃等设施发出火警信号。另外，根据水流指示器和压力开关的信号或消防水箱的水位信号，控制箱内控制器能自动开启消防泵，以达到持续供水的目的。该工作原理可用图1-35表示。

该系统具有结构简单、使用方便可靠、便于施工、容易管理、灭火速度快、扑救效率高的优点，适用范围广，适合安装在环境温度 4℃ < T < 70℃ 的建筑物、构筑物内。但由于管网中充有有压水，当渗漏时会损坏建筑装饰和影响建筑的使用。

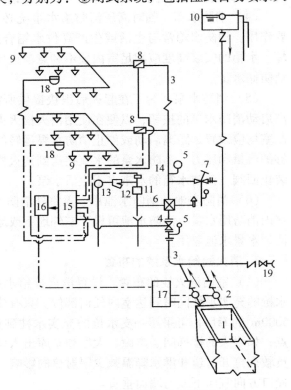

图 1-34　湿式自动喷水灭火系统示意图
1—消防水池　2—消防泵　3—管网　4—控制蝶阀　5—压力表　6—湿式报警阀　7—泄放试验阀　8—水流指示器
9—喷头　10—高位水箱、稳压泵或气压给水设备　11—延时器　12—过滤器　13—水力警铃　14—压力开关
15—报警控制器　16—非标控制箱　17—水泵启动箱
18—探测器　19—水泵接合器

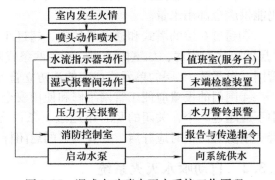

图 1-35　湿式自动喷水灭火系统工作原理

2）干式自动喷水灭火系统。与湿式自动配水灭火系统原理类似，只是控制信号阀的结构和作用原理不同。管网中平时不充水，充有有压空气（或氮气）。当建筑物发生火灾，火

点温度达到开启闭式喷头时，喷头开启、排气、充水、灭火。该系统灭火时，需先排除管网中的空气，故喷头出水不如湿式系统及时。但管网中平时不充水，对建筑装饰无影响，对环境温度也无要求，适用于采暖期长而建筑物内无采暖的场所，如寒冷地区不采暖地下车库和库房等。

（2）开式自动喷水灭火系统　开式自动喷水灭火系统是指在自动喷水灭火系统中采用开式喷头，平时系统为敞开状，报警阀处于关闭状态，管网中无水，火灾发生时报警阀开启，管网充水，喷头喷水灭火。

开式自动喷水灭火系统由开式喷头、管道系统、雨淋阀、火灾探测器、报警控制装置、控制组件和供水设备等组成。当建筑物发生火灾时，由自动控制装置打开集中控制阀门，使整个保护区域所有喷头喷水灭火。

该系统具有出水量大，灭火及时的优点。适用于火灾蔓延快、危险性大的建筑或部位。平时雨淋阀后的管网无水，雨淋阀由于传动系统中的水压作用而紧紧关闭着。火灾发生时，火灾探测器感受到火灾因素，便立即向控制器送出火灾信号，控制器将信号作声光显示并相应输出控制信号，打开传动管网上的传动阀门，自动地释放掉传动管网中有压水，使雨淋阀上传动水压骤然降低，雨淋阀启动，消防水便立即充满管网，经过开式喷头同时喷水。该系统提供了一种整体保护作用，实现对保护区的整体灭火或控火。同时，压力开关和水力警铃以声光报警，作反馈指示，消防人员在控制中心便可确认系统是否及时开启。

（3）水幕系统　该系统工作原理与雨淋系统不同的是：雨淋系统中使用开式喷头，将水喷洒成锥体状扩散射流，而水幕系统中使用开式水幕喷头，将水喷洒成水帘幕状。因此，它不能直接用来扑灭火灾，而是与防火卷帘、防火幕配合使用，对它们进行冷却和提高它们的耐火性能，阻止火势扩大和蔓延。它也可单独使用，用来保护建筑物的门、窗、洞口或在大空间形成防火水帘，起防火分隔作用。

2. 自动喷水灭火系统主要组件

（1）喷头　包括闭式喷头和开式喷头两大类。闭式喷头的喷口用热敏元件组成的释放机构封闭，当达到一定温度时能自动开启，如玻璃球爆炸、易熔合金脱离。闭式喷头包括标准型喷头和特殊喷头。标准型喷头根据作用原理分为玻璃球喷头和易熔合金喷头，其构造按溅水盘的形式和安装位置有直立型、下垂型、边墙、吊顶型等，如图1-36所示。特殊喷头包括快速反应喷头、大水滴喷头等。

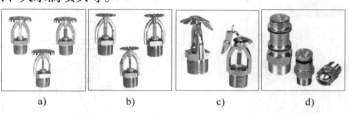

图1-36　各喷头实物图

a）直立型喷头　b）下垂型喷头　c）边墙型喷头　d）水幕喷头

开式喷头与闭式喷头的区别仅在于缺少由热敏感元件组成的释放机构。开式喷头分为开式洒水喷头、水幕喷头和水雾喷头。开式洒水喷头按安装形式分为双臂下垂型、单臂下垂型、双臂直立型和双臂边墙型四种，如图1-37所示。

喷头选型应注意以下方面。

常用的玻璃球闭式喷头公称动作温度为 57℃、68℃、79℃、93℃、141℃，对应的工作液色标为橙、红、黄、绿、蓝。选择喷头时应严格按照环境温度来选用喷头温度，喷头的公称动作温度要比环境温度高 30℃ 左右。例如，一般情况下选择 68℃；玻璃屋顶下、厨房等处可选择 79℃；锅炉房、洗衣房等处可选择 93℃。

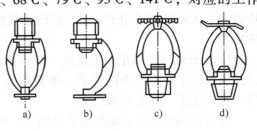

图 1-37　开式喷头构造示意图
a) 双臂下垂型　b) 单臂下垂型
c) 双臂直立型　d) 双臂边墙型

对通透性吊顶的场所，应采用直立型。对非通透性吊顶的场所，应采用下垂型或吊顶型喷头。当设置直立型或下垂型喷头有困难时，可采用边墙型喷头。

（2）报警阀　开启和关闭管网的水流，传递控制信号至控制系统并启动水力警铃直接报警。报警阀又分为湿式报警阀（图 1-38）、干式报警阀、干湿式报警阀和雨淋阀四种类型。湿式报警阀用于湿式自动喷水灭火系统；干式报警阀用于干式自动喷水灭火系统；雨淋阀用于雨淋自动喷水灭火系统和水幕系统等。报警阀宜设在明显地点，且便于操作，距地面高度宜为 1.2m。

（3）水流报警装置　主要有水力警铃、水流指示器和压力开关。

水力警铃主要用于湿式自动喷水灭火系统，宜装在报警阀附近（其连接管不宜超过6m）。当报警阀打开消防水源后，具有一定压力的水流冲动叶轮打铃报警。水力警铃不得由电动报警装置取代。水流指示器（图 1-39）用于湿式自动喷水灭火系统中，通常安装在各楼层配水干管或支管上，其功能是当喷头开启喷水时，水流指示器中浆片摆动而接通电信号送至报警控制器报警，并指示火灾楼层。压力开关垂直安装于延迟器和报警阀之间的管道上。在水力警铃报警的同时，依靠警铃管内水压的升高自动接通电触点，完成电动警铃报警，向消防控制室传送电信号或直接启动消防水泵。

图 1-38　湿式报警阀组

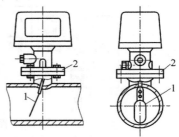

图 1-39　水流指示器
1—浆片　2—连接法兰

（4）延迟器　是一个罐式容器，安装于报警阀与水力警铃或压力开关之间。用于防止由于水压波动原因引起报警阀开启而导致的误报。报警阀开启后，水流需经 30s 左右充满延迟器后方可冲打水力警铃。

（5）火灾探测器　是自动喷水灭火系统的重要组成部分。目前常用的有感烟、感温探测器。感烟探测器是利用火灾发生地点的烟雾浓度进行探测，感温探测器是通过火灾引起的温升进行探测。火灾探测器布置在房间或走道的顶棚下面，其数量应根据探测器的保护面积和探测区的面积计算确定。

课题 4　建筑中水系统

建筑中水是指建筑或建筑小区的生活污废水经适当处理后，达到规定的水质标准，再回用于建筑或建筑小区作为杂用水的收集、处理和供水系统。中水水质主要指标低于生活饮用水水质标准，但高于污水允许排入地面水体的排放标准，这种专用供水系统被称为建筑中水系统，简称建筑中水。

1.4.1　我国发展中水技术的意义

建筑中水技术发展很快，在于它能缓解严重缺水城市和该地区水资源不足的矛盾，并带来明显的经济效益、社会效益和环境效益。

1.4.2　建筑（小区）中水系统的基本构成

1. 基本构成

中水系统由原水系统、中水处理设施和中水供水系统三部分组成。

1）原水系统是指收集、输送中水原水到中水处理设施的管道系统和一些附属构筑物。

根据受污染的程度，中水原水可分为优质杂排水（受污染程度很轻，不含厨房排水和粪便污水）、杂排水（受污染程度较轻，含厨房排水，不含粪便污水）和生活排水（受污染程度较重，含粪便污水）三种污废水组合方式。

在有条件时，应优先选用优质杂排水作为中水原水，因其受污染程度低，易处理，系统运行费用也低，处理后水质有保障，容易被用户接受，符合我国的经济水平和管理水平。

2）中水处理设施的设置应根据中水原水水量、水质和中水使用要求等因素，经过技术经济比较后确定。

一般将整个处理过程分为前处理、主要处理和后处理三个阶段，分别用于去除污废水中的悬浮物、溶解性有机物和无机物以及进行深度处理。

常用处理设施有：格栅、毛发收集器、混凝沉淀池、生物处理设施、滤池、活性炭吸附塔、膜处理装置等。

3）中水供水系统一般单独设立，包括配水管网、中水贮水池、中水高位水箱、中水泵等。

2. 分类

（1）建筑中水系统　建筑中水系统是指单幢建筑物或几幢相邻建筑物所形成的中水系统，如图 1-40 所示。

建筑中水系统适用于建筑内部排水系统为分流制（生活污水单独排出进入城市排水管网或化粪池），中水水源（也称作中水原水）水质较好的情况。

通常水处理设施设于地下室或建筑物附近。建筑内部由生活饮用水管网和中水供水管网分质供水。

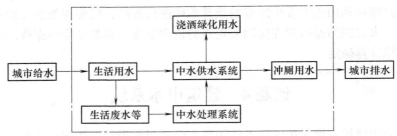

图 1-40　建筑中水系统示意图

（2）小区中水系统　小区中水系统的中水水源取自居住小区内各建筑物排放的污废水。

居住小区和建筑内部供水管网采用生活饮用水和杂用水双管配水系统。此系统多用于居住小区、机关大院、高等院校等，如图 1-41 所示。

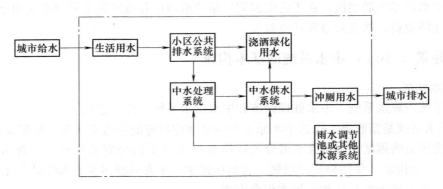

图 1-41　小区中水系统示意图

1.4.3　中水处理流程的选择

中水处理工艺流程是根据中水原水水质、供应的杂用水水质，对不断发展的水处理技术和装置进行优化组合。其中主要以中水原水为依据。

中水处理流程是由各种水处理单元优化组合而成，通常包括预处理（格栅、调节池）、主处理（絮凝沉淀或气浮、生物处理、膜分离、土地处理等）和后处理（砂过滤、活性炭过滤、消毒等）三部分。其中，预处理和后处理在各种工艺流程中基本相同。主处理工艺则需根据中水水源的类型和水质选择确定。还应进行技术经济比较，确定最佳处理方案。

我国的中水试点工程是以生活排水（包括生活污水和生活废水）作为中水水源的，后经不断实践，综合考虑各种因素，发现宜采用污废水分流制，以生活废水（包括优质杂排水和杂排水）作为中水水源。

以优质杂排水或杂排水为中水水源时，因水中有机物浓度很低，处理的目的主要是去除原水中的悬浮物和少量有机物，降低水的浊度和色度，可采用以物理化学处理为主的工艺流程或采用生物处理和物理化学相结合的处理工艺。

1.4.4　中水处理设施的选型

（1）格栅、格网、毛发聚集器　格栅、格网、毛发聚集器主要是用来阻隔、去除原水中粗大的漂浮物、悬浮物和毛发等，不使这些杂质堵塞管道或影响其他处理设备的性能。

（2）原水调节池　将不均匀的排水进行贮存调节，使处理设备能够连续、均匀稳定地工作。调节池有曝气和不曝气两种形式。

（3）中水调节池或中水高位水箱　调节中水用水量。

（4）沉淀（絮凝沉淀）处理设施　沉淀的功能是使液固分离。混凝反应后产生较大粒状絮凝物，靠重力通过沉淀去除，大大降低水中污染物。常用的处理设施有竖流式沉淀池、斜板（管）沉淀池和气浮池。

（5）气浮处理设备　由气浮池、溶气罐、释放器、回流水泵和空压机等组成。

（6）生物处理设施　去除水中可溶性有机物。

（7）过滤设施　过滤是中水处理工艺中必不可少的后置工艺，是最常用的深度处理单元。主要去除水中的悬浮和胶体等细小杂质，还能起到去除细菌、病菌、臭味等作用。它对保证中水的水质起到决定性的作用。常用滤料有石英砂单层滤料、石英砂无烟煤双层滤料、纤维球滤料、陶粒滤料等。

（8）活性炭过滤　置于处理流程后部，是常用的深度处理单元。主要用于去除常规处理方法难以去除的臭、色及有机物合成洗涤剂等。

（9）膜分离　膜分离法处理效果好、装置紧凑、占地面积小，是近年来发展迅速的高效处理手段。

（10）消毒　中水处理必须设有消毒设施。

1.4.5　中水处理站

1. 中水处理站的布置

中水处理站的位置应根据建筑的总体规划、产生中水原水的位置、中水用水点的位置、环境卫生要求和管理维护要求等因素确定，注意充分利用建筑空间，少占地面，最好有方便的、单独的道路和进出口，便于进出设备、排出污物等。

2. 中水处理站的隔震消声与防臭

处理站应根据处理工艺及处理设备情况采取有效的除臭措施、隔音降噪和减震措施。

1.4.6　中水管道系统

1. 中水原水集水管道系统

中水原水集水管道系统一般包括：建筑内合流或分流集水管道、室外或建筑小区集水管道、污水泵站及有压污水管道和各处理环节之间的连接管道。

（1）建筑内集水管道系统　建筑内集水管道系统即通常的建筑内排水管网，其管道布置与敷设同建筑排水设计。分为建筑内分流制集水管道系统和建筑内合流制集水管道系统。

（2）室外或小区集水管道系统　室外或小区集水管道系统的布置与敷设亦与相应的排水管道基本相同，最大区别在于室外集水干管需将收集的原水送至中水处理站。因此，还需考虑地形、中水处理站的位置，注意布置使管道尽可能较短。

（3）污水泵站及有压污水管道　如果由于地形或其他因素，集水干管的出水不能自流到中水处理站时，就必须设置污水泵站将污水加压送到中水处理站。污水泵的数量由污水量（或中水处理量）确定。污水泵站根据当地的环境条件而设置。

2. 中水供水管道系统

中水供水管道系统与建筑给水供水系统基本相同。但应根据中水的特点，注意以下几点。

1）中水管道必须具有耐腐蚀性。

2）中水管道的管材应采用塑料管、钢塑复合管、玻璃钢管等，不得采用非镀锌钢管。

3）如遇到不可能采用耐腐蚀材料的管道和设备，则应做好防腐处理，并要求表面光滑。

4）中水用水点宜采用使中水不与人直接接触的密闭器具。

5）冲洗汽车、浇洒道路与绿地的中水出口，宜用有防护功能的壁式或地下式给水栓。

1.4.7　安全防护措施

1）中水处理设施应确保安全稳定运行，使出水水质达标。中水处理系统的前端应设置调节池，其容积不小于日处理量的 30% ~40%。中水贮水池的容积不小于日处理量的 20% ~30%。

2）中水供水管网严禁与生活饮用水供水管网相连，以防污染生活饮用水水质。

3）中水管道与生活饮用水管道、排水管道平行埋设时，水平净距不小于 0.5m；交叉埋设时，中水管道在饮用水管道下面，排水管道上面，其净距不小于 0.5m。

4）小区中水管道若有露出地面的部分，应将管外壁涂成浅绿色；中水水池、水箱、阀门和给水栓均应有显著的"中水"标志，以防发生误饮、误用。

5）中水管道上不得装设水龙头，便器冲洗宜采用密闭型设备和器具，绿化、浇洒、汽车冲洗宜采用壁式或地下式给水栓。

6）中水系统管理人员需经过专门培训后才能上岗。

课题 5　建筑热水供应系统

1.5.1　热水供应系统的分类

1. 按热水供应系统供应范围分类

热水供应系统按热水供应范围的大小可分为局部热水供应系统、集中热水供应系统和区域热水供应系统。

（1）局部热水供应系统　局部热水供应系统是采用小型加热设备在用水场所就地加热，供局部范围内的单个或数个配水点所需热水的供应系统。

（2）集中热水供应系统　集中热水供应系统是利用加热设备集中加热冷水后通过热水管网送至一幢（不含单幢别墅）或数幢建筑物所需热水的系统。

2. 按热水管网的循环方式分类

为保证热水管网中的水随时保持一定的温度，热水管网除配水管道外，还应根据具体情况和使用要求设置不同形式的回水管道，以便当配水管道停止配水时，管网中仍能维持一定的循环流量，以补偿管网热损失，防止温度降低过多。常用的循环方式有全循环热水供应方式、半循环热水供应方式和无循环热水供应方式三种，如图1-42所示。

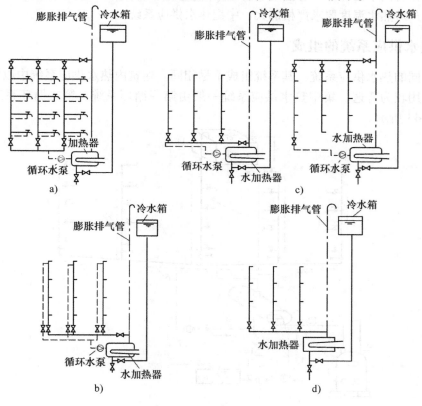

图1-42　热水循环方式
a）全循环　b）立管循环　c）干管循环　d）非循环

（1）全循环热水供应方式　全循环热水供应方式是指热水供应系统中热水配水管网的水平干管、立管及支管均设有相应回水管道，随时打开各配水嘴均能提供符合设计水温要求的热水。该系统设有循环水泵，用水时不存在使用前放水和等待时间，适用于高级宾馆、饭店、高级住宅等高标准建筑。

（2）半循环热水供应方式　该管网系统分为立管循环和干管循环两种。一般适用于对水温要求不高、不甚严格，且支管、分支管较短，用水较集中或一次用水量较大的建筑。

（3）无循环热水供应方式　无循环热水供应方式是指热水供应系统中热水配水管网的水平干管、立管、配水支管都不设任何回水管道。一般适用于热水供应系统较小、使用要求不高的定时供应系统，如公共浴室、洗衣房等。

3. 按热水管网循环动力分类

热水供应系统根据循环动力的不同可分为自然循环方式和机械循环方式两种。

（1）自然循环热水供应方式　自然循环热水供应方式是利用配水管和回水管中水的温差所形成的压力差，使管网内维持一定的循环流量，以补偿配水管道的热损失，满足用户对热水温度的要求。这种方式适用于热水供应系统小，用户对水温要求不严格的系统。

（2）机械循环热水供应方式　机械循环热水供应方式是在回水干管上设循环水泵强制一定量的水在管网中循环，以补偿配水管道的热损失，满足用户对热水温度的要求。这种方式适用于用户对热水温度要求严格的大、中型热水供应系统。

1.5.2　热水供应系统的组成

对于不同的热水供应系统，其系统组成不尽相同。建筑内热水供应系统中以集中热水供应系统的使用较为普遍。集中热水供应系统一般由第一循环系统、第二循环系统和附件组成，如图 1-43 所示。

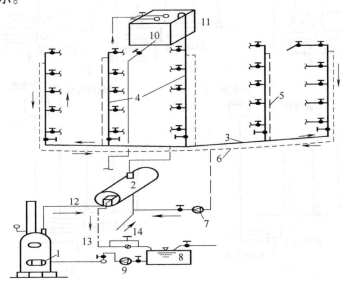

图 1-43　热媒为蒸汽的集中热水供应系统

1—锅炉　2—水加热器　3—配水干管　4—配水立管　5—回水立管　6—回水干管给水管　7—循环水泵
8—凝结水箱　9—凝结水泵　10—冷水箱　11—透气管　12—热媒上升管（蒸汽管）
13—热媒下降管（凝结水管）　14—疏水器

1. 第一循环系统

第一循环系统是指锅炉与水加热器、或热水机组与热水贮水器之间组成的热媒循环系统。

当使用蒸汽为热媒时，锅炉产生的蒸汽通过热媒管网输送到水加热器加热冷水。蒸汽经过热交换后变成冷凝水，靠余压经疏水器流至冷凝水箱，冷凝水和新补充的软化水经冷凝水循环泵再送回锅炉，加热后变成蒸汽，如此循环往复完成热的传递过程。

2. 第二循环系统

第二循环系统是水加热器、或热水贮水器与热水配水点之间组成的热水循环系统。被加热到设计要求温度的热水，从水加热器出口经配水管网送至各个热水配水点，而水加热器所需冷水则由高位水箱或给水管网补给。为满足各热水配水点随时都有设计要求温度的热水，在立管和水平干管甚至配水支管上设置回水管，它是热水循环管系仅通过循环流量的管段。常见的水加热器如图 1-44 和图 1-45 所示。

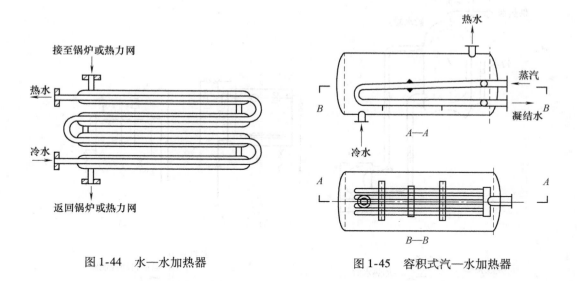

图1-44　水—水加热器　　　　　　　　图1-45　容积式汽—水加热器

3. 附件

由于热媒系统和热水供水系统中控制、连接的需要，为了解决由于温度变化而引起的水的体积膨胀、超压、气体离析、排除等问题，热水供应系统常使用的附件有自动温度调节装置、疏水器、减压阀、安全阀、膨胀罐（箱）、管道自动补偿器、闸阀、水嘴、自动排气器等。

1.5.3　热水的加热方式

水的加热方式有很多，选用时应根据热源种类、热能成本、热水用量、设备造价和维护管理费用等进行经济比较后确定。

1. 集中热水供应加热方式（如图1-46所示）

（1）直接加热　直接加热方式也称一次换热方式，是利用燃气、燃油、燃煤热水锅炉，把冷水直接加热到所需的热水温度，或者是将蒸汽（或高温水）通过穿孔管或喷射器直接与冷水接触混合制备热水。这种方式设备简单、热效率高、节能，但噪声大，对热媒质量要求高，不允许造成水质污染。适用于有高质量的热媒、对噪声要求不严格的公共浴室、洗衣房、工矿企业等用户。

（2）间接加热　间接加热就是利用锅炉产生的蒸汽或高温水作热媒，通过热交换器将水加热。热媒放出热量后又返回锅炉中，如此反复循环。这种系统的热水不易被污染，热媒不必大量补充，无噪声，热媒和热水在压力上无联系。适用于较大的热水供应系统，如医院、饭店、旅馆等。

2. 局部热水加热方式

局部热水加热方式是采用各种小型加热器在建筑物中的厨房、卫生间或其他辅助用房就地加热，供局部范围内的一个或几个用水点使用。常用的加热器有：电加热器、小型燃气热水器、蒸汽加热器、炉灶、太阳能热水器等。太阳能热水器如图1-47所示。

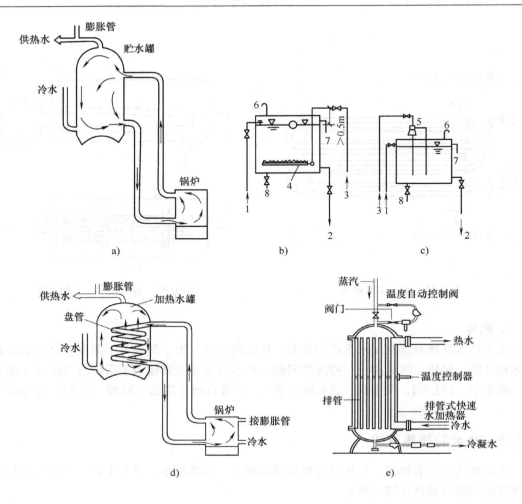

图 1-46　加热方式

a）热水锅炉直接加热　b）蒸汽多孔管直接加热　c）蒸汽喷射器混合直接加热

d）热水锅炉间接加热　e）蒸汽—水加热器间接加热

1—给水　2—热水　3—蒸汽　4—多孔管　5—喷射器　6—通气管　7—溢水管　8—泄水管

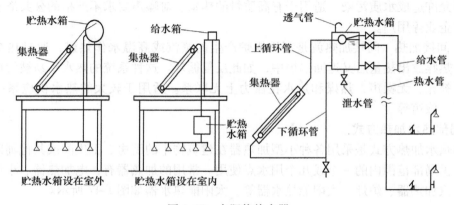

图 1-47　太阳能热水器

1.5.4 热水管网的布置和敷设

高层建筑热水供应系统与冷水供应系统一样，应采用竖向分区，以保证系统冷、热水的压力平衡，便于调节冷、热水混合龙头的出水温度，并要求各区的水加热器和贮水器的进水均应由同区的给水系统供应。当不能满足要求时，应采取保证系统冷、热水压力平衡的措施。

1. 热水管网的布置

热水管网的布置方式分为上行下给式和下行上给式两种形式。

下行上给式热水系统布置时，水平干管可布置在地沟内或地下室的顶部，但不允许埋地。

上行下给式热水系统，水平干管可布置在建筑最高层吊顶内或专用技术设备层内，水平干管应有大于或等于3‰的坡度，其坡向与水流的方向相反，并在系统的最高点处设自动排气阀进行排气。

2. 热水管网的敷设

根据建筑物的使用要求，热水管道的敷设可分为明装和暗装两种形式。

明装管道应尽可能地敷设在卫生间和厨房内，并沿墙、梁或柱敷设，一般与冷水管道平行。

暗装管道可敷设在管道竖井或预留沟槽内。

热水给水立管与横管连接时，为了避免管道因伸缩应力而破坏管网，应采用如图1-48所示的乙字弯管。

管道穿过墙、基础和楼板时应设套管，穿过卫生间楼板的套管应高出室内地面5～10cm，以避免地面积水从套管渗入下层。

热水管网的配水立管始端、回水立管末端和支管上装设多于五个配水龙头的支管始端，均应设置阀门，以便于调节和检修。为了防止热水倒流或串流，水加热器或热水贮罐的进水管、机械循环的回水管、直接加热混合器的冷热水供水管，都应装设止回阀，如图1-49所示。

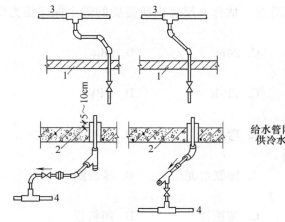

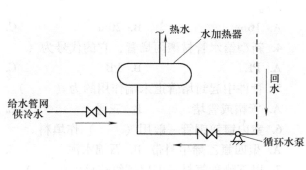

图1-48 热水立管与水平横管的连接方式
1、2—楼板 3、4—横管

图1-49 热水管道上止回阀的位置

单 元 小 结

1. 给水系统的分类和组成，层数较多建筑还有升压和贮水设备，水质有特殊需要时还设深度处理设备。给水压力的初步计算，先必须找到给水系统控制点。给水方式的选择，必须根据给水系统所需压力和室外给水管网所提供的压力进行比较确定。

2. 给水管材分类、特点及连接方式。给水管材有金属管、非金属管和复合管。民用建筑中主要使用塑料管（PP-R 管）和复合管（PSP 管和 PAP 管）。

3. 给水阀门的种类、特点。阀门种类较多，根据各阀门的特点进行选择。水表、水箱的安装，尤其是水箱配管较多，它们的位置要正确。

4. 消火栓给水系统的组成、给水方式的选择，尤其要清楚消防给水系统各组成部分的作用。

5. 自动喷水灭火系统的分类、组成。掌握基本的湿式自喷系统组成及作用。水流报警装置包括水流指示器、水力警铃和压力开关，它们的设置部位要清楚。

6. 建筑（小区）中水系统的组成。

7. 集中热水供应系统的分类和组成。集中热水供应系统包括第一循环系统和第二循环系统。

同 步 测 试

一、单项选择题

1. 对不允许间断供水的建筑，宜设（   ）条引入管在建筑物的不同侧接入。

A. 1   B. 2   C. 3   D. 4

2. 室外给水管网水压某一小时用水高峰期不能满足室内管网的水量、水压要求时，应采用的给水方式是（   ）。

A. 直接给水   B. 仅设水箱给水   C. 仅设水泵给水   D. 水泵水箱联合给水

3. 普通住宅生活饮用水管网自室外地面算起，估算 4 层室内所需要的最小保证压力值（   ）。

A. 16m   B. 20m   C. 24m   D. 28m

4. 新型给水管材聚丙烯管，它的代号为（   ）。

A. PE   B. PB   C. PP-R   D. UPVC

5. 管件中起封堵管道末端作用的为（   ）。

A. 管帽或管堵   B. 三通   C. 弯头   D. 大小头

6. 室内镀锌钢管一般用（   ）作填料。

A. 聚四氟乙烯生料带   B. 石棉水泥   C. 膨胀水泥   D. 橡胶圈

7. 以下哪种管材不可以螺纹连接？（   ）

A. 无缝钢管   B. 镀锌钢管   C. 铸铁管   D. 塑料管

8. 以下属于自动阀门的是（   ）。

A. 闸阀   B. 止回阀   C. 球阀   D. 截止阀

9. 以下选项错误的是（　　　）。

A. 截止阀安装时无方向性　　　　　　　　B. 止回阀安装时有方向性，不可装反

C. 闸阀安装时无方向性　　　　　　　　　D. 热水龙头旋塞阀的启闭迅速

10. 在一般管路上，常用截止阀的主要性能特点不包括（　　　）。

A. 流体阻力小　　　　　　　　　　　　　B. 可以用来调节流量

C. 安装时"低进高出"　　　　　　　　　　D. 可用于热水及高压蒸汽管路

11. 为防止管道水倒流，需在管道上安装的阀门是（　　　）。

A. 止回阀　　　　　　B. 截止阀　　　　　　C. 蝶阀　　　　　　D. 闸阀

12. 应根据（　　　）来选择水泵。

A. 功率、扬程　　　　B. 流量、扬程　　　　C. 流速、流量　　　　D. 流速、扬程

13. 水箱的进水管应设（　　　）个浮球阀。

A. 1 个　　　　　　　B. 2 个　　　　　　　C. 不少于 2 个　　　　D. 不设

14. 有关水箱配管与附件阐述正确的是（　　　）。

A. 进水管上每个浮球阀前可不设阀门

B. 出水管应设置在水箱的最低点

C. 进出水管共用一条管道，出水短管上应设止回阀

D. 泄水管与溢流管上可不设阀门

15. 不直接扑灭火灾，仅用于防止火灾蔓延的消防系统是（　　　）。

A. 消火栓灭火系统　　　　　　　　　　　B. 闭式自喷灭火系统

C. 开式自喷灭火系统　　　　　　　　　　D. 水幕系统

16. 室内消防系统设置（　　　）的作用是使消防车能将室外消火栓的水接入室内。

A. 消防水箱　　　　　B. 消防水泵　　　　　C. 水泵接合器　　　　D. 消火栓箱

17. 室内给水系统是指（　　　）的给水管网。

A. 各住户生活用水管构成

B. 从引入管起至建筑物用水点构成

C. 从楼顶水池出水管起至建筑物用水点

D. 从水泵出水管起至高位水池

18. 气压供水系统中的气压罐作用是（　　　）。

A. 贮水　　　　　　　B. 排气　　　　　　　C. 补气　　　　　　　D. 控制水泵启停

19. 室内消防管道的管材应采用（　　　）。

A. 铸铁管　　　　　　B. 钢管　　　　　　　C. 塑料管　　　　　　D. 橡胶管

20. 室内消火栓应布置在建筑内明显的地方，其中（　　　）不宜设置。

A. 普通教室内　　　　B. 楼梯间　　　　　　C. 消防电梯前室　　　D. 大厅

21. 室内常用的消防水带规格有 $DN50$、$DN65$，其长度不宜超过（　　　）m。

A. 10　　　　　　　　B. 15　　　　　　　　C. 20　　　　　　　　D. 25

22. 室内消火栓、水龙带和水枪之间一般采用（　　　）接口连接。

A. 螺纹　　　　　　　B. 内扣式　　　　　　C. 法兰　　　　　　　D. 焊接

23. 当消火栓处静水压力超过（　　　）时，必须分区供水。

A. 0. 8MPa　　　　　B. 0. 7MPa　　　　　C. 1. 0MPa　　　　　D. 0. 5MPa

24. 当消火栓栓口处出水压力超过（　　）时，应采取减压措施。

A. 0.8MPa　　　　　　B. 0.7MPa　　　　　　C. 1.0MPa　　　　　　D. 0.5MPa

25. 室内消火栓栓口中心距安装地面的高度为（　　）m。

A. 0.5　　　　　　　　B. 0.9　　　　　　　　C. 1.1　　　　　　　　D. 1.5

26. 消防水箱的容积按室内（　　）min 消防用水量确定。

A. 5　　　　　　　　　B. 10　　　　　　　　　C. 15　　　　　　　　　D. 20

27. 在收到火灾报警信号之后，自喷系统消防水泵必须在（　　）min 之内启动。

A. 5　　　　　　　　　B. 10　　　　　　　　　C. 15　　　　　　　　　D. 20

28. 下面（　　）属于闭式自动喷水灭火系统。

A. 雨淋喷水灭火系统　　　　　　　　　　B. 水幕系统

C. 水喷雾灭火系统　　　　　　　　　　　D. 湿式自动喷水灭火系统

29. 关于水流指示器的说法错误的是（　　）。

A. 指示火灾发生的位置　　　　　　　　　B. 传递火灾信号到控制器

C. 是水流报警装置　　　　　　　　　　　D. 受水流冲击发出铃声报警

30. 热水管道为便于排气，横管要有与水流相反的坡度，坡度一般不小于（　　）。

A. 1‰　　　　　　　　B. 2‰　　　　　　　　C. 3‰　　　　　　　　D. 4‰

31. 在热水系统中，为消除管道伸缩的影响，在较长的直线管道上应设置（　　）。

A. 补偿器　　　　　　B. 伸缩节　　　　　　C. 软管　　　　　　　D. 三通

32. 为了保证热水供水系统的供水水温，补偿管路的热量损失，热水系统设置（　　）。

A. 供水干管　　　　　B. 回水管　　　　　　C. 配水管　　　　　　D. 热媒管

二、判断题（对的打"√"，错的打"×"）

1. 管径小于或等于 50mm 时，宜采用截止阀；管径大于 50mm 时，宜采用闸阀或蝶阀。（　　）

2. 在双向流动管段上，应采用闸阀或蝶阀。在经常启闭的管段上，应采用截止阀。（　　）

3. 民用建筑的生活给水和消防给水必须各自独立设置。（　　）

4. 建筑给水系统所需压力是指城市给水管网的给水压力。（　　）

5. 发生火灾时消防水泵供给的消防水量先进入消防水箱，再进入管网。（　　）

6. 热水供应系统供应的热水的水温为 100℃。（　　）

7. 优质杂排水是指污水浓度较低的排水。如冷却水、盥洗排水、沐浴排水。（　　）

三、简答题

1. 简述建筑内部给水系统的组成。

2. 建筑内部给水系统所需的水压由哪几部分组成？

3. 水箱的作用有哪些？

4. 离心式水泵的主要参数有哪些？

5. 室内消火栓灭火系统由哪些部分组成？

6. 自动喷水灭火系统由哪些部分组成？

7. 中水的含义是什么？中水系统是如何分类的？组成包括哪些？

8. 集中热水供应系统组成包括哪些？

单元 2 建筑排水工程

学 习 目 标

知识目标

- 了解排水系统的分类及建筑内部排水体制的选择。
- 掌握排水系统的组成及作用。理解卫生器具的分类及安装简图。
- 掌握常用排水管材的性能及特点。理解排水管道附件的作用。
- 了解化粪池构造及处理原理。了解高层建筑排水的特点及新型排水系统。

能力目标

- 会选择建筑内部排水体制。能看懂卫生器具安装图。
- 会选择排水管材及附件。

课题1 排水系统的分类与组成

2.1.1 排水系统的分类

1. 建筑内部排水系统分类

建筑排水根据其排水的来源分为生活污水、工业废水和降水。生活污水可划分为粪便污水和生活废水，而工业废水可分为生产污水和生产废水，降水是指雨水和冰雪融化水。

排水系统是收集、输送、处理、再生和处置污水和雨水的设施以一定方式组合成的总体。建筑排水系统的任务是将建筑内的卫生器具或生产设备收集的生活污水、工业废水和屋面的雨雪水，有组织地、及时地、迅速地排至室外排水管网、室外污水处理构筑物或水体。

由于水被污染的情况不同，建筑内部排水系统根据污水、废水的类型不同，一般分为以下三类。

（1）生活污水排水系统 生活污水是粪便污水和生活废水的总称。生活污水排水系统排除民用建筑、公共建筑以及工业企业生活间的污水、废水。这类污水的特点是有机物和细菌的含量较高，局部处理后才可排入城市排水管道。

生活废水指的是居民日常生活中排泄的洗涤水（包括洗涤设备、淋浴设备、盥洗设备等排出的废水）。

根据污、废水水质的不同以及污水处理、杂用水的需要的不同，生活污水排水系统又可以分为粪便污水排水系统和生活废水排水系统。经过处理后，可作为杂用水，也称中水，可用来冲洗厕所、浇洒绿地和道路、冲洗汽车等。医院污水由于含有大量病菌，在排入城市排水管道之前，除进行局部处理外，还应进行消毒处理。

（2）工业废水排水系统 工业废水可分为两类：生产废水和生产污水。

生产废水系指在生产过程中形成，但未直接参与生产工艺，未被生产原料、半成品或成品污染，仅受到轻度污染的水或温度稍有上升的水。如循环冷却水等，经简单处理后可回用或排入水体。

生产污水系指在生产过程中所形成，并被生产原料、半成品或成品等废料所污染，污染比较严重的水。生产污水比较复杂，如纺织漂洗印染污水、焦化厂的炼焦污水、电镀厂的电镀污水等。按照我国环保法规，类似这些生产污水必须在厂内经过处理，达到国家的排放标准以后，才能排入室外排水管道。

（3）屋面雨水排水系统　排除降落在屋面的雨（雪）水的管道系统。随着环境污染的日益加重，初期雨雪水经地面径流，含有大量的污染物，也应进行集中处理。

2. 排水体制及其选择

（1）排水体制　按照污水和废水的关系，建筑内部排水体制可分为分流制和合流制两种，分别称为建筑分流排水和建筑合流排水。

分流制即建筑物内的污水和废水分别设置管道系统，排出建筑物或排入处理构筑物。合流制即建筑物内的污水和废水合流后排出建筑物或排入处理构筑物。

建筑物宜设置独立的屋面雨水排水系统，迅速、及时地将雨水排至室外雨水管或地面。

（2）排水体制的选择　建筑内部排水系统是选择分流制还是合流制，综合考虑污废水性质、污染程度、水量大小，并结合室外排水体制、污废水处理设施的完善程度、污废水处理要求以及综合利用与处理的要求等情况，通过经济技术比较确定。小区排水系统应采用生活排水与雨水分流制排水。

建筑物内下列情况下宜采用粪便污水与生活废水分流的排水系统。

1）建筑物使用性质对卫生标准要求较高时。

2）生活废水量较大，且环卫部门要求生活污水需经化粪池处理后才能排入城镇排水管道时。

3）生活废水需回收利用时。

建筑物雨水管道应单独设置，在缺水或严重缺水地区，宜设置雨水贮存池。

当城市（镇）设有污水处理厂，生活废水不需回用时，生活废水和粪便污水宜合流排除；生产污水与生活污水性质相似时，宜合流排除。

2.1.2　排水系统的组成

污水能否顺利、迅速地排出去，能否有效地防止污水管中的有毒气体进入室内，是对排水系统的基本要求。建筑内部排水系统的组成要满足以下三个基本要求：首先，系统能迅速畅通地将污废水排到室外；其次，排水管道系统气压稳定，有毒有害气体不能进入室内，保持室内环境卫生；第三，管线布置合理，简短顺直，工程造价低。

为满足上述要求，建筑内部排水系统的基本组成为：卫生器具和生产设备受水器、排水管道、清通设备和通气管道，如图 2-1 所示。（在有些排水系统中，根据需要还设有污废水提升设备和局部处理构筑物。）

1. 卫生器具和生产设备受水器

卫生器具和生产设备受水器是建筑内部排水系统的起点，是用来满足日常生活和生产要求所需的设备。卫生器具又称卫生设备或卫生洁具，是供水并接受、排出人们在日常生活中产生的污废水或污物的容器或装置。生产设备受水器是接受、排出工业企业在生产过程中产生的污废水或污物的容器或装置。

2. 排水管道

排水管道由器具排水管、排水横支管、排水立管、排水横干管和排出管等组成。

1）器具排水管。连接单个卫生器具排出口至排水横支管的管段。

2）排水横支管。连接器具排水管至排水立管的管段。

3）排水立管。用来收集其上所接的各横支管排来的污水，然后再把这些污水送入排出管。

4）排水横干管。连接若干根排水立管至排出管的管段。

5）排出管。从建筑物内至室外检查井的排水横管段。

3. 管道清通附件与清通设备

污废水中含有固体杂物和油脂，容易在管内沉积、黏附，降低通水能力甚至堵塞管道。为了疏通排水管道，保障排水畅通，需要设置管道清通附件与清通设备。

排水系统中的管道清通附件与清通设备有三种：检查口、清扫口和检查井。

4. 通气管道

由于建筑内排水管道中是气水两相

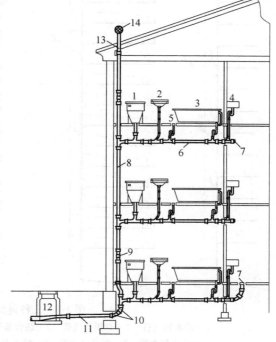

图 2-1　建筑内部排水系统

1—大便器　2—洗脸盆　3—浴盆　4—洗涤盆　5—地漏
6—横支管　7—清扫口　8—立管　9—检查口　10—45°弯头
11—排出管　12—检查井　13—通气管　14—通气帽

流，当排水系统中突然大量排水时，可能导致系统中的气压波动，造成水封破坏，使有毒、有害气体进入室内。为了防止以上现象发生，须向排水管道内补给空气，以减少气压变化，防治水封破坏，使水流通畅。同时也需将排水管道内的有毒、有害气体排放到一定空间的大气中去。由此，需要在建筑排水系统中设置通气管道。

根据建筑物层数、卫生器具数量、卫生标准等的不同，通气管道可分为如下几种类型，如图 2-2 所示。

1）伸顶通气管。指从排水立管与最上层排水横支管连接处，向上垂直延伸至室外作通气用的管道。对于层数不高、卫生器具不多的建筑物，一般将排水立管上端延伸出屋面，用来通气及排除排水管内的臭气。

2）专用通气立管。指仅与排水立管连接，为排水立管内空气流通而设置的垂直通气管道。如生活污水排水立管所承担的卫生器具排水流量超过仅设伸顶通气管的排水立管最大排水能力时，应设置专用通气立管。

3）主通气立管。指用来连接环形通气管和排水立管，为使排水支管和排水立管内空气流通而设置的垂直管道。

4）副通气立管。指仅与环形通气管连接，为使排水横支管内空气流通而设置的通气管道。设在污水立管对侧。其作用同专用通气管。

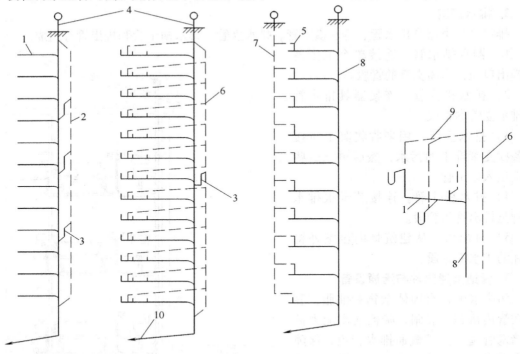

图 2-2　几种典型通气形式

1—排水横支管　2—专用通气管　3—结合通气管　4—伸顶通气管　5—环形通气管
6—主通气立管　7—副通气立管　8—排水立管　9—器具通气管　10—排水排出管

5）环形通气管。指在多个卫生器具的排水横支管上，从最始端卫生器具的下游端接至主通气立管或副通气立管的通气管段。

6）器具通气管。指卫生器具存水弯出口端，在高于卫生器具上一定高度处与主通气立管连接的通气管段，可以防止卫生器具产生自虹吸现象和噪声。器具通气管适用于对卫生标准和控制噪声要求较高的排水系统。

7）结合通气管。指排水立管与通气立管的连接管段。其作用是，当上部横支管排水，水流沿立管向下流动时，水流前方空气被压缩，通过它释放被压缩的空气至通气立管。

8）汇合通气管。指连接数根通气立管或排水立管顶端通气部分，并延伸至室外与大气相通的通气管段。当伸顶通气管不允许或不可能单独伸出屋面时，可设置汇合通气管。

9）通气管管径的确定。根据污水管排水能力及管道长度确定，且不宜小于排水管管径的 1/2。

通气管常用排水铸铁管或塑料管等管材，连接方法同排水管。

5. 污废水提升设备

工业与民用建筑物的地下室、人防建筑物、高层建筑的地下技术层等处标高较低，在这些场所产生、收集的污废水不能自流排至室外的检查井，须设污废水提升设备，即设置污废水集水池和排污泵，不定期地将污废水排至室外检查井。

6. 污水局部处理构筑物

当建筑内部污水未经处理不允许直接排入市政排水管网或水体时，须设污水局部处理构筑物。如化粪池、降温池、隔油池等。

课题 2　卫 生 器 具

卫生器具是建筑排水系统的重要组成部分，是为了满足人们生活需要的各种卫生洁具，因各种卫生器具的用途、设置地点、安装和维护条件不同，所以卫生器具的结构、形式和材料也各不相同。

为满足卫生清洁的要求，卫生器具一般采用不透水、无气孔、表面光滑、耐磨损、耐冷热、便于清扫、有一定强度的材料制造。如陶瓷、搪瓷、塑料、不锈钢、水磨石、复合材料等。随着生活水平和卫生标准的不断提高，人们对卫生器具的功能和质量也提出了越来越高的要求，卫生器具正朝着材质优良、功能完善、造型美观、消声节水、色彩丰富、使用舒适等方向发展，已成为衡量建筑级别的重要标准。

卫生器具按使用功能一般可分为便溺用、盥洗用、沐浴用和洗涤用四类。

2.2.1　便溺用卫生器具

便溺用卫生器具是用来收集排除粪便、尿液用的卫生器具。设置在卫生间和公共厕所内，包括便器和冲洗装置两部分。有大便器、小便器、小便槽等几种。

1. 大便器

大便器是排除粪便的便溺卫生器具，其作用是把粪便和便纸快速完全地排入下水管道，同时要防臭。常用的大便器有坐式和蹲式两类，如图 2-3 所示。

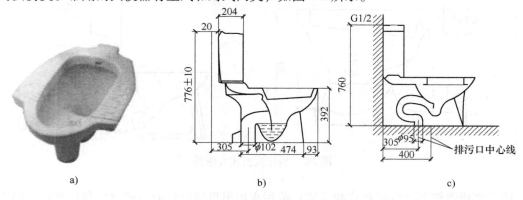

图 2-3　大便器
a）蹲式大便器　b）冲洗式大便器　c）虹吸式大便器

坐式大便器简称坐便器。按安装方式分为落地式和悬挂式；按与冲洗水箱的关系分有分体式和连体式如图 2-4 所示；按排出口位置分有下出口（或称底排水）和后出口（或称横排水）；按用水量分节水型和普通型；按冲洗的水力原理分为冲洗式和虹吸式。

冲洗式坐便器又称冲落式坐便器，坐便器的上口环绕着一圈开有很多小孔的冲水槽。冲洗开始时，水进入冲洗槽，经小孔沿便器内表面冲下，便器内水面涌高，利用水的冲力将粪便等污物冲出存水弯边缘，排入污水管道。冲洗式坐便器的缺点是受污面积大，水面面积小，污物易附着在器壁上，每次冲洗不一定能保证将污物冲洗干净，易散发臭气，冲洗水量和冲洗时噪声较大。

虹吸式坐便器的积水面积和水封高度均较大，冲洗时便器内存水弯被水充满形成虹吸作用，把粪便等污物全部吸出。在冲水槽进水口处有一个冲水缺口，部分水从这里冲射下来，加快虹吸作用。因为水向下的冲射力大，流速很快，所以会发生较大的噪声。

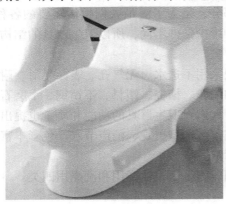

图 2-4　连体式与分体式座便器

后排式坐便器与其他坐式大便器不同之处在于，排水口设在背后，便于排水横支管敷设在本层楼板上时选用，如图 2-5 所示。

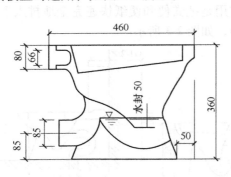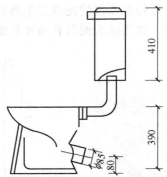

图 2-5　后排式坐式大便器

蹲式大便器按形状分有盘式和斗式；按污水排出口的位置分为前出口和后出口。蹲式大便器使用时不与人身体接触，防止疾病传染，但污物冲洗不彻底，会散发臭气。蹲式大便器采用水箱或延时自闭式冲洗阀冲洗。一般用于集体宿舍和公共建筑物的公用厕所，及防止接触传染的医院厕所内。

2. 小便器

小便器是设置在公共建筑男厕所内，收集和排除小便的便溺用卫生器具，多为陶瓷制品，有立式和挂式两类。立式小便器又称落地小便器，用于标准高的建筑，如图 2-6 所示；挂式小便器又称小便斗，安装在墙壁上。

3. 小便槽

小便槽是可供多人同时使用的长条形沟槽，由水槽、冲洗水管、排水地漏或存水弯等组成。采用混凝土结构，表面贴瓷砖，用于工业企业、公共建筑和集体宿舍的公共卫生间内。

4. 冲洗装置

冲洗装置与便溺用卫生器具相配套，有冲洗水箱和冲洗阀两种。

冲洗水箱是冲洗便溺用卫生器具的专用水箱，箱体材料多为陶瓷、塑料、玻璃钢、铸铁等。其作用是贮存足够的冲洗用水，保证一定冲洗强度，并起流量调节和空气隔断作用，防止给水系统污染。常见的有虹吸式和延时自闭式水箱。虹吸式多用在老式的高水箱中，现在的排水阀多采用延时式。按操作方式分有手动和自动，按安装高度有高水箱和低水箱。高水箱又称高位冲洗水箱，多用于蹲式大便器、大便槽和小便槽。低水箱也叫低位冲洗水箱，一般为手动式，其进排水阀如图 2-7 所示。为了节水，设两档开关，水箱内有两个排水阀，一个阀口在上，一个在下，用于小便时冲半箱水。如使用一个排水阀，两个按钮或手柄关闭排水阀速度不同，来达到排水量不同的目的。

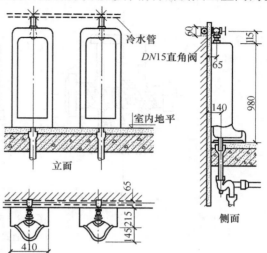

图 2-6　立式小便器

冲洗水箱具有所需流出水头小，进水管管径小，有足够一次冲洗便器所需的贮水量，补水时间不受限制，浮球阀出水口与冲洗水箱的最高水面之间有空气隔断，不会造成起回流污染。

冲洗阀直接安装在大小便器冲洗管上，多用于公共建筑、工业企业生活间及火车上的厕所内，如图 2-8 所示。由使用者控制冲洗时间（5～10s）和冲洗用水量（1～2L）的冲洗阀叫延时自闭式冲洗阀，可以用手、脚或光控开启冲洗阀。延时自闭式冲洗阀具有体积小，占空间少；外观洁净美观、使用方便；节约水量、流出水头较小；可保证冲洗设备与大、小便器之间的空气隔断的特点。

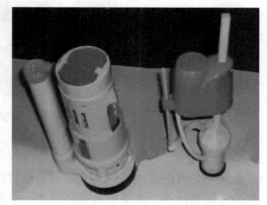

图 2-7　低水箱内进排水阀

2.2.2　盥洗用卫生器具

盥洗用卫生器具是供人们用于漱洗的卫生器具。

1. 洗脸盆

用于洗脸，其排水口有塞的盥洗卫生器具，如图 2-9 所示。设置在卫生间、盥洗室、浴室或理发室内。洗脸盆的高度及深度适宜，盥洗不用弯腰较省力，使用不溅水，用流动水盥洗比较卫生。洗脸盆有长方形、椭圆形、马蹄形和三角形。安装方式有托架式、壁挂式、立柱式和台式，托架式即安装在托架上的洗脸盆；壁挂式即安装在墙体上的洗脸盆；立柱式是用立柱支撑并隐蔽其排水管道的洗脸盆；台式就是嵌装在台板上或台板下的洗脸盆。

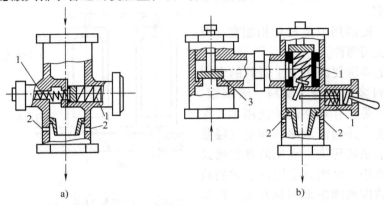

图 2-8　专用冲洗阀
a）直通式　b）直角式
1—弹簧　2—气孔　3—活塞

图 2-9　台式与柱式洗脸盆

2. 盥洗槽

盥洗槽是可供多人同时洗漱用的槽形盥洗卫生器具。盥洗槽多为长方形布置，一般为钢筋混凝土现场浇筑，水磨石或瓷砖贴面；也有不锈钢、搪瓷、玻璃钢等制品。

2.2.3　沐浴用卫生器具

沐浴用卫生器具指供人们清洗身体用的洗浴卫生器具。按照洗浴方式分沐浴用卫生器有浴盆、淋浴器、淋浴盆和淋浴房等。

1. 浴盆

人可坐或躺在其中进行全身擦洗、浸泡用的沐浴卫生器具。多为搪瓷制品，也有陶瓷、玻璃钢、人造大理石、亚克力（有机玻璃）、塑料等制品。按使用功能分，有普通浴盆（图2-10）、坐浴盆和按摩浴盆三种。

坐浴盆的尺寸小于普通浴盆，淋浴者只能坐在其中洗澡。按摩浴盆又称旋涡浴盆、沸腾浴盆，尺寸大于普通浴盆，兼有沐浴和水力按摩双重功能，水力按摩系统由盆壁上的喷头、装在浴盆下面的循环水泵和过滤器等组成。循环水泵从盆内抽水进过滤器后，从喷头喷出水气混合水流，不断接触人体，对沐浴者身体的各个部分起按摩作用。

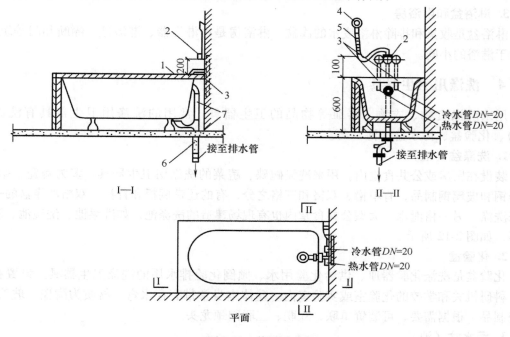

图 2-10　普通浴盆
1—浴盆　2—混合龙头　3—给水管　4—莲蓬头　5—蛇皮管　6—存水弯　7—排水管

2. 淋浴器

淋浴器是一种由莲蓬头、出水管和控制阀组成，喷洒水流供人沐浴的卫生器具，如图 2-11 所示。与浴盆相比，淋浴器具有占地面积小，设备费用低，耗水量小，清洁卫生，避

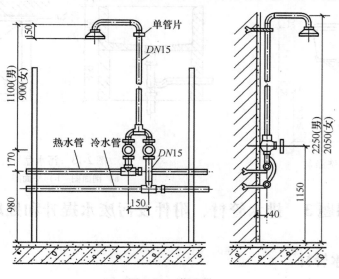

图 2-11　淋浴器

免疾病传染的优点。按供水方式分，有单管式和双管式；按出水管的形式分，有固定式和软管式；按控制阀的控制方式分，有手动式、脚踏式和自动式。淋浴器有成品的，也有现场安装的。

3. 淋浴盆和淋浴房

淋浴盆是收集和排除淋浴废水的浅盆。淋浴房是由淋浴器、淋浴盆、隔断和门等组成，专用于淋浴的小间。

2.2.4　洗涤用卫生器具

用来洗涤食物、衣物、器皿等物品的卫生器具。常用的洗涤用卫生器具有洗涤盆（池）、化验盆、污水盆（池）等。

1. 洗涤盆（池）

装设在厨房或公共食堂内，用来洗涤碗碟、蔬菜的洗涤用卫生器具。多为陶瓷、搪瓷、不锈钢和玻璃钢制品，有单格、双格和三格之分，有的还带搁板和背衬。双格洗涤盆的一格用来洗涤，另一格泄水。大型公共食堂内也有现场建造的洗涤池，如洗菜池、洗碗池、洗米池等，如图 2-12 所示。

2. 化验盆

化验盆是洗涤化验器皿、供给化验用水、倾倒化验排水用的洗涤卫生器具。设置在工厂、科研机关和学校的化验室或实验室内。盆体本身常带有存水弯。材质为陶瓷、玻璃钢、搪瓷制品。根据需要，可装置单联、双联、三联鹅颈龙头。

3. 污水盆（池）

污水盆（池）设置在公共建筑的厕所、盥洗室内，供洗涤清扫用具、倾倒污废水的洗涤用卫生器具。污水盆多为陶瓷、不锈钢或玻璃钢制品，污水池以水磨石现场建造，如图 2-13 所示。

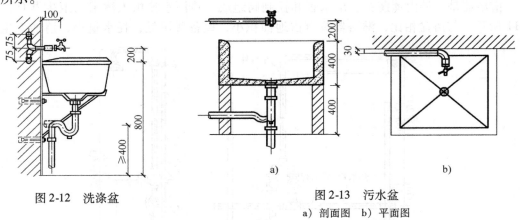

图 2-12　洗涤盆　　　　　　图 2-13　污水盆
　　　　　　　　　　　　　　　a）剖面图　b）平面图

课题 3　排水管材、附件及污废水提升和处理

2.3.1　常用排水管材

对敷设在建筑内部的排水管道，要求有足够的机械强度、抗污水侵蚀性能好、不渗漏。

排水管材选择应符合下列要求。

1）建筑物内部排水管道应采用建筑排水塑料管及管件、或柔性接口机制排水铸铁管及相应管件。

2）当排水温度大于 40℃ 时，应采用金属排水管或耐热塑料排水管。

下面重点介绍几种常用管材的性能及特点。

1. 金属管材及管件

（1）铸铁管

1）排水铸铁管。有排水铸铁承插口直管、排水铸铁双承直管，管径在 50～200mm 之间。其管件有弯管、管箍、弯头、三通、四通、存水弯等，如图 2-14 所示。

2）柔性抗震排水铸铁管。随着高层和超高层建筑的迅速兴起，以石棉水泥或青铅为填料的刚性接头排水铸铁管，已不能适应高层建筑各种因素引起的变形，尤其是有抗震设防要求的地区，对重力排水管道的抗震设防成为最应重视的问题。高耸构筑物和建筑高度超过 100m 的建筑物，排水立管应采用柔性接口；排水立管长度在 50m 以

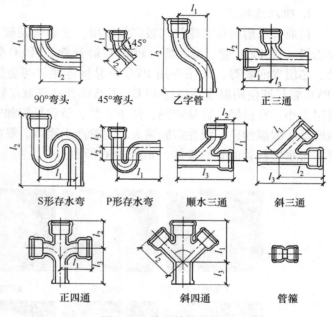

图 2-14   排水铸铁管管件

上，或在抗震设防 8 度地区的高层建筑，应在立管上每隔两层设置柔性接口；在抗震设防 9 度的地区，立管和横管均应设置柔性接口。其他建筑在条件许可时，也可采用柔性接口。

我国当前采用较为广泛的一种柔性抗震排水铸铁管是 GP-1 型，如图 2-15 所示。它采用橡胶圈密封，螺栓紧固，具有较好的挠曲性、伸缩性、密封性及抗震性能，且便于施工。

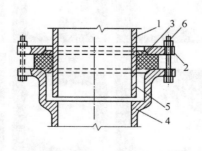

图 2-15   柔性排水铸铁管件接口

1—直管、管件直部   2—法兰压盖   3—橡胶密封圈   4—承口端头   5—插口端头   6—定位螺栓

（2）钢管　当排水管道管径小于 50mm 时，宜采用钢管，主要用于洗脸盆、小便器、浴盆等卫生器具与排水横支管间的连接短管，管径一般为 32mm、40mm、50mm。工厂车间内振动较大的地点也可采用钢管代替铸铁管，但应注意分清其排出的工业废水是否对金属管道有腐蚀性。地下室集水坑及消防电梯井底等处污水由排污泵排出，压力排水管材一般为镀锌钢管。

2. 排水塑料管

目前排水塑料管在建筑内被广泛使用，主要有硬聚氯乙烯塑料管（UPVC 管）、高密度聚乙烯（HDPE）管、聚丙烯（PP-R）静音管。UPVC 管又有实壁管、中空壁消音（螺旋）管、芯层发泡管等，采用专用 PVC 胶黏接连接，与金属管、排水栓连接时采用专用配件。UPVC 管长期使用温度不超过 40℃。UPVC 管具有重量轻、耐腐蚀、不结垢、内壁光滑、水流阻力小、重量轻、容易切割、便于安装、节省投资和节能等优点，但塑料管也有缺点，如强度低、耐温性差、线性膨胀量大、立管产生噪声、暴露于阳光下管道易老化、防火性能差等。排水塑料管的管材管件，如图 2-16 所示。

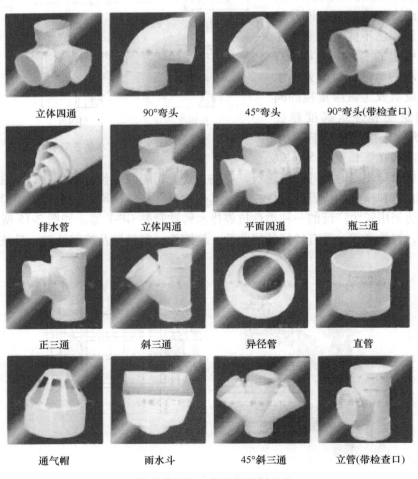

立体四通	90°弯头	45°弯头	90°弯头(带检查口)
排水管	立体四通	平面四通	瓶三通
正三通	斜三通	异径管	直管
通气帽	雨水斗	45°斜三通	立管(带检查口)

图 2-16　排水塑料管的管材管件

2.3.2　排水管道附件

1. 存水弯

存水弯的作用是在其内部形成一定高度的水封，通常为 50～100mm，阻止排水系统中的有毒有害气体或虫类进入室内，保证室内的环境卫生。在卫生器具内部或器具排水管段上设置。存水弯的类型主要有 S 型、P 型两种，如图 2-17 所示。

S 型存水弯常用在排水支管与排水横管垂直连接部位。P 型存水弯常用在排水支管与排水横管和排水立管不在同一平面位置而需连接的部位。

2. 清通附件与设备

检查口、清扫口、检查井属于清通附件与设备，为了保障室内排水管道排水通畅，一旦堵塞可以方便疏通，因此在排水立管和横管上都应设清通附件。

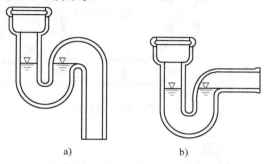

图 2-17　存水弯的类型
a）S 形　b）P 形

1）检查口，如图 2-18 所示。是带有螺栓盖板的短管，检查和清通时将盖板打开。检查口一般设在立管及较长的水平管段上，供立管或立管与横支管连接处有异物堵塞时清掏用。设置高度：距地面1.0m，并应高出该层卫生器具上边缘0.15m。

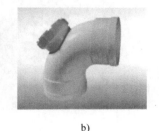

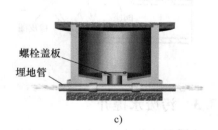

螺栓盖板
埋地管

a）　　　　　　　　　　b）　　　　　　　　　　c）

图 2-18　检查口
a）立管上检查口　b）弯头上检查口　c）水平检

2）清扫口，如图 2-19 所示。用于排水横管的单向清通。设置于排水横支管起端或中间部位，可延伸于地面上或不延伸。

3）检查井，如图 2-20 所示。检查井一般不设在室内，对于不散发有害气体或大量蒸汽的工业排水管道，在管道转弯、变径处和坡度改变及连接支管处，可在建筑内部设检查井。

对生活污水管道，在建筑内部不宜设置检查井。当必须设置时，应采取密封措施。排出管与室外排水管道连接处，应设检查井。检查口井不同于一般的检查井，为防止管内有毒有害气体外逸，在井内上下游管道之间由带检查口的短管连接。室内埋地横干管上设检查口井。

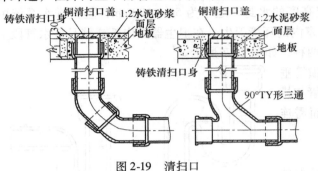

图 2-19　清扫口

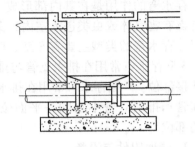

图 2-20　室内检查井

3. 地漏

地漏，如图 2-21 所示是一种特殊的排水装置，一般设置在经常有水溅落的地面、有水需要排除的地面和经常需要清洗的地面（如淋浴间、盥洗室、厕所、卫生间等）。《住宅设计规范》中规定，布置洗浴器和布置洗衣机的部位应设置地漏，并要求布置洗衣机的部位宜采用能防止溢流和干涸的专用地漏。地漏应设置在易溅水的卫生器具附近的最低处，其地漏算子应低于地面 5～10mm，带有水封的地漏，其水封深度不得小于 50mm，直通式地漏下必须设置存水弯。

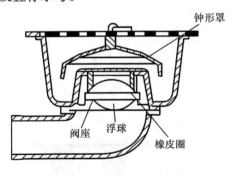

图 2-21　地漏

2.3.3　污废水提升

民用和公共建筑的地下室、人防建筑、消防电梯底部集水坑内，以及工业建筑内部标高低于室外地坪的车间和其他用水设备房间排放的污废水，若不能自流排至室外检查井时，必须提升排出，以保持室内良好的环境卫生。

建筑内部使用的排水泵有潜水排污泵、液下排水泵、立式污水泵和卧式污水泵等。因潜水排污泵和液下排水泵在水面以下运行，无噪声和振动，水泵在集水池内，不占场地，自灌问题也自然解决，所以，应优先选用，其中液下排污泵一般在重要场所使用。当潜水排污泵电机功率大于等于 7.5kW 或出水口管径大于等于 $DN100$ 时，可采用固定式，否则，可设软管移动式。立式和卧式污水泵因占用场地，要设隔震装置，必须设计成自灌式，所以使用较少。

公共建筑内应以每个生活排水集水池为单元，设置一台备用泵，平时宜交替运行。设有两台及两台以上排水泵排除地下室、设备用房、车库冲洗地面的排水时可不设备用泵。

排水泵应能自动启闭或现场手动启闭。多台水泵可并联交替运行，也可分段投入运行。

在地下室最底层卫生间和淋浴间的底板下、或邻近地下室水泵房和地下车库内、地下厨房和消防电梯井附近应设集水池，其中消防电梯集水池池底低于电梯井底不小于 0.7m。为防止生活饮用水受到污染，集水池与生活给水贮水池的距离应在 10m 以上。

集水池的有效水深一般取 1～1.5m，保护高度取 0.3～0.5m。因生活污水中有机物分解呈酸性物质，腐蚀性大，所以生活污水集水池内壁应采取防腐防渗漏措施。

2.3.4 污废水局部处理

污废水的局部处理设备有化粪池、沉淀池、隔油池、降温池、中和池等，这里仅介绍化粪池和生活污水局部处理。

如图 2-22 所示，化粪池是一种利用沉淀和厌氧发酵原理，去除生活污水中悬浮性有机物的处理设施，属于初级的过渡性生活污水处理构筑物。污水进入化粪池经过 12～24h 的沉淀，可去除 50%～60% 的悬浮物。沉淀下来的污泥经过 3 个月以上的厌氧消化，使污泥中的有机物分解成稳定的无机物，易腐败的生污泥转化为稳定的熟污泥，改变了污泥的结构，降低了污泥的含水率。定期将污泥清掏外运、填埋或用作肥料。

污泥清掏周期是指污泥在化粪池内平均停留时间。一般为 3～12 个月。

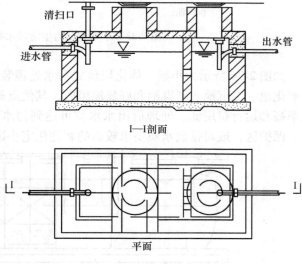

图 2-22 化粪池

清掏污泥后应要保留 20% 的污泥量，以便为新鲜污泥提供厌氧菌种，保证污泥腐化分解效果。

化粪池多设于建筑物背向大街一侧靠近卫生间的地方。应尽量隐蔽，不宜设在人们经常活动之处。化粪池距建筑物的净距不小于 5m，因化粪池出水处理不彻底，含有大量细菌，为防止污染水源，化粪池距地下取水构筑物不得小于 30m。

化粪池有矩形和圆形两种，化粪池深度（水面至池底）不得小于 1.3m，宽度不得小于 0.75m，长度不得小于 1.0m。圆形化粪池直径不得小于 1.0m。

化粪池具有结构简单、便于管理、不消耗动力和造价低的优点，在我国已推广使用多年。但是，实践中发现化粪池有许多致命的缺点，如有机物去除率低，仅为 20% 左右；沉淀和厌氧消化在一个池内进行，污水与污泥接触，使化粪池出水呈酸性，有恶臭。另外，化粪池距建筑物较近，清掏污泥时臭气扩散，影响环境卫生。

为克服化粪池存在的缺点，出现了一些新型的生活污水局部处理设施，如图 2-23 所示是一种小型的无动力污水局部处理构筑物。这种处理工艺经过沉淀池去除大的悬浮物后，污水进入厌氧消化池，经水解和酸化作用，将复杂的大分子有机物水解成小分子溶解性有机物，提高污水的可生化性。然后污水进入兼性厌氧生物滤池，溶解氧保持在 $0.3 \sim 0.5mg/L$，阻止了污水中甲烷细菌的产生。生成气体主要是 CO_2 和 H_2。出水经氧化沟进一步的好氧生物处理，由单独设立或与建筑物内雨水管连接的拔风管供氧，溶解氧浓度在 $1.5 \sim 2.8mg/L$ 之间。实际运行结果表明，这种局部生活污水处理构筑物具有不耗能，水头损失小（0.5m），处理效果好（去除率可达 90%），产泥量少，造价低，无噪声，不占地表面积，不需常规操作的特点。

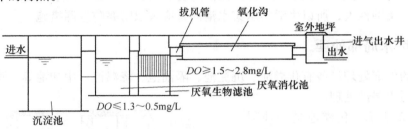

图 2-23　小型无动力生活污水处理构筑物示意图

如图 2-24 所示为小型一体化埋地式污水处理装置示意图，这类装置由水解调节池、接触氧化池、二沉池、消毒池和好氧池组成，其优点是占地少、噪声低、剩余污泥量小、处理效率高和运行费用低。处理后出水水质可达到污水排放标准，可用于无污水处理厂的风景区、保护区，或对排放水质要求较高的新建住宅小区。

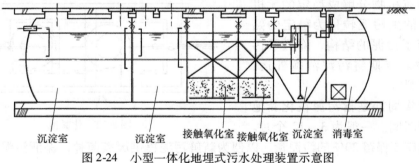

图 2-24　小型一体化地埋式污水处理装置示意图

课题 4　高层建筑排水系统

2.4.1　高层建筑排水系统的特点

随着经济的发展和科技的进步，人们对高层建筑的需求也越来越大。所谓高层建筑，建筑防火规范中将 10 层及 10 层以上的居住建筑及高度超过 24m 的 2 层以上公共建筑，列入高层建筑的范围，因此，建筑、结构、建筑设备等专业就以此作为高层建筑的起始高度。

高层建筑的特点是：楼层数多，建筑物总高度大，每栋建筑的建筑面积大，使用功能多，在建筑内工作、生活的人数多，由于用房远离地面，要求提供有比一般低层建筑更完善的工作和生活保障设施，创造卫生、舒适和安全的人造环境。因此，高层建筑中设备多、标准高、管线多，且建筑、结构、设备在布置中的矛盾也多，设计时必须密切配合，协调工作。为使众多的管道整齐有序敷设，建筑和结构设计布置除满足正常使用空间要求之外，还必须根据结构、设备需要，合理安排建筑设备、管道布置所需空间。

一般在高层建筑内的用水房间旁设置管道井，供垂直走向管道穿行。每隔一定的楼层设置设备层，可在设备层中布置设备和水平方向的管道。当然，也可以不在管道井中敷设排水管道。对不在管道井中穿行的管道，如果在装饰要求较高的建筑，可以在管道外加包装。

高层建筑排水设施的特点是：服务人数多、使用频率高、负荷大，特别是排水管道，每一条立管负担的排水量大，流速高。因此要求排水设施必须可靠、安全，并尽可能少占空间。如采用强度高、耐久性好的金属管道或塑料管道，相配的弯头等配件等。

2.4.2　高层建筑排水系统的分类

高层、多层民用建筑，一般不产生生产废水和生产污水，其所排出的污水按其来源和性质分为粪便污水、生活废水、屋面雨雪水、冷却废水以及特殊排水等，具体分类见表 2-1。其中，生活污水按其性质可分为：冲厕污水和盥洗、洗涤污水。按排水体制来区分，污水的排除可分为：分流排水系统和合流排水系统。近年来，由于水源日趋紧张，在一些缺水城市，规定建筑面积大于或等于 20000m² 的建筑或建筑群，需建立中水系统。这样，建筑排水就需要采用分流排水系统，即建筑中的冲厕粪便污水与盥洗、洗涤污水分流排放，将分流排放的盥洗、洗涤污水收集处理后再供冲厕和浇洒使用，以提高城市用水的利用率。高层建筑一般采用污水排出分流排水系统。高层排水系统一般由卫生洁具、横支管、立管、排出管（出户管）、专用通气管、清通设备、抽升设备、污水局部处理构筑物组成。

高层建筑排水系统应满足以下要求：①管道及设备布置应结合高层建筑的特点，尽量做到安全、合理，便于施工安装，并能迅速排出污（废）水，防止震动后的位移、漏水。②应保证管道系统内气压稳定，防止管道系统内的水封被破坏和水塞形成。③为污水综合利用及处理提供有利条件，尽可能做到"清"、"污"分流。

表 2-1　高层民用建筑排水分类

污废水种类	污废水来源及水质情况	排水系统
粪便污水	从大小便排出的污水，其中含有便纸和粪便杂质	粪便污水系统
生活废水	从脸盆、浴盆、洗涤盆、淋浴器、洗衣机等器具排出的废水，其中含有洗涤剂及一些洗涤下来的细小悬浮杂质，相对来说，比粪便污水干净一些	生活废水系统
冷却废水	从空调机、冷冻机等排出的冷却废水，水质一般不受污染，仅水温升高，可冷却循环使用，但长期运转后，其 pH 值改变，需经水质稳定处理	冷却水系统
屋面雨水	水中含有屋面冲刷下来的灰尘，一般比较干净	雨水系统
特殊排水	从公共厨房排出含油脂的废水、冲洗汽车的废水，一般需单独收集，局部处理后回用或排放	特殊排水系统

2.4.3　新型排水系统

高层建筑楼层较多，高度较大，多根横管同时向立管排水的几率较大，排水落差高，更容易造成管道中压力的波动。因此高层建筑为了保证排水的通畅和通气良好，一般设置专用通气管系统。有通气管的排水系统造价高，占地面积大，管道安装复杂，如能省去通气管，对宾馆、写字间、住宅等建筑在美观和经济方面都是非常有益的。若采用单立管放大管径的设计方法，在技术和经济上亦不合理。因此人们在不断地研究新的排水系统。

影响排水立管通水能力的主要因素如下。

（1）从横支管流入立管的水流形成的水塞阻隔气流，使空气难以进入下部管道而造成负压。

（2）立管中形成水塞流阻隔空气流通。

（3）水流到达立管底部进入横干管时产生水跃阻塞横管。

因此，人们从减缓立管流速、保证有足够大的空气芯、防止横管排水产生水塞和避免在横干管中产生水跃等方面进行研究探索，发明了一些新型单立管排水系统，这种排水系统，仅须设置伸顶通气管即可改善排水能力。下面仅介绍使用较多的苏维脱排水系统。

1961年，瑞士索摩（Fritz Sommer）研究发明了一种新型排水立管配件，各层排水横支管与立管采用气水混合器连接，排水立管底部采用气水分离器连接，达到取消通气立管的目的，这种系统称为苏维托排水系统（Sovent System），如图2-25所示。我们现在使用的是经过改进后的苏维托排水系统。包括两个特殊配件，一个是在排水横支管与立管交接处设置苏维托，一个是在立管底部、横干管或排出管处设置泄压管。

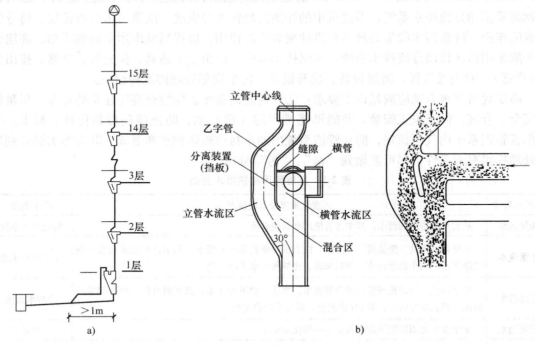

图 2-25　苏维托立管排水系统及配件

a）苏维托立管排水系统　b）苏维托内部构造和工作原理

苏维托，旧称混合器。为设在排水立管上，用于排水横支管与排水立管相连接的特殊管件。具有能消除水舌现象、满足气水混合、减缓立管中水流速度等功能的特殊管件。

苏维托用隔板将立管水流与横支管水流隔开，以解决横支管水流形成的水舌现象和气流通道不受影响，这就是隔板分流技术。

苏维托的构造有隔板、缝隙等，各部分的功能要求如下。

（1）档板　使横支管水流和立管水流在水流方向改变前不互相干扰，不产生水舌现象，又称档板分流。档板将苏维托内部分成两个空间：立管水流腔、横支管水流腔。

（2）档板上部缝隙　空气通道，使立管和横支管内的空气能够流通，降低管道系统内的压力波动。

（3）乙字管　连接立管和苏维托本体，客观上起限制立管水流速度，有消能作用。避免对上部空气的抽吸和对下部空气的挤压。

（4）预留接口　用于连接排水横支管，也可用于连接通气管，有时也可以用作检查口。预留接口可上下两排或一排（上排口径大，下排口径小）；可单向、双向或三向。

苏维托的材质有铸铁的，也有塑料的。塑料有 HDPE 的，也有 UPVC 的，铸铁材质脱模困难，要保证档板上部缝隙有一定难度，HDPE 材质有较大优势，UPVC 材质由于质地偏脆性，实际成品较少。

HDPE 材质苏维托的外形如图 2-26 所示。

苏维托下部管件曾采用过跑气器，现在都用泄压管替代跑气器。泄压管安装图如图 2-27 所示。

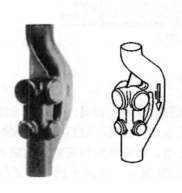

图 2-26　苏维托外形图

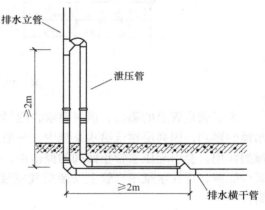

图 2-27　泄压管安装图

泄压管从排水立管接出，弯曲向下，再水平走向，终端接至排水横干管或排出管，由垂直管段和水平管段组成。管径与排水立管同径或小一级，当底层卫生器具不单独排出时，也可用作底层排水用，因此泄压管兼有通气泄压和底层排水双重功能。

国外对十层建筑采用苏维托排水系统和普通单立管排水系统进行对比实验，从中可了解到苏维托排水系统的通水能力。一根 $d = 100mm$ 立管的苏维托排水系统，当流量约为 6.7L/s 时，管中最大负压不超过 $40mmH_2O$。而 $d = 100mm$ 普通单立管排水系统在相同流量时最大负压达 $160mmH_2O$。

苏维托排水系统除可降低管道中的压力波动外，还可节省管材，节省投资 $11\% \sim 35\%$，有利于提高设计质量和施工的工业化。

2.4.4　高层建筑的管道敷设

高层建筑中由于管道、设备数量多，管线长，相互之间关系复杂，装饰标准要求高，因此管道敷设除应满足建筑的基本要求外，还应适应高层建筑的特点，便于施工和日后使用中的管理、维修。

高层建筑中常将立管管道设于管井中，管井上下贯穿各层，其面积要保证管道的安装间距和检修时所需的空间。要求管井中设有工作平台和有门通向各层走道。管井设置应便于立管以最简路径与各层用水设备连接。对装修要求较高的建筑，有时立管也可装在用水设备附近，但要把它包装起来，并在它的检查口、阀门等处设检修门。

高层建筑中各种立管普遍敷设在管井中，每层还分出支管，如图 2-28a 所示。管井的平面尺寸和管井中管道的排列，要满足安装、维修的要求。管井内每层要设置管道支承支架，以减轻低层管道的承重。在不影响装修和使用的管道井一侧，每层应设检修门和检修平台，以便维修和安全操作，如图 2-28b 所示。进入管道井检修的通道口径不宜小于 0.6m。

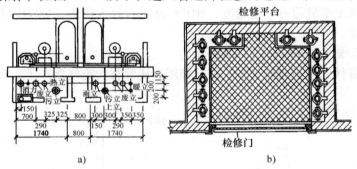

图 2-28　管道井布置

为了满足管道的隔振、消声要求，应尽量选用节水和低噪卫生器具，并要注意防止停泵水锤的影响，因高层建筑给水系统中，一般都设有增压水泵，且是间歇运行，停泵时由于水锤的作用，会引起压水管止回阀的撞击声，并沿管道传播，影响室内的安静。为防止水锤和减少噪声，可在水泵压水管上安装空气室装置，如图 2-29 所示、消声止回阀和柔性短管等附件。

为了解决高层建筑排水系统的通气问题，稳定管内气压，当前我国高层建筑排水系统工程实践中，普遍采用的技术措施是：当排水横干管与最下一根横支管之间的距离，不能满足表 2-2 的要求时，底层污水单设横管排出，以避免下层横支管连接的卫生器具出现正压喷溅的现象，管道连接时尽量采用水塞系数小的管件如 TY 型三通等；在排水立管上增设乙字弯，以减慢污水下降的速度；根据需要增设各类专用通气管道，当排水管道内气流受阻时，管内气压可通过专用通气管道调节，不受排水管水舌的影响。

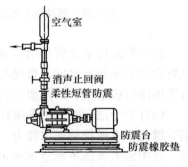

图 2-29　空气室装置

为使给排水管道能承受震动，排水铸铁管则应在以下情况设置有曲挠、伸缩、抗振和密封性能的柔性接头：高耸构筑物（如电视塔等）和建筑高度超过100m的超高层建筑内的排水立管中；在地震设防 8 度地区每隔 2 层的排水立管中；地震设防 9 度地区的排水立管和横管中。其他高层建筑在条件许可时，也可采用柔性接头。高层建筑排水立管，应采用加厚排水铸铁管，以提高管道强度。

表2-2 最低横支管与立管连接处至立管管底的最小距离

立管连接卫生器具层数/层	≤4	5~6	7~12	13~19	≥20
垂直距离/m	0.45	0.75	1.20	3.00	6.00

注:若立管底部放大一级管径或横干管比与之连接的立管大一级管径时,可将表中距离缩小一档。

为了使管道不穿行办公室、起居室、卧室等,要求上下层用房要一致。如厨、卫用房上下层应在同一位置以便立管安装。当上下两区用房功能不同时,要求用水设备布置在对应位置,若有困难,最好在两区交界处设置设备层,立管在设备层时可作水平布置。设备层又是各种管道交叉的地方,在设备层中还可设置各分区的水箱、水泵、热水罐等设备。设备层要有通风、排水、照明设施。

高层建筑的设备层也称技术层,是集中设置管道、设备的建筑层。由于层内管线集中,一定要处理好各类管道相互之间的关系、管道与建筑结构的关系,以免互相碰撞,或妨碍建筑的使用、设备的操作和影响结构的强度,有条件时应尽可能共架敷设,统一固定。由于管线多,且纵横交叉,穿墙、穿楼板,基础也多,所以管道安装必须与土建施工密切配合,以提高施工的质量和进度。

单 元 小 结

1. 排水系统的分类、组成及各部分的作用。排水管道包括卫生器具排水管、排水横支管、排水立管、排出管,排水干管较少采用。在高层建筑中,通气管种类较多,通气管的作用主要是通气和维持气压平衡,保证存水弯水封不被破坏。

2. 卫生器具的分类及安装简图。卫生器具主要包括便溺用、盥洗用、沐浴用和洗涤用几类。与卫生器具配套的冲洗设备和附件应能保证冲洗干净又能节约用水。

3. 主要的排水管材分类、排水管道附件及作用。排水管材主要采用PVC管材。

4. 高层建筑排水系统的特点、分类。高层建筑排水气压波动较大,维持管道内气压平衡非常重要。

5. 苏维托排水系统的组成及作用。苏维托排水系统属于单立管排水系统,属于新型排水系统。

6. 高层建筑管道的敷设要求。高层建筑一般设置管道井,这样便于管道维护及整洁美观。

同 步 测 试

一、单项选择题

1. 下面哪一类水属于生活污水( )。

A. 洗衣排水   B. 大便器排水   C. 雨水   D. 厨房排水

2. 自带水封的卫生器具有 ( )。

A. 污水盆   B. 坐式大便器   C. 浴缸   D. 洗涤盆

3. 不属于排水系统清通装置的是 ( )。

A. 检查口   B. 清扫口   C. 检查井   D. 疏通器

4. 排水系统设置通气管，不是为了（　　　）。

A. 辅助室内通风   B. 排放管内臭气

C. 使管内外气压相近，排水畅通   D. 保护存水弯水封

5. （　　　）不用于室内排水管道。

A. 铸铁排水管   B. 柔性抗震排水铸铁管

C. 混凝土排水管   D. UPVC 排水管

6. 经常有人停留的平屋面上，通气管口应高出屋面（　　　）m。

A. 2   B. 1.8   C. 0.6   D. 0.3

7. 厨房洗涤盆上的水龙头距地板面的高度一般为（　　　）m。

A. 0.8   B. 1.0   C. 1.2   D. 1.5

8. 当横支管悬吊在楼板下，接有 4 个大便器，顶端应设（　　　）。

A. 清扫口   B. 检查口   C. 检查井   D. 窨井

9. 大便器的最小排水管管径为（　　　）。

A. $DN50$ B. $DN75$ C. $DN100$ D. $DN150$

10. 洗脸盆安装高度（自地面至器具上边缘）为（　　　）mm。

A. 800   B. 1000   C. 1100   D. 1200

11. 为了防止污水回流，无冲洗水箱的大便器冲洗管必须设置（　　　）。

A. 闸阀   B. 止回阀   C. 自闭式冲洗阀   D. 截止阀

12. 目前常用排水塑料管的管材一般是（　　　）。

A. 聚丙烯   B. 硬聚氯乙烯   C. 聚乙烯   D. 聚丁烯

13. 下列卫生器具和附件能自带存水弯的有（　　　）。

A. 洗脸盆   B. 浴盆   C. 地漏   D. 污水池

14. 检查口中心距地板面的高度一般为（　　　）m。

A. 0.8   B. 1   C. 1.2   D. 1.5

15. 在高级宾馆客房卫生间一般使用的大便器是（　　　）。

A. 低水箱蹲式大便器   B. 低水箱坐式大便器

C. 高水箱大便槽   D. 高水箱蹲式大便器

16. 高层建筑排水系统的好坏很大程度上取决于（　　　）。

A. 排水管径是否足够   B. 通气系统是否合理

C. 是否进行竖向分区   D. 同时使用的用户数量

17. 高层建筑排水立管上设置乙字弯是为了（　　　）。

A. 消能   B. 消声   C. 防止堵塞   D. 通气

18. 同层排水的缺点是（　　　）。

A. 减少卫生间楼面留洞   B. 安装在楼板下的横支管维修方便

C. 排水噪声小   D. 卫生间楼面需下沉

19. 将生活污水分格沉淀，并对污泥进行压氧消化的构筑物是（　　　）。

A. 沉淀池   B. 化粪池   C. 降温池   D. 隔油井

二、填空题

1. 清扫口：在排水横支管的（　　　）或（　　　），其端部是可拧开的青铜盖，一旦发生横管堵塞，用于清理。清扫口只能单向清通，而立管上的检查口可上下双向清通。立管暗装时，常布置在（　　　）中。

2. 大便器包括蹲式和坐式，坐式中主要采用虹吸式。冲洗装置主要由（　　　）或（　　　）组成。

3. 为了防止排水系统中的有害气体窜入室内，卫生器具下面应设（　　　）。但坐式大便器与本身带水封的地漏可不设。存水弯主要有 S 型和 P 型。

4. 排水体制按汇集方式可分为（　　　）和（　　　）两种类型。

5. 卫生器具按使用功能分为（　　　　　　　　　　　　　　　）等四类。

6. 洗脸盆按安装方式分为（　　　　　　　　　　）三种。

7. 浴盆安装中冷热水龙头正确的位置为（　　　　　　）。

8. 排水管道一般由（　　　　　　　　）组成，很少设置排水干管。

9. （　　　）多是设置在排水横管上的一种清通附件，而（　　　）是设置在排水立管上的一种清通附件。

单元 3 建筑给水排水工程识图与施工

学习目标

知识目标

- 了解各种管道连接方式；给水铸铁管、钢管管道沟槽式安装方法；卫生器具施工工艺流程及方法。
- 理解建筑给水排水施工图制图的一般规定；室内给水管道布置、敷设及安装规定；排水管道施工工艺流程及施工技术要求。
- 掌握建筑给水排水施工图制图的常用图例、图纸的基本内容及识图方法；聚丙烯（PP-R）给水管道连接方法；硬聚氯乙烯排水管道连接要点。

能力目标

- 会识读建筑给水排水施工图。
- 能安装聚丙烯（PP-R）给水管道及硬聚氯乙烯排水管道。

课题 1 建筑给水排水工程制图的一般要求

3.1.1 建筑给水排水施工图制图的一般规定

1. 图纸

（1）图线的宽度 b，应根据图纸的类型、比例和复杂程度，按《房屋建筑制图统一标准》（GB/T 5001—2010）中规定选用。线宽 b 宜为 0.7mm 或 1.0mm。

（2）给水排水专业制图，常用的各种线型宜符合表 3-1 规定。

表 3-1 线型

名称	线型	线宽	用　途
粗实线	——————	b	新设计的各种排水和其他重力流管线
粗虚线	- - - - - - -	b	新设计的各种排水和其他重力流管线的不可见轮廓线
中粗实线	——————	$0.7b$	新设计的各种给水和其他压力流管线；原有的各种排水和其他重力流管线
中粗虚线	- - - - - - -	$0.7b$	新设计的各种给水和其他压力流管线及原有的各种排水和其他重力流管线的不可见轮廓线
中实线	——————	$0.50b$	给水排水设备、零（附）件的可见轮廓线；总图中新建的建筑物和构筑物的可见轮廓线；原有的各种给水和其他压力流管线
中虚线	- - - - - - -	$0.50b$	给水排水设备、零（附）件的不可见轮廓线；总图中新建的建筑物和构筑物的不可见轮廓线；原有的各种给水和其他压力流管线的不可见轮廓线

（续）

名称	线型	线宽	用　　途
细实线	——————	0.25b	建筑的可见轮廓线；总图中原有的建筑物和构筑物的可见轮廓线；制图中的各种标注线
细虚线	- - - - - -	0.25b	建筑的不可见轮廓线；总图中原有的建筑物和构筑物的不可见轮廓线
单点长画线	—·—·—	0.25b	中心线、定位轴线
折断线	——⌇——	0.25b	断开界线
波浪线	∿∿∿	0.25b	平面图中水面线；局部构造层次范围线；保温范围示意线等

2. 比例

1）给水排水专业制图常用的比例，宜符合表 3-2 规定。

表 3-2　常用比例

名　　称	比　　例	备　注
区域规划图 区域位置图	1:50000、1:25000、1:10000 1:5000、1:2000	宜与总图专业一致
总平面图	1:1000、1:500、1:300	宜与总图专业一致
管道纵断面图	纵向：1:200、1:100、1:50 横向：1:1000、1:500、1:300	—
水处理厂（站）平面图	1:500、1:200、1:100	—
水处理构筑物、设备间、卫生间、泵房平、剖面图	1:100、1:50、1:40、1:30	—
建筑给水排水平面图	1:200、1:150、1:100	宜与建筑专业一致
建筑给水排水轴测图	1:150、1:100、1:50	宜与相应图纸一致
详图	1:50、1:30、1:20、1:10、1:5、1:2、 1:1、2:1	—

2）在管道纵断面图中，可根据需要对纵向与横向采用不同的组合比例。

3）在建筑给水排水轴测图中，如局部表达有困难时，该处可不按比例绘制。

4）水处理流程图、水处理高程图和建筑给水排水系统原理图均不按比例绘制。

3. 标高

1）标高符号及一般标注方法应符合最新《房屋建筑制图统一标准》中的规定。

2）室内工程应标注相对标高；室外工程宜标注绝对标高，当无绝对标高资料时，可标注相对标高，但应与总图专业一致。

3）压力管道应标注管中心标高；沟渠和重力流管道宜标注沟（管）内底标高。

4）在下列部位应标注标高。

①沟渠和重力流管道的起点、变径点、变坡点、穿外墙及剪力墙处、需控制标高处。

②压力流管道中的标高控制点。

③管道穿外墙、剪力墙和构筑物的壁及底板等处。

④不同水位线处。

⑤建（构）筑物中土建部分的相关标高。

5）标高的标注方法应符合下列规定。

①平面图中，管道标高应按图 3-1 所示的方式标注。

②平面图中，沟渠标高应按图 3-2 所示的方式标注。

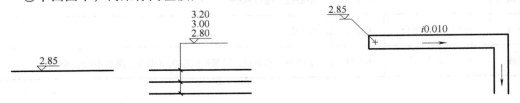

图 3-1　平面图中管道标高标注法　　　　　　图 3-2　平面图中沟渠标高标注法

③剖面图中，管道及水位的标高应按图 3-3 所示的方式标注。

④轴测图中，管道标高应按图 3-4 所示的方式标注。

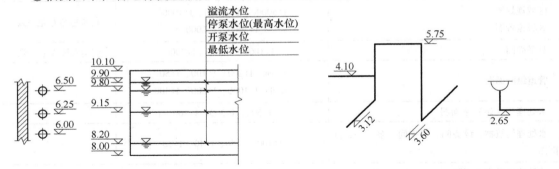

图 3-3　剖面图中管道及水位标高标注法　　　　图 3-4　轴测图中管道标高标注法

6）在建筑工程中，管道也可注相对本层建筑地面的标高，标注方法为 $H + X. XX$，H 表示本层建筑地面标高。

4. 管径

1）管径应以 mm 为单位。

2）管径的表达方式应符合下列规定。

①水煤气输送钢管（镀锌或非镀锌）、铸铁管等管材，管径宜以公称直径 DN 表示。

②无缝钢管、焊接钢管（直缝或螺旋缝）等管材，管径宜以外径 $D \times$ 壁厚表示。

③铜管、薄壁不锈钢管等管材，管径宜以公称外径 Dw 表示。

④建筑给水排水塑料管材，管径宜以公称外径 dn 表示。

⑤钢筋混凝土（或混凝土）管，管径宜以内径 d 表示。

⑥复合管等管材，管径应按产品标准的方法表示。

⑦当设计均用公称直径 DN 表示管径时，应有公称直径 DN 与相应产品规格对照表。

3）管径的标注方法应符合下列规定：

①单根管道时，管径应按图3-5 所示的方式标注。

②多根管道时，管径应按图3-6 所示的方式标注。

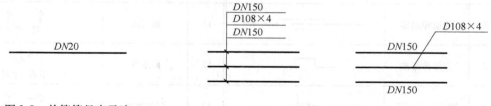

图 3-5 单管管径表示法   图 3-6 多管管径表示法

4）编号

①当建筑物的给水引入管或排水排出管的数量超过 1 根时，应进行编号，编号宜按图3-7 所示的方法表示。

②建筑物内穿越楼层的立管，其数量超过 1 根时，应进行编号，编号宜按图3-8 所示的方法表示。

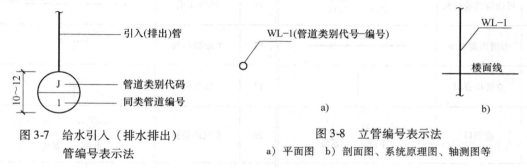

图 3-7 给水引入（排水排出）   图 3-8 立管编号表示法
管编号表示法   a）平面图 b）剖面图、系统原理图、轴测图等

3.1.2 建筑给水排水施工图制图的常用图例

常用图例、符号见表3-3 ~ 表3-11。

表 3-3 管道图例

序号	名称	图例	序号	名称	图例
1	生活给水管	——J——	10	通气管	——T——
2	热水给水管	——RJ——	11	污水管	——W——
3	热水回水管	——RH——	12	压力污水管	——YW——
4	中水给水管	——ZJ——	13	雨水管	——Y——
5	热媒给水管	——RM——	14	膨胀管	——PZ——
6	热媒回水管	——RMH——	15	多孔管	* —— * —— *
7	蒸汽管	——Z——	16	地沟管	============
8	凝结水管	——N——	17	防护套管	▭
9	废水管	——F——	18	管道立管	XL-1 XL-1 平面 系统

表3-4　管道附件图例

序号	名称	图　例	序号	名称	图　例
1	管道伸缩器		11	通气帽	成品　蘑菇形
2	方形伸缩器		12	雨水斗	YD- YD- 平面　系统
3	刚性防水套管		13	圆形地漏	平面　系统
4	柔性防水套管		14	方形地漏	平面　系统
5	波纹管		15	自动冲洗水箱	
6	可曲挠橡胶接头	单球　双球	16	减压孔板	
7	管道固定支架		17	Y形除污器	
8	立管检查口		18	吸气阀	
9	清扫口	平面　系统	19	毛发聚集器	平面　系统
10	倒流防止器		20	金属软管	

表3-5　管道连接图例

序号	名称	图　例	序号	名称	图　例
1	法兰连接		6	盲板	
2	承插连接		7	弯折管	高　低　低　高
3	活接头		8	管道丁字上接	高 低
4	管堵		9	管道丁字下接	高 低
5	法兰堵盖		10	管道交叉	低 高

表 3-6　管件图例

序号	名称	图　例	序号	名称	图　例
1	偏心异径管	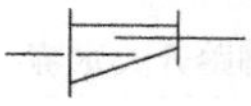	7	正三通	
2	同心异径管	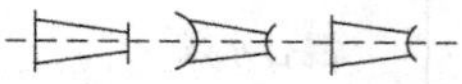	8	TY 三通	
3	乙字管		9	斜三通	
4	S 形存水弯	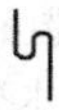	10	正四通	
5	P 形存水弯		11	转动接头	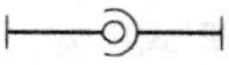
6	90°弯头		12	浴盆排水管	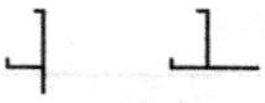

表 3-7　阀门图例

序号	名称	图　例	序号	名称	图　例
1	闸阀		10	旋塞阀	 平面　系统
2	角阀		11	球阀	
3	四通阀	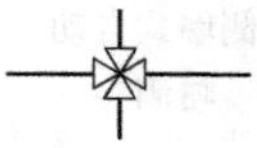	12	电磁阀	
4	截止阀	 平面　系统	13	止回阀	
5	蝶阀	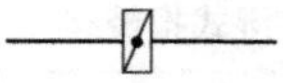	14	弹簧安全阀	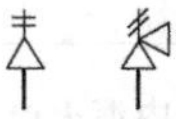
6	电动闸阀	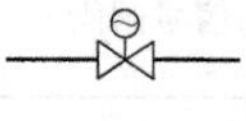	15	自动排气阀	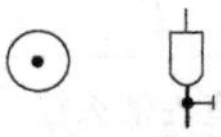 平面　系统
7	液动闸阀	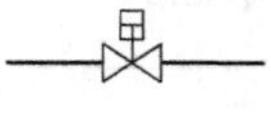	16	浮球阀	平面　系统
8	气动闸阀	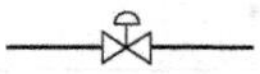	17	延时自闭冲洗阀	
9	减压阀	高压———低压 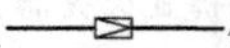	18	感应式冲洗阀	

表 3-8　给水配件图例

序号	名称	图　例	序号	名称	图　例
1	水嘴	平面　　系统	6	脚踏开关水嘴	
2	皮带水嘴	平面　　系统	7	混合水嘴	
3	洒水（栓）水嘴		8	旋转水嘴	
4	化验水嘴		9	浴盆带喷头混合水嘴	
5	肘式水嘴		10	蹲便器脚踏开关	

表 3-9　消防设施图例

序号	名称	图　例	序号	名称	图　例
1	消火栓给水管	——XH——	11	自动喷洒头（闭式下喷）	平面　系统
2	自动喷水灭火给水管	——ZP——	12	自动喷洒头（闭式上喷）	平面　系统
3	雨淋灭火给水管	——YL——	13	自动喷洒头（闭式上下喷）	平面　系统
4	水幕灭火给水管	——SM——	14	侧墙式自动喷洒头	平面　系统
5	室外消火栓		15	水喷雾喷头	平面　系统
6	室内消火栓（单口）	平面　系统	16	湿式报警阀	平面　系统
7	室内消火栓（双口）	平面　系统	17	信号闸阀	
8	水泵接合器		18	水流指示器	
9	自动喷洒头（开式）	平面　系统	19	水力警铃	
10	末端试水装置	平面　系统	20	手提式灭火器	

表3-10 卫生设备图例

序号	名称	图例	序号	名称	图例
1	立式洗脸盆		8	壁挂式小便器	
2	台式洗脸盆	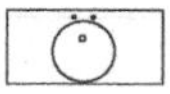	9	蹲式大便器	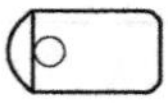
3	挂式洗脸盆	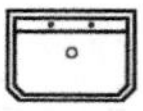	10	坐式大便器	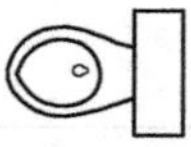
4	浴盆	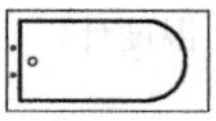	11	小便槽	
5	化验盆、洗涤盆	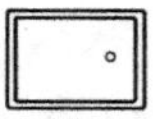	12	淋浴喷头	
6	带沥水板洗涤盆	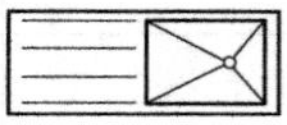	13	盥洗槽	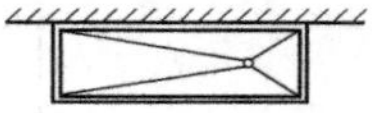
7	立式小便器	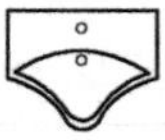	14	污水池	

表3-11 给排水构筑物与设备、仪表图例

序号	名称	图例	序号	名称	图例
1	化粪池	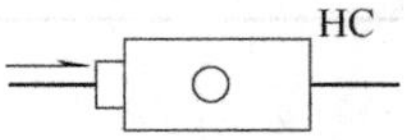 HC	5	阀门井及检查井	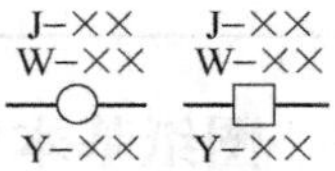 J-×× J-×× W-×× W-×× Y-×× Y-××
2	隔油池	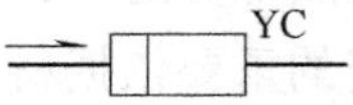 YC	6	水表井	
3	沉淀池	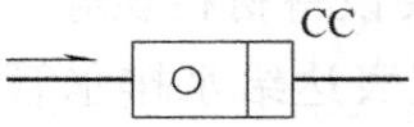 CC	7	卧室水泵	 平面 系统
4	雨水口		8	立式水泵	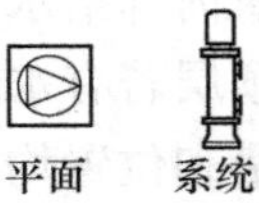 平面 系统

（续）

序号	名称	图 例	序号	名称	图 例
9	潜水泵		15	除垢器	
10	水锤消除器		16	水表	
11	管道泵		17	温度计	
12	卧式容积热交换器		18	压力表	
13	快速管式热交换器		19	温度传感器	
14	开水器		20	压力传感器	

3.1.3　图纸基本内容

建筑给水排水施工图是工程项目中单项工程的组成部分之一，它是确定工程造价和组织施工的主要依据，也是国家确定和控制基本建设投资的重要依据材料。

建筑给水排水施工图按设计任务要求，应包括平面布置图（总平面图、建筑平面图）、系统图、施工详图（大样图）、设计施工说明及主要设备材料表等。

（1）给水、排水平面图　给水、排水平面图应表达给水排水管线和设备的平面布置情况。

建筑内部给水排水，以选用的给水排水方式来确定平面布置图的数量。底层及地下室必绘制；顶层若有水箱等设备，也须单独给出；建筑物中间各层，如卫生设备或用水设备的种类、数量和位置均相同，可绘一张标准层平面图，否则，应逐层绘制。一张平面图上可以绘制几种类型管道，若管线复杂，也可分别绘制，以图纸能清楚表达设计意图而图纸数量又较少为原则。平面图中应突出管线和设备，即用粗线表示管线，其余均为细线。平面图的比例一般与建筑图一致，常用的比例为 1:100。

给水排水平面图应表达如下内容：用水房间和用水设备的种类、数量、位置等；各种功能的管道、管道附件、卫生器具、用水设备，如消火栓箱、喷头等，均应用图例表示；各种横干管、立管、支管的管径、坡度等均应标出；各管道、立管均应编号标明。

（2）给水、排水系统图　给水、排水系统图，也称"给水、排水轴测图"，应表达出给水排水管道和设备在建筑中的空间布置关系。系统图一般应按给水、排水、热水、消防等各系统单独绘制，以便于安装施工和造价计算使用。其绘制比例应与平面图一致。

给水排水系统图应表达如下内容：各种管道的管径、坡度；支管与立管的连接处、管道各种附件的安装标高；各立管的编号应与平面图一致。

系统图中对用水设备及卫生器具的种类、数量和位置完全相同的支管、立管可不重复完全绘制，但应用文字标明。当系统图立管、支管在轴测方向重复交叉影响视图时，可标号断开移至空白处绘制。

建筑居住小区的给水排水管道，一般不绘系统图，但应绘管道纵断面图。

（3）详图　凡平面图、系统图中局部构造因受图面比例影响而表达不完善或无法表达时，必须绘制施工详图。详图中应尽量详细注明尺寸，不应以比例代尺寸。

施工详图首先应采用标准图、通用施工详图，如卫生器具安装、排水检查井、阀门井、水表井、雨水检查井、局部污水处理构筑物等，均有各种施工标准图。

（4）设计说明及主要材料设备表　凡是图纸中无法表达或表达不清的而又必须为施工技术人员所了解的内容，均应用文字说明。文字说明应力求简洁。设计说明应表达如下内容：设计概况、设计内容、引用规范、施工方法等。例如，给水排水管材以及防腐、防冻、防结露的做法；管道的连接、固定、竣工验收的要求；施工中特殊情况的技术处理措施；施工方法要求严格必须遵循的技术规程、规定等。

工程中选用的主要材料及设备，应列表注明。表中应列出材料的类别、规格、数量，设备的品种、规格和主要尺寸。

此外，施工图还应绘制出图中所用的图例；所有的图纸及说明应编排有序，写出图纸目录。

课题 2　建筑给水排水施工图识读

给水排水施工图的识读是在前几章学习的基础上，能结合基本知识，运用识图技巧，通过实际应用，提高给水排水施工图的读图能力。

3.2.1　建筑给水排水施工图的识读方法

阅读主要图纸之前，应当首先看设计说明和设备材料表，然后以系统图为线索深入阅读平面图、系统图及详图。阅读时，应将三种图相互对照来看。先对系统图有大致了解，看给水系统图时，可由建筑的给水引入管开始，沿水流方向经干管、立管、支管到用水设备；看排水系统图时，可由排水设备开始，沿排水方向经支管、横管、立管、干管到排出管。

1. 平面图的识读

室内给水排水平面图是施工图纸中最基本和最重要的图纸，它主要表明建筑内部给水排水管道及设备的平面布置。

图纸上的线条都是示意性的，同时管材配件，如活接头、补心、管箍等也画不出来，因此在识读图纸时还必须熟悉给水排水管道的施工工艺。在识读平面图时，应掌握的主要内容和注意事项如下。

1）查明卫生器具、用水设备和升压设备的类型、数量、安装位置及定位尺寸。

卫生器具和各种设备通常都是用图例画出来的，它只说明器具和设备的类型，而不能具体表示各部分的尺寸及构造，因此在识读时必须结合有关详图和技术资料，搞清楚这些器具和设备的构造、接管方式及尺寸。

2）弄清给水引入管和污水排出管的平面位置、走向、定位尺寸、与室外给水排水管网的连接形式、管径及坡度。

给水引入管上一般都装有阀门，通常设于室外阀门井内。污水排出管与室外排水总管的连接是通过检查井来实现的。

3）查明给水排水干管、立管、支管的平面位置与走向、管径尺寸及立管的编号。从平面图上可清楚地查明管道是明装还是暗装，以确定施工方法。

4）消防给水管道要查明消火栓的布置、口径大小及消火栓箱的形式与位置。

5）在给水管道上设置水表时，必须查明水表的型号、安装位置、表前后阀门的设置情况。

6）对于室内排水管道，还要查明清通设备的布置情况，清扫口的型号和位置。搞清楚室内检查井的进出管连接方式。对于雨水管道，要查明雨水斗的型号及布置情况，并结合详图搞清雨水斗与天沟的连接方式。

2. 系统图的识读

给排水管道系统图主要表明管道系统的立体走向。在给水系统图上，卫生器具不画出来，只需画出水龙头、冲洗水箱等符号；用水设备如锅炉、热交换器、水箱等则画出示意性立体图，并以文字说明。在排水系统图上，也只画出相应的卫生器具的存水弯或器具排水管。在识读系统图时，应掌握的主要内容和注意事项如下。

1）查明给水管道的走向，干管的布置方式，管径尺寸及其变化情况，阀门的设置，引入管、干管及各支管的标高。

2）查明排水管的走向，管路分支情况，管径尺寸与横管坡度，管道各部标高，存水弯的形式，清通设备的设置情况，弯头及三通的选用等。

识读管道系统图时，应结合平面图及说明，了解和确定管材及配件。

3）系统图上对各楼层标高都有注明，看图时可据此分清各层管路。管道支架在图中一般不表示，由施工人员按有关规程和习惯做法自定。

3. 详图的识读

室内给水排水详图包括节点图、大样图、标准图，主要是管道节点、水表、消火栓、水加热器、卫生器具、套管、开水炉、排水设备、管道支架的安装图及卫生间大样图等，图中注明了详细尺寸，可供安装时直接使用。

3.2.2　建筑给排水施工图的识读举例

如图 3-9～图 3-15 是某十三层住宅给水排水管道施工图的一部分，现以这套施工图为例，说明识读的主要内容和注意事项。

1）查明建筑物情况。

这是一幢十三层楼的建筑，共两个单元，每单元两户。厨房及卫生间分别设在建筑物ⓒ～ⓓ轴的②～⑪轴之间。

2）查明卫生器具、用水设备和升压设备的类型、数量、安装位置、定位尺寸、标高等。

卫生器具的布置为：每户卫生间设有蹲式大便器一具、洗脸盆一个；厨房设有贮水池一个、洗涤池一个。

消防用水设备的布置为：屋顶设一消防水箱，在楼梯间的休息平台每层设一消火栓箱。各种设备和器具的安装一般可查有关标准图。

3）查明室内给水系统形式、管路的组成、平面位置、标高、走向、敷设方式。

本例的给水系统中，消防给水和生活给水分别设置。

消防给水系统由市政给水管网和屋顶消防水箱联合供水，消防给水系统设两根引入管，引入管埋设高度为室内地坪以下 1.0m，消防立管设于楼梯间内，各层分别引出一支管接到消火栓箱。屋顶消防水箱进水管与两根消防立管相连。

生活给水系统设一根引入管，引入管埋设高度为室内地坪以下 1.0m，给水立管共 4 根，位置分别在ⓒ/④轴、ⓒ/⑥轴两侧、ⓒ/⑨轴，在立管距本层地面 1.0m 处引出支管接各用水点。给水立管 1 接屋顶消防水箱，作为屋顶消防水箱供水管。

4）查明管道、阀门及附件的管径、规格、型号、数量及其安装要求。

消防立管的根部设闸阀，各管道的管径在平面图和系统图中标出。

在楼梯间的休息平台每层设一消防栓箱，接装 DN65 型消火栓，消火栓的栓口高度为地面以上 1.10m 处，具体的结构尺寸、安装方法见标准图。

管道的管材及连接方式见设计总说明。

5）在给水管道上设置水表时必须明确水表的型号、规格、安装位置以及水表前后阀门设置情况。

分户水表设在横支管上，安装高度为本层地面以上 1.0m，表前设截止阀。

6）了解排水系统的排水体制，查明管路和平面布置及定位尺寸，弄清楚管路系统的具体走向、管路分支情况、管径尺寸与横管坡度、管道各部标高、存水弯形式、清通设备设置情况、弯头及三通的选用。

本例的排水系统是合流制（污废合流），共设 4 根排水立管，每根立管伸出屋面向上 2.0m，顶端装设通气帽；每层排水横支管在本层地面以下 0.45m 处接入立管；排出管的管底埋深为室内地坪以下 2.0m；各排水管的管径和排出坡度见平面图、排水立管图及其附表。

7）了解管道支吊架形式及设置要求，弄清楚管道油漆、涂色、保温及防结露等要求。

室内给排水管道的支吊架在图样上一般都不画出来，由施工人员按设计说明、有关规程和习惯做法自己确定。管道是否要刷漆、保温或做防露措施按图纸说明中规定执行。

图纸目录

序号	图纸名称	图号
1	设计说明、图纸目录、图例、厨房及卫生间大样图	水施-1
2	底层平面图	水施-2
3	二至七层、九至十三层平面图	水施-3
4	八层平面图	水施-4
5	屋面平面图	水施-5
6	消火栓系统图	水施-6
7	给水系统图、排水立管图	水施-7

图例

序号	图例	名称
1	GL	给水管
2	PL	排水管
3	XL	消火栓系统给水管
4		洗涤池
5		贮水池
6		蹲便器
7		洗脸盆
8		止回阀
9		截止阀
10		水龙头
11		大便器自闭式冲洗阀
12		阀门
13		地漏
14		存水弯
15		消火栓
16		通气帽
17		干粉灭火器

给水排水设计总说明

1. 设计依据：《高层民用建筑设计防火规范》(GB50045—1995)(2005年版) 《建筑给水排水设计规范》(GB50015—2003)(2009年版) 《建筑灭火器配置设计规范》(GB50140—2005) 《建筑排水硬聚氯乙烯管道工程技术规程》(GJJ/T29—1998)。

2. 本建筑给水管采用LS(联塑)、PVC-U塑料管热熔连接安装，雨污排水管采用PP-R塑料管热熔接安装，消防排水管道以及给水埋地水平干管采用镀锌钢管焊接安装。

3. 消火栓配20mDg65水带，19mm水枪，离地1.1m安装，十三层消火栓，位置详见各层平面图，详见标准图集04S202。十二层、十三层消火栓箱内设启动屋顶消防隐压泵按钮。

4. 干粉灭火器型号MF8A，数量、位置详见各层平面图，挂设高度为灭火器顶部≤1.5m。

5. 室内明装消防管道去污后刷红丹防锈漆两遍，面漆两遍，埋地部分刷热沥青两遍，塑料管安装支吊架见标准图集S161.塑料管安装支吊架间距详见厂方说明。

6. 卫生器具安装详见标准图集09S304。

7. 消防管道上所有阀门应经常开启，并应注有明显的启闭标志，防止误动。

8. 排水立管(DN≥110)穿越楼板，墙体处设防火圈一个，每层设伸缩节一个，隔层设检查口一个。

9. 给水管道设坡度i=0.003，室内坡向用水方向，室外坡向水表井。

10. 图中管径标注：塑料管为公称外径，其余为内径，标高：排水管为管底标高，其余为中心标高。

11. 室外排水检查井为φ700型检查井，详见标准图集S231。

12. 未尽事宜及本施工宜按国家竣工验收规范严格施工。

厨房及卫生间大样图1:50

图3-9 设计说明、图纸目录、图例、厨房及卫生间大样图

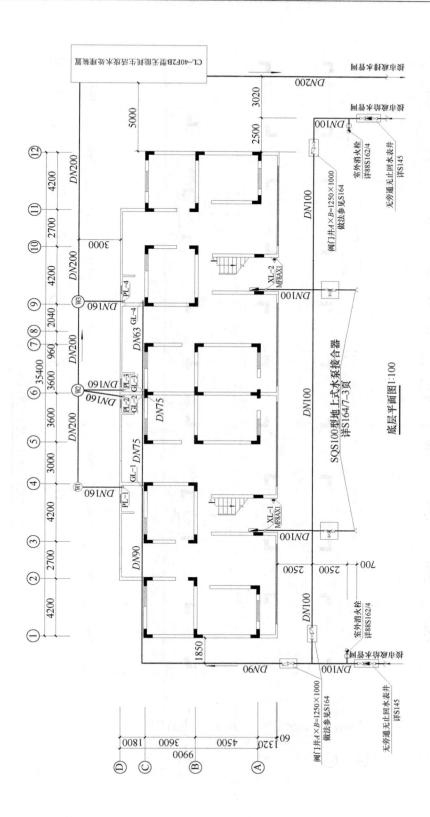

底层平面图 1:100

图 3-10　底层平面图

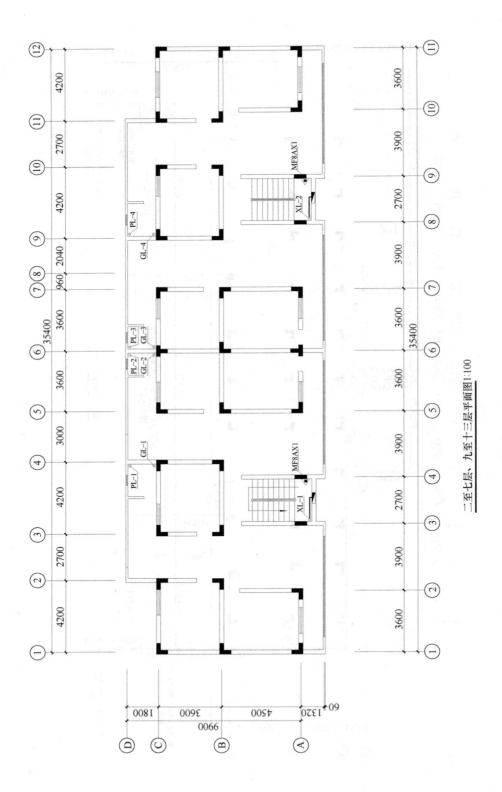

二至七层、九至十三层平面图1:100

图3-11 二至七层、九至十三层平面图

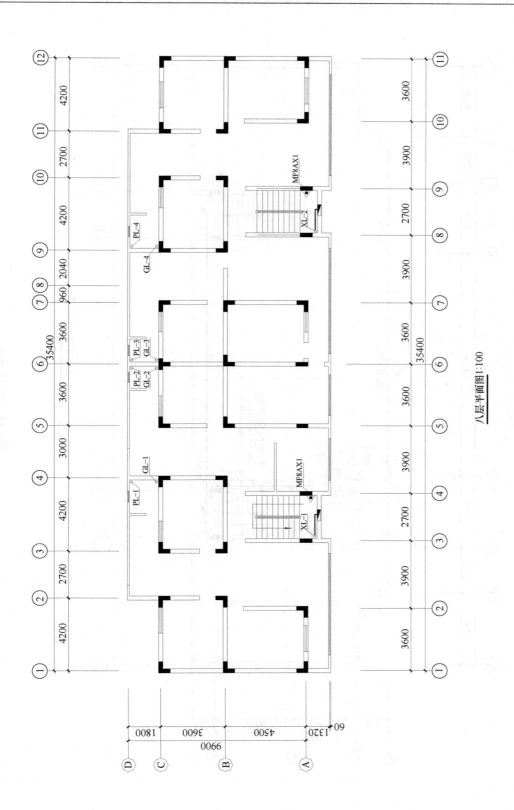

八层平面图1:100

图3-12 八层平面图

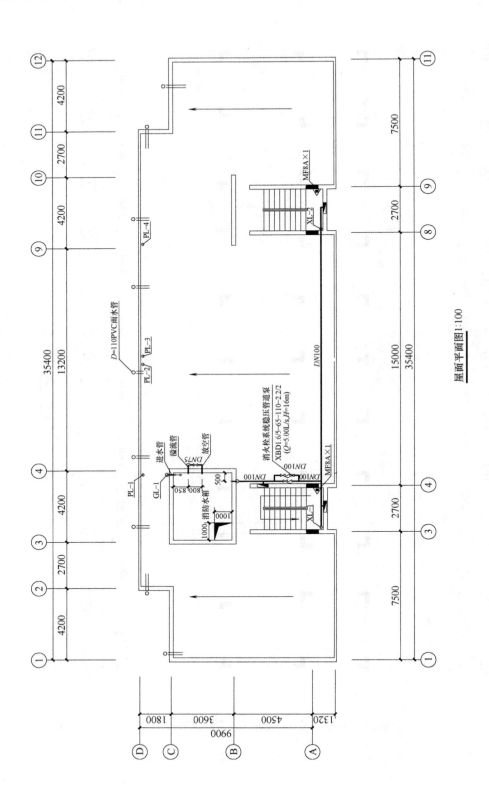

屋面平面图1:100

图3-13　屋面平面图

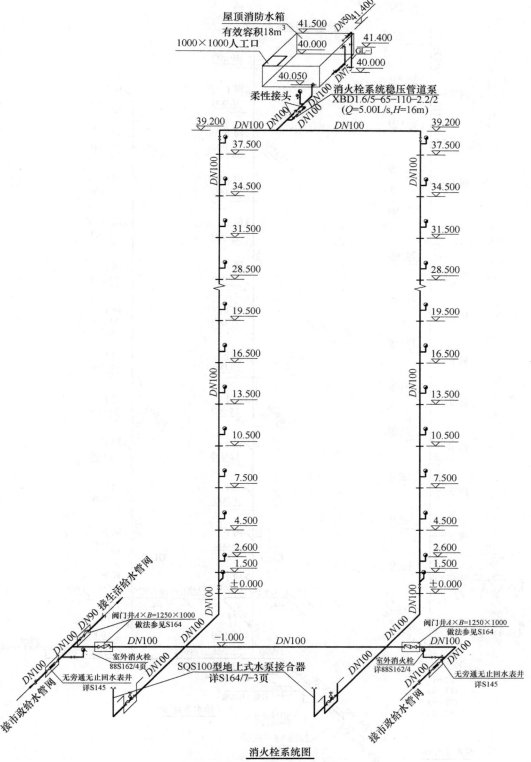

消火栓系统图

图 3-14　消火栓系统图

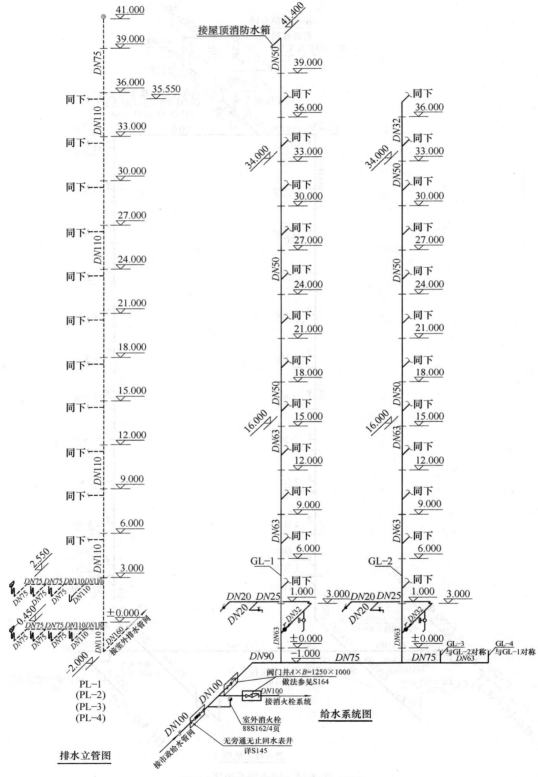

排水立管图

给水系统图

图 3-15　给水系统图、排水立管图

课题3　建筑给水排水工程施工

3.3.1　室内给水管道安装

1. 管材与连接方式

以前作为室内生活给水管道使用最多的镀锌钢管，现在国家已经明令禁止使用在饮用水管道中，被各种新型塑料管、复合管或给水铜管等所取代。由于每种管材均有自己的专用管配件及连接方法，因此选用的给水管道必须采用与管材相适应的管件。

室内给水管材的选用及管道连接方式见表3-12。

表3-12　室内给水管材及连接方式

管道类别	敷设方式	管径	宜用管材	主要连接方式
生活给水管	明装或暗装	$DN \leqslant 100$	铝塑复合管	卡套式连接
			钢塑复合管	螺纹连接
			给水硬聚氯乙烯管	黏接或橡胶圈接口
			聚丙烯管（PP-R）	热熔连接
			工程塑料管（ABS）	黏接
			给水铜管	钎焊承插连接
			热镀锌钢管	螺纹连接
		$DN > 100$	钢塑复合管	沟槽或法兰连接
			给水硬聚氯乙烯管	黏接或橡胶圈接口
			给水铜管	焊接或卡套式连接
			热镀锌无缝钢管	卡套式或法兰连接
	埋地	$DN < 75$	给水硬聚氯乙烯管	黏接
			聚丙烯管（PP-R）	热熔连接
		$DN \geqslant 75$	给水铸铁管	石棉水泥或橡胶圈接口
			钢塑复合管	螺纹或沟槽式连接
饮用水管	明装或暗设	$DN \leqslant 100$	聚丙烯管（PP-R）	热熔连接
			铝塑复合管	卡套式连接
			给水铜管	钎焊承插连接
			薄壁不锈钢管	卡压式连接
生产给水管	水质近于生活给水（埋地）		给水铸铁管	石棉水泥或橡胶圈接口
	水质要求一般	明装	焊接钢管	焊接连接
		埋地	给水铸铁管	石棉水泥或橡胶圈接口
消火栓给水管	明装或暗设	$DN \leqslant 100$	焊接钢管	焊接连接
			热镀锌钢管	螺纹连接
		$DN > 100$	焊接无缝钢管	焊接连接
			热镀锌无缝钢管	沟槽式连接
	埋地		给水铸铁管	石棉水泥或橡胶圈接口

（续）

管道类别	敷设方式	管径	宜用管材	主要连接方式
自动喷水管	明装或暗设	$DN \leqslant 100$	热镀锌钢管	螺纹连接
		$DN > 100$	热镀锌无缝钢管	沟槽式连接
	埋地		给水铸铁管	石棉水泥或橡胶圈接口

2. 室内给水管道布置、敷设及安装规定

室内给水管道由引入管、干管、立管、支管和管道配件组成。

（1）布置形式　室内给水管道布置按供水可靠程度要求可分为枝状和环状两种形式。枝状管网单向供水，供水安全可靠性差，但节省管材，造价低；环状管网管道相互连通，双向供水，安全可靠，但管线长，造价高。一般建筑宜采用枝状布置，高层建筑宜采用环状布置。

按水平干管的布置位置可分为上行下给，下行上给和中分式三种形式。给水横干管位于配水管网的上部，通过立管向下给水的方式为上行下给式，适用于设置高位水箱的居住、公共建筑和地下管线较多的工业厂房；给水横干管位于配水管网的下部，通过立管向上给水的方式为下行上给式，适用于利用室外给水管网直接供水的工业与民用建筑；给水横干管设在中间技术层内或中间某层吊顶内，由中间向上、下两个方向供水的为中分式，适用于屋顶用作露天茶座、舞厅或设有中间技术层的高层建筑。

（2）敷设形式　根据建筑的性质和要求，给水管道的敷设有明装、暗装两种形式。

明装即管道外露，其优点是安装维修方便、造价低，缺点是外露的管道影响美观，表面易结露、积尘。一般用于对卫生、美观没有特殊要求的建筑。

暗装即管道隐蔽，如敷设在管道井、技术层、管沟、墙槽、顶棚或夹壁墙中，直接埋地或埋在楼板的垫层里，其优点是管道不影响室内的美观、整洁，缺点是施工复杂，维修困难，造价高。适用于对卫生、美观要求较高的建筑，如宾馆、高级公寓等。

（3）给水管道布置与安装的一般规定　给水管道的布置不仅受到建筑布局的影响，而且用户用水要求、配水点的分布、室外给水管网的位置及供热、通风空调等管线均是给水管道布置应考虑的因素。在进行给水管道布置时应协调好上述因素之间的关系，注意专业间的配合。

管道应尽量沿墙、梁、柱直线敷设，管道长度尽可能短；给水管道不宜穿过伸缩缝、沉降缝，不能从配电间通过。

管道在空间敷设时，必须采取固定措施，保证施工方便与安全供水。固定管道常用的支托架如图 3-16 所示。给水钢质立管一般每层须安装 1 个管卡，当层高大于 5.0m 时，每层须安装 2 个管卡。

引入管：

1）室外埋地引入管要注意地面动荷载和冰冻的影响，其管顶覆土厚度不宜小于

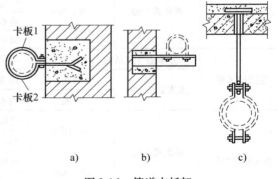

图 3-16　管道支托架
a）管卡　b）托架　c）吊环

卡板1
卡板2

a)　　　b)　　　c)

0.7m，并且管顶埋深应在冻土线 0.2m 以下。建筑内埋地管在无动荷载和冰冻影响时，其管顶埋深不宜小于 0.3m。

2）每条引入管上均应装设阀门和水表，必要时还要有泄水装置。

3）引入管应有不小于 3‰ 的坡度，坡向室外给水管网。

4）给水引入管与排水的排出管的水平净距，在室外不得小于 1.0m，在室内平行敷设时，其最小水平净距为 0.5m；交叉敷设时，垂直净距为 0.15m，且给水管应在上面。

5）引入管或其他管道穿越基础或承重墙时，要预留洞口，也可以从基础下通过，如图3-17、图 3-18 所示，管顶和洞口间的净空一般不小于 0.15m。

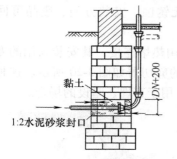

图 3-17　引入管穿基础进入建筑

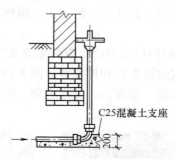

图 3-18　管道穿越浅基础

6）引入管或其他管道穿越地下室或地下构筑物外墙时，应采取防水措施，根据情况采用柔性防水套管或刚性防水套管。

7）不允许间断供水的建筑，应在建筑物不同侧接入两条引入管，如在同侧接入则需保证两条引入管的间距。在建筑内应将管道布置成环形或贯通状双向供水。

干管和立管：

1）给水横干管应有 0.2% ~ 0.5% 的坡度坡向可以泄水的方向。

2）干管应布置在用水量大的配水点附近，这样有利于供水安全，并能节省管材。

3）与其他管道同地沟或共支架敷设时，给水管应在热水管、蒸汽管的下面，在冷冻管或排水管的上面；给水管不要与输送有害、有毒介质的管道、易燃介质管道同沟敷设。

4）立管可敷设在管道井内。

5）给水立管和装有 3 个或 3 个以上配水点的支管，在始端均应装设阀门和活接头。

6）立管穿过现浇楼板应预留孔洞，孔洞为正方形时，其边长与管径的关系为：$DN32$ 以下为 80mm，$DN32 ~ DN50$ 为 100mm，$DN70 ~ DN80$ 为 160mm，$DN100 ~ DN125$ 为 250mm；孔洞为圆孔时，孔洞尺寸一般比管径大 50 ~ 100mm。

7）立管穿楼板时要加套管，套管底面与楼板底齐平，套管上沿一般高出楼板 20mm；安装在厨房和卫生间地面的套管，套管上沿应高出地面 50mm。

支管：

1）横支管的布置应考虑建筑的美观及卫生器具的安装高度。

2）支管应有不小于 0.2% 的坡度坡向立管。

3）冷、热水立管并行敷设时，热水管在左侧，冷水管在右侧。

4）冷、热水管水平管并行敷设计时，热水管在冷水管的上面。

5）明装支管沿墙敷设时，管外皮距墙面应有 20～30mm 的距离（当 $DN \leqslant 32$ 时）。

（4）室内给水管道施工安装工艺流程

安装准备 → 预留预埋 → 预制加工 / 支架制作安装 → 管道安装（干管 → 立管 → 支管）→ 管道水压试验 → 管道防腐、保温、防结露 → 管道冲洗、消毒

3. 给水聚丙烯（PP-R）管连接方法

近年来，给水聚丙烯（PP-R）塑料管已经在建筑给水系统中被广泛采用。它具有重量轻、强度高、韧性好、耐冲击、耐热性能高、无毒、无锈蚀、安装方便、废品可回收等优点。

1）同种材质的给水聚丙烯管及管配件之间，应采用热熔连接。其安装采用的专用机具有插座式热熔焊机和焊接器如图 3-19 所示及截管材用的剪切器如图 3-20 所示。这种连接方法，成本低、速度快、操作方便、安全可靠，特别适合用于直埋、暗设的场合。

图 3-19　插座式热熔焊机　　　　　　　　　图 3-20　PP-R 管剪刀

2）给水聚丙烯管与金属管件连接，可采用带金属嵌件的聚丙烯管件作为过渡，该管件与塑料管采用热熔连接，与金属管件或卫生洁具五金配件采用螺纹连接。

3）暗敷墙体、地坪层内的给水聚丙烯管道不得采用螺纹或法兰连接。

4）热熔连接的操作步骤如下。

①热熔工具接通电源，达到工作温度指示灯亮后方能开始工作。②切割管材，必须使端面垂直于管轴线。管材切割一般使用管子剪或管道切割机，必要时可使用锋利的钢锯，但切割后管材断面应去除毛边和毛刺。③管材与管件连接端面必须清洁、干燥、无油。④用卡尺和合适的笔在管端测量并绘制出热熔深度，热熔深度应符合表 3-13 的要求。⑤熔接弯头或三通时，按设计图纸要求，应注意其方向，在管件和管材的直线方向上用辅助标志标出其位置。⑥连接时，无旋转地把管端插入加热套内，插入到所标志的深度，同时无旋转地把管件推到加热头上，达到规定标志处。加热时间必须满足表 3-13 的规定（也可按热熔工具生产厂家的规定）。⑦达到加热时间后，立即把管材与管件从加热套与加热头上同时取下，迅速无旋转地直线均匀插入到所标深度，使接头处形成均匀凸缘。⑧在表 3-13 规定的加工时间内，刚熔接好的接头还可校正，但严禁旋转。

表 3-13　热熔连接技术要求

公称外径/mm	热熔深度/mm	加热时间/s	加工时间/s	冷却时间/min
20	14	5	4	3
25	16	7	4	3

（续）

公称外径/mm	热熔深度/mm	加热时间/s	加工时间/s	冷却时间/min
32	20	8	4	4
40	21	12	6	4
50	22.5	18	6	5
63	24	24	6	6
90	32	40	10	8
110	38.5	50	15	10

5）明装和暗设在管道井、吊顶内、装饰板后的聚丙烯管道宜采用热熔连接；埋地敷设、嵌墙敷设和在楼（地）面找平层内敷设的管道应采用热熔连接。

4. 给水铸铁管、钢管连接方法

目前在建筑给水工程所采用的管材中，给水铸铁管和钢管仍占有较大数量，尤其在消防给水和一般要求的生产给水管道中多采用这两种管材。

这里仅介绍一种新型连接方法，即沟槽式连接（也称卡箍连接）：沟槽式连接是应用于镀锌钢管（或镀锌无缝钢管）上的一种新型连接方式。镀锌钢管当管径大于100mm时套丝就比较困难。镀锌钢管与法兰的焊接处，为了确保水质需要二次镀锌，也是比较麻烦的。而沟槽连接便较好地解决了这一问题。沟槽式连接配件是管材生产工厂配套产品，有专用的接头安装工具，比镀锌钢管的螺纹连接和法兰焊接要方便得多。沟槽式接头如图3-21所示。

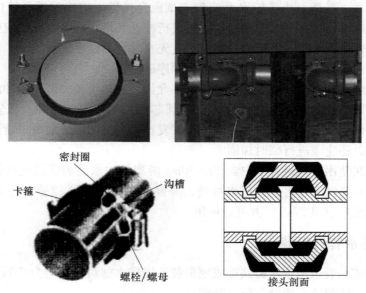

图3-21　沟槽式接头大样

起连接密封作用的沟槽连接管件主要有三部分组成：密封橡胶圈、卡箍和锁紧螺栓。位于内层的橡胶密封圈置于被连接管道的外侧，并与预先滚制的沟槽相吻合，再在橡胶圈的外部扣上卡箍，然后用两颗螺栓紧固即可。由于其橡胶密封圈和卡箍采用特有的可密封的结构设计，使得沟槽连接件具有良好的密封性，并且随管内流体压力的增高，其密封性相应增强。

5. 管道防护及水压试验

（1）管道防腐　为防止金属管道锈蚀，在敷设前应进行防腐处理。管道防腐包括表面清理和喷刷涂料。表面清理一般分为除油、除锈和酸洗三种，施工中可以根据具体情况选择合理的处理方法。喷刷的涂料分为底漆和面漆两类，涂料一般采用喷、刷、浸、洗等方法附着在金属表面上。

埋地的钢管、铸铁管一般采用涂刷热沥青绝缘防腐，在安装过程中某些未经防腐的接头处也应在安装后进行以上防腐处理。

（2）管道防冻防结露　其方法是对管道进行绝热，由绝热层和保护层组成。常用的绝热层材料有聚氨酯、岩棉、毛毡等。保护层可以用玻璃丝布包扎，薄金属板铆接等方法进行保护。管道的防冻防结露应在水压试验合格后进行。

（3）水压试验　给水管道安装完成确认无误后，必须进行系统的水压试验。室内给水管道试验压力为工作压力的 1.5 倍，但是不得小于 0.6MPa。

检验方法：低压流体输送镀锌焊接钢管和球墨铸铁管水压试验时，达到试验压力后稳压10min，压降不大于 0.02MPa，然后降到工作压力进行检查，应不渗不漏；塑料管道水压试验应在安装 24h 后进行，加压宜采用手动泵缓慢升压，升压时间不得少于 10min，达到试验压力后稳压 1h，压力降不大于 0.05MPa，然后在工作压力的 1.15 倍下稳压 2h，压力降不超过 0.03MPa，同时检查各连接处不渗漏为合格。

（4）管道冲洗、消毒　生活给水系统管道试压合格后，应将管道系统内存水放空。各配水点与配水件连接后，在交付使用之前必须进行冲洗和消毒。冲洗方法应根据对管道的使用要求、管道内表面污染程度确定。冲洗顺序应先室外，后室内；先地下，后地上；室内部分的冲洗应按配水干管、配水管、配水支管的顺序进行。

管道冲洗宜用清洁水进行。冲洗前，应将不允许冲洗的设备和管道与冲洗系统隔离，应对系统的仪表采取保护措施。节流阀、止回阀阀芯和报警阀等应拆除，已安装的孔板、喷嘴、滤网等装置也应拆下保管好，待冲洗后及时复位。冲洗前，还应考虑管道支架、吊架的牢固程度，必要时还应该进行临时加固。

饮用水管道在使用前用每升水中含 20～30mg 游离氯的水灌满管道进行消毒，水在管道中停留 24h 以上。消毒完后再用饮用水冲洗，并经有关部门取样检验，符合国家现行《生活饮用水卫生标准》（GB 5749）方可以使用。

3.3.2　室内排水管道安装

室内排水管道一般采用排水铸铁管或硬聚氯乙烯排水塑料管，均为承插式接头。铸铁管用石棉水泥接口，硬聚氯乙烯管用胶黏剂接口。

1. 排水管道施工工艺流程

1）明装排水管：安装准备→管道预制→污水（雨水）干管安装→污水（雨水）立管安装→污水（雨水）支管安装→灌水试验→通球试验

2）暗装排水管：安装准备→管道预制→污水干管安装→干管灌水试验→污水支管安装

→ 灌水试验 → 通球试验

2. 室内排水管道布置敷设的原则

1）生活污水立管应尽量避免穿越卧室、病房等对卫生、安静程度要求较高的房间。

2）排水管穿过地下室外墙或地下构筑物的墙壁处，应对墙壁采取防水措施。

3）排水埋地管道应避免布置在可能受到重物压坏处，管道不得穿越生产设备基础。

4）排水管道不得穿过沉降缝、抗震缝、烟道和风道。

5）排水管道应避免穿过伸缩缝，若必须穿过时，应采取相应技术措施，避免管道直接承受拉伸与挤压。

6）排水管道穿承重墙或基础处，应预留孔洞或加套管，且管顶上部净空一般不小于150mm。

3. 室内排水管道安装技术要求

1）卫生器具排水管与排水横支管可用90°斜三通连接。

2）生活污水管的横管与横管、横管与立管的连接，应采用45°三通、45°四通和90°斜三通、90°斜四通（TY形）管件；立管与排出管的连接，应采用两个45°的弯头或弯曲半径不小于4倍管径的90°弯头。

3）排出管与室外管道连接，前者管顶标高应大于后者；连接处的水流转角不得小于90°，若有大于0.3m的落差可不受角度限制。

4）在排水立管上每两层设一个检查口，且间距不宜大于10m，但在最底层和有卫生设备的最高层必须设置；如为两层建筑，则只需在底层设检查口即可；立管如有乙字弯管，则在该层乙字弯管的上部设检查口；检查口的设置高度距地面为1.0m，朝向应便于立管的疏通和维修。

5）在连接2个及2个以上的大便器或3个及3个以上卫生器具的污水横管上，应设置清扫口。

6）污水横管的直线管段较长时，为便于疏通防止堵塞，应按规定设置检查口或清扫口。

7）当污水管在楼板下悬吊敷设时，污水管起点的清扫口可设在上一层楼地面上，清扫口与管道垂直的墙面距离不得小于200mm。若污水管起点设置堵头代替清扫口时，与墙面距离不得小于400mm。

8）在转角小于135°的污水横管上，应设置检查口或清扫口。

9）管道的吊（支）架安装。铸铁排水管在直管安装时每根管接口处需用立管卡将立管固定在建筑物的承重墙上；横管在每个接口处均应加设吊架，在连接卫生器具较为集中的厕浴间处，如果横支管上连接卫生洁具的两个接口距离不大于600mm，可在中间设置一个吊架。UPVC排水管道的吊（支）架间距按图纸说明或《建筑给水排水与采暖工程施工质量验收规范》（GB 50242—2002）第5.2.6条要求设置。

10）地漏的作用是排除地面污水，因此地漏应设置在房间的最低处，地漏算子面应比地面低5mm左右；安装地漏前，必须检查其水封深度不得小于50mm。

11）排水通气管不得与风道或烟道连接，且应符合下列规定：①通气管应高出屋面300mm，但必须大于最大积雪厚度。②在通气管出口4m以内有门、窗时，通气管应高出门、窗顶600mm或将其引向无门、窗的一侧。③在经常有人停留的平屋顶上，通气管应高出屋面2m，并应根据防雷要求设置防雷装置。

12）阻火圈或防火套管的设置。高层建筑中，塑料排水立管明敷穿越楼层处，且管径≥110mm；管径≥110mm明敷塑料排水横支管接入管道井，在穿越管道井处；塑料排水横干管在穿越防火分区隔墙和防火墙的墙体两侧。

13）室内排水管道的灌水、通球试验要求如下。

①灌水试验，如图3-22所示：室内排水管道安装完毕应进行灌水试验，其结果必须符合设计要求；隐蔽或埋地的管道，未经灌水试验不得隐蔽。试验方法如下：污水管道灌水高度，以一层楼的高度为准，满水15min水面下降后，再灌满观察5min，水面不下降，管道和接口无渗漏为合格；雨水管道的灌水高度必须到每根立管上部的雨水斗；灌水试验持续1h，不渗不漏为合格。②通球试验：室内排水主立管及水平干管管道均应做通球试验，通球的球径不小于排水管道管径的2/3，通球率必须达到100%。

14）室内排水管道防结露隔热措施　为防止夏季管表面结露，设置在楼板下、吊顶内及管道结露影响使用要求的生活污水排水横管，应按设计要求做好防结露隔热措施，保温材料及其厚度应符合设计规定。当设计对保温材料无具体要求时，可采用20mm厚阻燃型聚氨酯泡沫塑料，外缠塑料布。保温材料应有出厂合格证，保温层应表面平整、密实，搭接合理，封口严密，无空鼓现象。

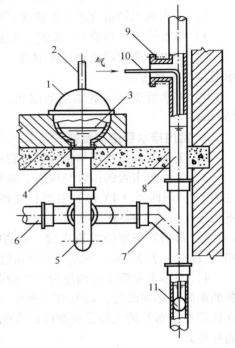

图3-22　楼层灌水试验
1—蹲式大便器　2—冲洗管　3—液面
4—大便器下水口　5—P形存水弯
6—排水干（横）管　7—斜三通　8—排
水立管　9—立管检查口　10—胶管
11—球胆

4. 硬聚氯乙烯排水管道连接方法

建筑排水用硬聚氯乙烯管材、管件，具有重量轻、易于切断、施工方便、迅速、水力条件好的特点，在住宅建筑和普通公共建筑排水工程中得到了广泛应用。

建筑硬聚氯乙烯排水管道，适用于建筑物内排放温度不大于40℃，瞬时温度不大于80℃的生活污水，也可用于同等温度条件下对硬聚氯乙烯管道不起腐蚀作用的工业废水。

硬聚氯乙烯管材及管件的质量性能及规格应符合《建筑排水用硬聚氯乙烯管材》的要求。

安装硬聚氯乙烯管道时，除执行现行标准《建筑排水硬聚氯乙烯管道工程技术规程》外，还应符合现行标准《建筑给水排水及采暖工程施工质量验收规范》的有关规定。

与普通排水铸铁管材不同的是，建筑排水硬聚氯乙烯管材及管件的直径一般不是以公称直径 DN 表示，而是以公称外径 dn 表示。如果同时表示则公称外径要大一号。

排水管除卫生洁具自带成套管件外，采用金属管与UPVC螺纹管接头连接，或UPVC管与UPVC管管件承插黏接。

硬聚氯乙烯管承插口黏接操作要点：黏接前，插口处应用板锉锉成坡口，坡口完成后，应将残屑清除干净。黏接时应对承口做插入试验，不得全部插入，一般为承口的3/4深度。试插合格后，用棉布将承口需黏接部位的水分、灰尘擦拭干净，如有油污需用丙酮除掉。用毛刷涂抹胶黏剂时，先涂抹承口，后涂抹插口，随即用力垂直插入。插入黏接时将插口稍作转动，以利胶黏剂分布均匀，约2~3min即可黏接牢固，并应将挤出的胶黏剂擦净。

埋地管道应敷设在坚实平整的基土上，不得用砖头、木块支垫管道。当基土凹凸不平或有突出硬物时，应用100~150mm厚的砂垫层找平，敷设完成后应用细土回填100mm以上。

当埋地管采用排水铸铁管时，塑料管在插入前应用砂纸将插口打毛，插入后用麻丝填嵌均匀，用石棉水泥捻口，不得用水泥砂浆抹口。

消除塑料排水管道受温度影响引起的伸缩量，通常采用设置伸缩节的办法予以解决。

UPVC排水横管和立管直线管段>4m时应设置伸缩节。立管上排水横支管在楼板下方接入时，伸缩节设置于水流汇合管件之下；在楼板上方接入时，设置于水流汇合管件之上；排水横支管同时在楼板上、下方接入时，或立管上无支管接入时，宜将伸缩节置于楼层中间部位。伸缩节插口应顺水流方向。管端插入伸缩节处预留的间隙：夏季5~10mm；冬季15~20mm。

3.3.3　卫生器具施工

1. 施工工艺流程

安装准备 → 卫生器具及配件检验 → 卫生器具安装 → 卫生器具配件预装 → 卫生器具稳装 → 卫生器具与墙、地缝隙处理 → 卫生器具外观检查 → 满水、通水试验

2. 施工方法

1）安装准备。首先检查卫生器具有无破损，并清理器具内杂物。进入施工现场的各种材料及配件要全部合格、齐全。

2）根据土建确定的基准线，确定好卫生器具的标高、位置。

3）卫生器具安装。卫生器具的安装参见GB09S304及产品样本进行。卫生器具安装好后，要进行临时封闭，防止异物进入；要保证支、托架平整、牢固，与器具接触严密；高度、坐标位置应正确，器具安装要垂直、平整。偏差不超过《建筑给水排水及采暖工程施工质量验收规范》表7.2.3的要求；卫生器具的进水接口要严密，防止渗漏；水箱内的浮球关闭要严密、灵活；器具出水口承管与楼板混凝土的补洞要严密，防止地板渗漏。

3. 施工质量控制点

1）卫生器具安装要注意，各种卫生器具的位置要合理，特别是卫生器具较密集的部位，需满足人体活动尺度的要求。

2）卫生器具安装好后要注意成品保护，保护措施要到位。防止被其他工序施工损坏、污染。

3）施工前由专业技术员根据设计图纸及图纸会审内容编写该系统的专项技术交底，由项目工程师、质量检查员审批后实施。给水系统施工的全过程，专业技术员同质量检查员按照施工图纸和《建筑给水排水及采暖工程施工质量验收规范》要求进行检查。检查合格、填质量检查单并注明检验数据后报监理单位验收。

单 元 小 结

1. 建筑给水排水施工图制图的一般规定，应符合房屋建筑制图和建筑给水排水工程制图等最新国家标准。

2. 熟悉建筑给水排水工程制图的图例符号是识图的基础。

3. 建筑给水排水施工图主要包括平面图、系统图和详图。

4. 建筑给水排水施工图识图方法：阅读时，应将三种图相互对照来看，看给水系统图时，可由建筑的给水引入管开始，沿水流方向经干管、立管、支管到用水设备；看排水系统图时，可由排水设备开始，沿排水方向经支管、横管、立管、干管到排出管。

5. 给水管道的布置形式、敷设方式和安装相关规定。给水管道施工工艺流程。

6. 给水聚丙烯管道热熔连接方法、铸铁管和钢管的卡箍连接新技术。

7. 排水管道施工工艺流程和排水管道施工技术要求；排水硬聚氯乙烯管道黏接连接方法；卫生器具施工工艺流程。

同 步 测 试

一、单项选择题

1. 在排水工程图上标注 "$i = 0.02$"，表示（　　）。

A. 流水坡度　　　　B. 管道连接精密度　　　C. 长度误差值　　　　D. 管道规格

2. 镀锌钢管规格有 $DN15$、$DN20$ 等，DN 表示（　　）。

A. 内径　　　　　　B. 公称直径　　　　　　C. 外径　　　　　　　D. 其他

3. 室内给水引入管与排水排出管平行埋设，管外壁的最小距离为（　　）m。

A. 0.15　　　　　　B. 0.10　　　　　　　　C. 0.5　　　　　　　　D. 0.3

4. 以下错误的有（　　）

A. 污水立管应靠近最脏、杂质最多地方

B. 污水立管一般布置在卧室墙角明装

C. 生活污水立管可安装在管井中

D. 污水横支管具有一定的坡度，以便排水

5. 安装冷、热水龙头时，冷水龙头安装在热水龙头（　　）。

A. 左边　　　　　　B. 上边　　　　　　　　C. 右边　　　　　　　D. 下边

6. 给水横干管宜有（　　）的坡度坡向泄水装置。

A. 0.2%　　　　　　B. 0.2% ~ 0.5%　　　　C. 2%　　　　　　　　D. 2% ~ 5%

7. 当排水系统采用塑料管时，为消除因温度所产生的伸缩对排水管道系统的影响，在排水立管上应设置（　　）。

A. 方形伸缩器　　　B. 伸缩节　　　　　　　C. 软管　　　　　　　D. 弯头

8. 为避免堵塞，排水立管与排出管的连接处可用 2 个 45°弯头或用弯曲半径不少于（　　）倍管径的 90°弯头的出户大弯接出。

A. 2　　　　　　　　B. 4　　　　　　　　　C. 6　　　　　　　　　D. 8

二、根据平面图和系统图，选择填空

1. 下面给水平面图 A、B 点的弯折立管的高度分别为（   ）m、（   ）m。

A. 0.90   B. 0.70   C. 0.65   D. 0.35

下面给水平面图蹲式大便器和小便器的给水管径分别为（   ）、（   ）。

A. DN25   B. DN15   C. DN32   D. DN20

下面排水平面图蹲式大便器和清扫口的排水管径分别为（   ）、（   ）。

A. DN50   B. DN40   C. DN100   D. DN75

2. 下面给水平面图 A、B 点的弯折立管的高度分别为（   ）m、（   ）m。

A. 0.90   B. 0.10   C. 0.65   D. 0.35

下面给水平面图蹲式大便器和洗脸盆的给水管径分别为（   ）、（   ）。

A. DN25   B. DN15   C. DN32   D. DN20

下面排水平面图蹲式大便器和洗脸盆的排水管径分别为（   ）、（   ）。

A. DN50   B. DN40   C. DN100   D. DN75

3. 下面给水平面图 A、B 点的弯折立管的高度分别为（   ）m、（   ）m。

A. 0.35   B. 0.55   C. 0.45   D. 0.30

下面给水平面图浴盆和洗脸盆的给水管径分别为（   ）、（   ）。

A. DN25   B. DN15   C. DN32   D. DN20

下面排水平面图浴盆和洗脸盆的排水管径分别为（   ）、（   ）。

A. DN50   B. DN40   C. DN100   D. DN75

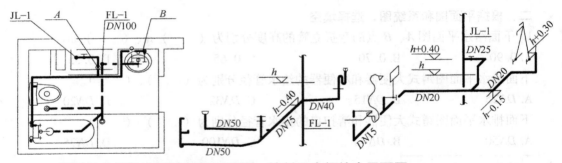

三、根据卫生间给水系统图和平面图，绘制卫生间给水平面图

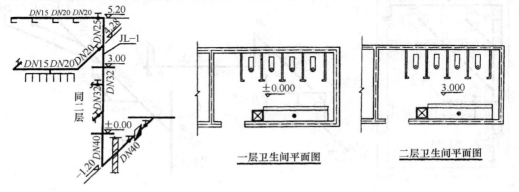

卫生间给水系统图　　　　　　一层卫生间平面图　　　　　二层卫生间平面图

四、简答题

1. 一套建筑给排水施工图一般包括哪些内容？

2. 底层给排水平面图主要包括哪些内容？

3. 简述聚丙烯 PP-R 管的连接方法。

4. 简述建筑 UPVC 排水塑料管的连接方法。

单元 4　供暖与燃气工程识图与施工

学 习 目 标

知识目标

●了解蒸汽供暖系统的特点及组成；了解分户热计量热水供暖系统的主要形式；了解管道及散热器的布置与敷设要求；锅炉与锅炉房设备的组成及锅炉房对土建的要求；燃气供应系统常见燃气的种类，燃气供应系统的组成和分类。

●理解建筑供暖的基本概念；供暖系统常用设备和附件；供暖管道及散热器的安装方法；建筑供暖系统附属设备的类型、构造、布置要求及安装特点；地板辐射供暖系统组成及有关的技术措施和施工安装要求；室内燃气供应系统的组成及管道的布置要求。

●掌握建筑供暖系统的组成、分类及工作原理；掌握机械循环热水供暖系统的基本方式；掌握高层建筑热水供暖系统的方式；建筑供暖施工图的组成、常用图例与识读方法。

能力目标

●初步具备室内供暖系统和燃气系统的施工和安装能力，能识读建筑供暖施工图，解决室内供暖施工中的具体问题。

●能正确安全地使用室内燃气系统，能解决室内燃气施工和使用过程中出现的具体问题。

课题 1　供暖系统的形式与特点

4.1.1　供暖系统的组成与分类

在冬季，室外空气温度低于室内空气温度，因而房间的热量会不断地传向室外，为使室内空气保持要求的温度，则必须向室内供给所需的热量，以满足人们正常生活和生产的需要。这种向室内供给热量的工程设施，叫供暖系统。

1. 供暖系统的组成

集中供暖系统由以下三大部分组成：热源、热网和热用户，如图4-1所示。热源制备热水或蒸汽，由热网输配到各热用户使用。目前最广泛的热源是锅炉房和热电厂，此外也可以利用核能、地热、太阳能、电能、工业余热作为供暖系统的热源。热网是由热源向热用户输送供热介质的管道系统。热用户是指从

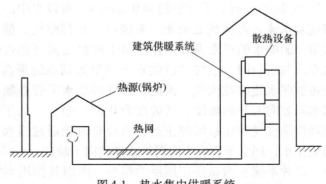

图 4-1　热水集中供暖系统

供暖系统获得热能的用热装置。

2. 供暖系统的分类

（1）根据供暖系统的作用范围划分为两种。

1）局部供暖系统。热源、管道系统和散热设备在构造上联成一个整体的供暖系统。如烟气供暖（火炉、火炕、火墙）、电热暖气片和燃气红外线暖气片等。

2）集中供暖系统。热源和散热设备分别设置，用热媒管道相连接，由热源向各个房间和各个建筑物供给热量的供暖系统。

（2）根据供暖系统使用热介质的种类划分为下列三种。

1）热水供暖系统。供暖系统的热介质是热水。

2）蒸汽供暖系统。供暖的热介质是水蒸气。

3）热风供暖系统。供暖的热介质是热空气。

4.1.2　热水供暖系统

1. 热水供暖系统的分类

1）按热媒参数区分：低温热水供暖系统；高温热水供暖系统。

习惯上，水温低于或等于100℃的热水叫低温水，室内热水供暖系统，大多采用低温水，设计供回水温度为95℃/70℃（也有采用85℃/60℃）。高温水供暖系统宜用于工业厂房内，设计供回水温度为（110～130℃）/（70～80℃）。

2）按热水系统的循环动力分：自然循环系统（重力循环系统）；机械循环系统。

3）按系统的每组立管根数分：单管系统；双管系统。

4）按系统的管道敷设方式分：垂直式系统；水平式系统。

2. 热水供暖系统的图式

（1）自然循环热水供暖系统

1）自然循环热水供暖系统的组成。自然循环热水供暖系统由锅炉、散热器、供水管道、回水管道和膨胀水箱组成，如图4-2所示。

2）自然循环热水供暖系统的工作原理。自然循环热水供暖系统是依靠由于水温的不同而产生的密度差，来推动水在系统中循环流动的。自然循环供暖系统中水的流速较慢，水平干管中水的流速小于0.2m/s；而干管中气泡的浮升速度为0.1～0.2m/s，而立干管中约为0.25m/s。所以水中的空气能够逆着水流方向向高处聚集。系统中若积存空气，就会形成气塞，影响水的正常循环。在上供下回自然循环热水供暖系统充水与运行时，空气经过供水干管聚集到系统最高处，再通过膨胀水箱排往大气。因此，系统的供水干管必须有向膨胀水箱方向上升的坡度，其坡度为0.5%～1%。为了使系统顺利排除空气和在系统停止运行或检修时能通过回水干管顺利地排水，回水干管应有向锅炉方向的向下坡度。

这种系统水的循环作用压力很小，因而其作用半径（总立管到最远立管沿供水干管走向的水平距离）不宜超过50m。

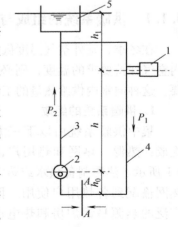

图4-2　自然循环热水供暖系统的工作原理图

1—散热器　2—锅炉　3—供水管道
4—回水管道　5—膨胀水箱

但是，由于这种系统不消耗电能，运行管理简单，在一些较小而独立的建筑中可采用自然循环热水供暖系统。

（2）机械循环热水供暖系统　在密闭的供暖系统中靠水泵作为循环动力的称机械循环热水供暖系统。机械循环热水供暖系统主要由热水锅炉、循环水泵、膨胀水箱、排气装置、散热设备和连接管路等组成。机械循环热水供暖系统的作用压力远大于自然循环热水供暖系统，因此管道中热水的流速快，管径较小，启动容易，供暖方式多，应用广泛，如图 4-3 所示。

1）上供下回式热水供暖系统。

在供暖工程中，"供"指供出热媒，"回"指回流热媒。上供下回式，即供水干管布置在上面，回水干管布置在下面，如图 4-3 所示。在这种系统中，供水干管应采用逆坡敷设，即水流方向与坡度方向相反，空气会聚集在干管的最高点处，在此处设置排气装置排出系统内的空气。水泵装在回水干管上，膨胀水箱依靠膨胀管连接在水泵吸入端，膨胀水箱位于系统最高点，它的作用是容纳水受热后膨

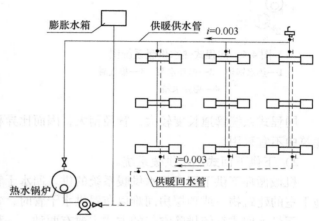

图 4-3　上供下回式热水供暖系统

胀的体积，并且在水泵吸入端膨胀管与系统连接处维持恒定压力（高于大气压）。由于系统各点的压力均高于此点的压力，所以整个系统处于正压下工作，保证了系统中的水不至于汽化。

①双管式系统除主要依靠水泵所产生的压头外，同时也存在自然压头，它使上层散热器的流量大于下层散热器的流量，从而造成上层散热器房间温度偏高，下层房间温度偏低，称为系统的垂直失调。而且楼层越高，这种现象越严重。因此，双管系统一般用于不超过 4 层的建筑物。②单管顺流式系统的特点是立管中的全部的水量顺流进入各层的散热器，缺点是不能进行局部调节；单管跨越式系统的特点是立管的一部分水量流进散热器，另一部分水量通过跨越管与散热器流出的回水混合，再流入下一层散热器，可以消除顺流式系统无法调节各层间散热量的缺陷。一般在上面几层加装跨越管，并在跨越管上加装阀门，以调节流经跨越管的流量。

单管式系统因为与散热器相连的立管只有一根，比双管式系统少用立管，立支管间交叉减少，因而安装较为方便，不会像双管系统因存在自然压头而产生垂直失调，造成各房间温度的偏差。

在热水供暖系统中，按热媒的流程长短是否一致，可分为同程式和异程式系统。在机械循环系统中，由于系统的作用半径一般较大，热媒通过各立管的环路长度都做成相等的，以便于各环路的压力平衡。这样的系统称为同程式系统，如图 4-4 所示。相对于同程式系统，热媒通过环路的长度不相等，就是异程式系统如图 4-5 所示。当系统较大时，由于各环路不易做到压力平衡，从而造成近处流量分配过多，远处流量不足，引起水平方向冷热不均，称为系统的水平失调。

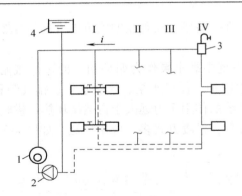

图4-4　同程式热水供暖系统图

1—热水锅炉　2—循环水泵　3—集气罐
4—膨胀水箱

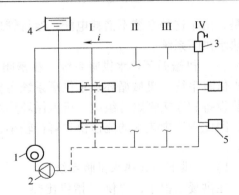

图4-5　异程式热水供暖系统图

1—热水锅炉　2—循环水泵　3—集气罐
4—膨胀水箱　5—散热器

同程式系统管道长度较大，管径稍大，因而比异程式系统多耗管材，在面积较小的多层建筑中不宜采用。

2）下供下回式热水供暖系统。

机械循环下供下回式热水供暖系统的供、回水干管都要敷设在底层散热器之下。在设有地下室的建筑物，或顶层房间难以布置供水干管时，常采用此种供暖系统，如图4-6所示。

下供下回式系统排除空气的方式主要有两种：一种是通过顶层散热器的冷风阀手动分散排气；另一种是通过专设的空气管手动或自动集中排气。

3）中供式热水供暖系统。

机械循环中供式热水供暖系统是把总立管引出的供水干管设在系统的中部。对于下部系统来说是上供下回式，对于上部系统来说可以采用下供下回式系统，也可采用上供下回式。这种系统可避免由于顶层梁底标高过低，致使供水干管挡住顶层窗户的问题，同时也可适当地缓解垂直失调现象，如图4-7所示。

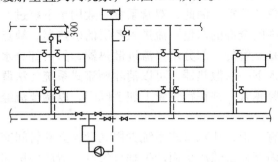

图4-6　机械循环下供下回式热水供暖系统

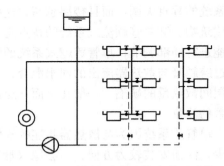

图4-7　机械循环中供式热水供暖系统

4）水平式系统。

水平式系统按供水管与散热器的连接方式，可分为顺流式和跨越式系统两种。水平式系统的结构简单，便于施工和检修，热力稳定性好，但缺点是需在每组散热器上设置冷风阀分散排气或在同一层散热器上部串联一根空气管集中排气。此种连接形式适用于机械热水循环和重力热水循环系统。

如图 4-8a 和图 4-8b 所示为单管水平式系统，图 4-8b 又称为单管跨越式系统，与较小的水平式系统与垂直式系统相比，管路简单，无穿过各层的立管，施工方便，造价低；对于一些各层有不同功用或不同温度要求的建筑物，采用水平式系统，便于分层管理和调节。但单管水平式系统串联散热器很多时，容易出现前热后冷现象，即水平失调。

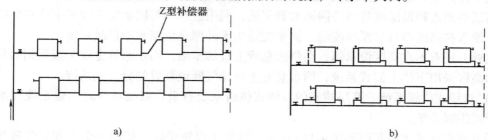

图 4-8　单管水平式系统

（3）高层建筑供暖常用的形式　在高层建筑供暖系统设计中，一般其高度超过 50m，建筑供暖系统的静水压力较大。由于建筑物层数较多，垂直失调问题也会很严重。宜采用的管路布置形式有下面几种。

1）竖向分区供暖系统。高层建筑热水供暖系统在垂直方向上分成两个或两个以上的独立系统称为竖向分区式供暖系统，如图 4-9、图 4-10 所示。竖向分区供暖系统的低区通常直接与室外管网相连，高区与外网的连接形式主要有两种。

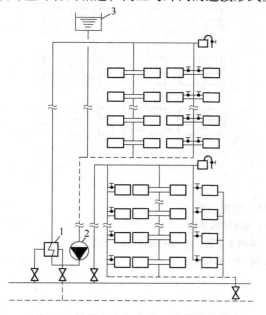

图 4-9　设热交换器的分区式供暖系统
1—热交换器　2—循环水泵　3—膨胀水箱

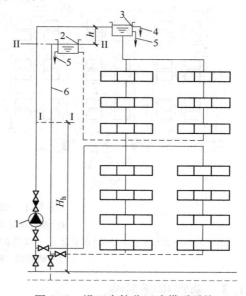

图 4-10　设双水箱分区式供暖系统
1—加压水泵　2—回水箱　3—进水箱
4—进水箱溢流管　5—信号管　6—回水箱溢流管

①设热交换器的分区式供暖系统如图 4-9 所示，该系统的高区水与外网水通过热交换器进行热量交换，热交换器作为高区热源，高区又设有水泵、膨胀水箱，使之成为一个与室外

管网压力隔绝的、独立的完整系统。该方式是目前高层建筑供暖系统常用的一种形式，适用于外网是高温水的供暖系统。

②设双水箱的分区式供暖系统如图 4-10 所示，该系统将外网水直接引入高区，当外网压力低于该高层建筑的静水压力时，可在供水管上设加压水泵，使水进入高区上部的进水箱。高区的回水箱设溢流管与外网回水管相连，利用进水箱与回水箱之间的水位差克服高区阻力，使水在高区内自然循环流动。该系统适用于外网是低温水的供暖系统。

此外，还有不在高区设水箱，在供水总管上设加压泵，回水总管上安装减压阀的分区式系统和高区采用下供上回式系统，回水总管上设排气断流装置的分区式系统。

2）双线式供暖系统。高层建筑的双线式供暖系统有垂直双线单管式供暖系统和水平双线单管式供暖系统。

①垂直双线式供暖系统如图 4-11a 所示，立管上设置于同一楼层一个房间中的散热设备为两组，按热媒流动方向每一个房间的立管由上升和下降两部分构成，使得各层房间两组散热设备的平均温度近似相同，总传热效果接近，从而减轻竖向失调。立管阻力增加，提高了系统的水力稳定性。适用于公共建筑一个房间可设置两组散热器或两块辐射板的情形。

②水平双线供暖系统如图 4-11b 所示，水平方向的各组散热器内热媒平均温度近似相同，可避免水平失调问题，但容易出现垂直失调现象，可在每层供水管线上设置调节阀进行分层流量调节，或在每层的水平分支管线上设置节流孔板，增加各水平环路的阻力损失，减少垂直失调问题。

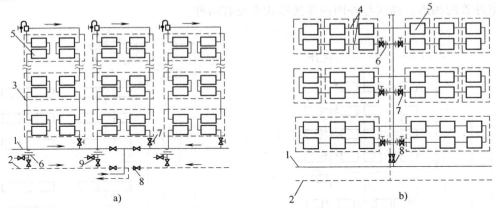

图 4-11　双线式热水供暖系统

a）垂直双线系统　b）水平双线系统

1—供水干管　2—回水干管　3—双线立管　4—双线水平管　5—散热设备　6—节流孔板
7—调节阀　8—截止阀　9—排水阀

4.1.3　蒸汽供暖系统

1. 蒸汽供暖系统的工作原理及优缺点

（1）蒸汽供暖系统的工作原理

与热水供暖系依靠降低水温而散出热量不同，蒸汽供暖系统是依靠饱和蒸汽在凝结时放出汽化潜热来实现供暖的。蒸汽的汽化潜热比每千克水在散热器中靠降温放出的热量要大得多。如图 4-12 所示为蒸汽供暖系统原理图。由蒸汽锅炉产生的蒸汽，沿蒸汽管路，进入散热设备，蒸汽凝结放出热量后，凝结水通过疏水器、凝结管路进入凝结水箱，然后再由凝结水泵将凝结水送回蒸汽锅炉重新加热。

（2）蒸汽供暖系统的优缺点

1）优点：①因为热媒温度较高，所需散热器数量就少，节省了钢材而降低了投资。②由于蒸汽密度比水小得多，用于高层建筑供暖，不致出现底层散热器超压现象。③蒸汽是靠本身的压力来克服管道的阻力，因此节省了电能。④蒸汽供暖系统热惰性小，升温快，适用于车间、剧院等人们停留时间集中而又短暂的建筑物。

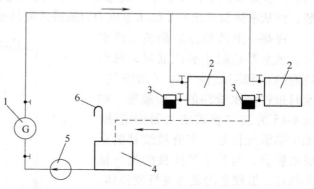

图 4-12　蒸汽供暖系统原理图

1—蒸汽锅炉　2—散热器　3—疏水器　4—凝结水箱
5—凝结水泵　6—放空气管

2）缺点：①系统的热损失大，由于蒸汽温度高，一般为间歇供暖，引起系统骤冷骤热，容易使管件连接处损坏，造成漏水漏汽，另外凝结水回收率低而造成热量损失很大。②散热器及管道表面温度高，灰尘易产生有害气体，污染室内空气，另外易烫伤人和造成室内燥热，人有不舒适感。③室温不均匀，系统热得快，冷得也快。④无效热损失大，锅炉排污，管网损失，疏水器漏汽，因此效率不高。⑤凝结水管使用年限短，因管内不是满流，管中存有空气而腐蚀管壁。

2. 蒸汽供暖系统的分类

按照供汽压力的大小，将蒸汽供暖系统分为：低压蒸汽供暖系统（供汽表压力低于70kPa）、高压蒸汽供暖系统（供汽表压力高于70kPa）和真空蒸汽供暖系统（系统中压力低于大气压力）三种。

按照蒸汽干管布置的不同，蒸汽供暖系统可分为：上供式、中供式和下供式三种。按照主管的布置特点，蒸汽供暖系统再分为单管式和双管式，目前国内绝大多数蒸汽供暖系统采用双管式两种。

按照回水动力不同，蒸汽供暖系统可分为：重力回水和机械回水两种。

（1）重力回水低压蒸汽供暖系统　如图 4-13 所示为上供式蒸汽供暖系统。在系统运行前，锅炉充水至 I—I 平面。锅炉加热后产生的蒸汽，在其自身压力作用下，克服流动阻力，沿供汽管道，输送至散热器内，并将积聚在供汽管道和散热器内的空气驱入凝结水管，由凝结水管末端的 B 点处排出，蒸汽在散热器内冷凝放热，凝结水靠重力作用沿凝结水管路返回锅炉，重新加热变成蒸汽。

（2）机械回水低压蒸汽供暖系统　如图 4-14 所示为机械回水上供下回供式低压蒸汽供暖系统。它不同于连续循环重力回水系统，机械回水系统是断开式的。凝结水

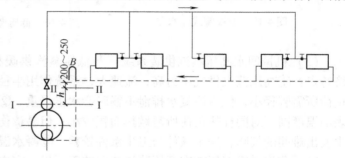

图 4-13　重力回水低压蒸汽供暖系统示意图

不直接返回锅炉，而首先进入凝水箱，然后再由凝结水泵将凝结水送回锅炉重新加热。在低压蒸汽供暖系统中，凝结水箱的布置应低于所有散热器和凝结水管。凝结水干管应顺坡安装，使从散热器流出的凝结水靠重力自流进入凝结水箱。

在每一组散热器后都装有疏水器，疏水器是阻止蒸汽通过，只允许凝结水和不凝性气体（如空气）及时排往凝水管路的一种装置。如图 4-15 为波纹管式疏水器构造图，图中热敏元件是一带有波纹状的金属薄膜盒，与其下部连接的是一锥形阀针，波纹盒内装有易挥发液体。当蒸汽进入时，因温度较高，液体挥发并膨胀，使波纹盒体增大，带动阀针下移，阻断蒸汽出路。直到疏水器内的蒸汽冷凝成水后（有一些过冷），波纹盒收缩，小孔打开，

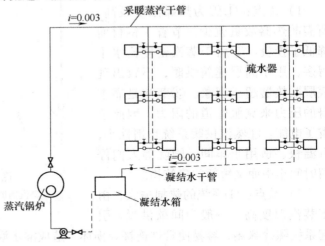

图 4-14　机械回水上供下回式蒸汽供暖系统

排出凝水。当空气或较冷的凝水流入时，波纹盒加热不够，小孔继续开着，它们可以顺利通过。

在低压蒸汽供暖系统初运行时，当蒸汽进入散热器后，由于原系统中内存有大量空气，蒸汽密度比空气密度小而聚集在散热器的上部。而蒸汽又不断冷凝后变成凝结水而沉积在散热器的底部，空气被夹在中间部位，使蒸汽无法通过。为了排除散热器该部位的积存空气，选在距散热器底部 1/3 处安装一自动或手动放气阀进行排空。而高压蒸汽供暖系统一般在散热器的上部安装排气阀即可，如图 4-16 所示。

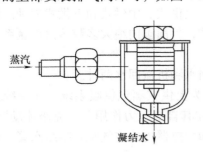

图 4-15　波纹管式疏水器

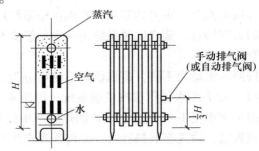

图 4-16　低压蒸汽供暖散热器安装排气阀位置示意图

（3）机械回水高压蒸汽供暖系统　与低压蒸汽供暖相比，高压蒸汽供暖有下述技术经济特点：①高压蒸汽供气压力高，流速大，系统作用半径大，但沿程热损失亦大。对同样热负荷所需管径小，但沿途凝水排泄不畅时会水击严重。②散热器内蒸汽压力高，因而散热器表面温度高。对同样热负荷所需散热面积较小；但易烫伤人，烧焦落在散热器上面的有机灰尘发出难闻的气味，安全条件与卫生条件较差。③凝水温度高。

高压蒸汽供暖多用在有高压蒸汽热源的工厂里。室内的高压蒸汽供暖系统可直接与室外蒸汽管网相连。在外网蒸汽压力较高时可在用户入口处设减压装置。

如图 4-17 所示是一个带有用户入口的室内高压蒸汽供暖系统示意图。

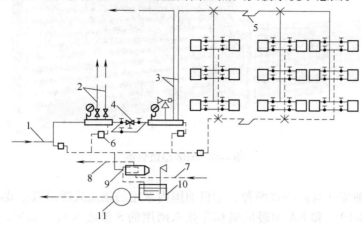

图 4-17　室内高压蒸汽供暖系统示意图
1—室外引入管　2—工艺用户供汽管　3—供汽主立管　4—减压阀　5—方形补偿器　6—疏水器
7—冷水管　8—热水管　9—热交换器　10—凝结水箱　11—凝结水泵

4.1.4　热风供暖系统

利用热空气做媒质的对流供暖方式，称作热风供暖，而对流供暖方式则是利用对流换热或以对流换热为主的供暖方式。

热风供暖系统所用热媒可以是室外的新鲜空气、室内再循环空气，也可以是室内外空气的混合物。若热媒是室外新鲜空气，或是室内外空气的混合物，热风供暖兼具建筑通风的特点。

空气作为热媒经加热装置加热后，通过风机直接送入室内，与室内空气混合换热，维持或提高室内空气温度。

热风供暖系统可以用蒸汽、热水、燃气、燃油或电能来加热空气。宜用 0.1 ~ 0.3MPa 的高压蒸汽或不低于 90℃ 的热水。当采用燃气、燃油加热或电加热时，应符合国家现行标准《城镇燃气设计规范》（GB 50028）和《建筑设计防火规范》（GB 50016）的要求。相应的加热装置称作空气加热器、燃气热风器、燃油热风器和电加热器。

热风供暖具有热惰性小、升温快、设备简单、投资省等优点，适用于耗热量大的建筑物、间歇使用的房间和有防火防爆要求、卫生要求、必须采用全新风的热风供暖的车间。

热风供暖的形式有：集中送风、管道送风、悬挂式和落地式暖风机。

集中送风供暖是在一定高度上，将热风从一处或几处以较大速度送出，使室内造成射流区和回流区的热风供暖。集中送风供暖比其他形式的供暖大大减小温度梯度，减小屋顶传热量，并节省管道与设备。它适用于允许采用空气再循环的车间，或作为有大量局部排风车间的补风和供暖系统。对于内部隔断较多、散发灰尘或散发大量有害气体的车间，一般不宜采用集中送风供暖形式。

在热风供暖系统中，用蒸汽和热水加热空气，采用的空气加热器型号有 SRZ 型和 SRL 型两种，分别为钢管绕钢片和钢管绕铝片的热交换器，如图 4-18 所示。

暖风机是由通风机、电动机及空气加热器组合而成的一种供暖通风联合机组。

图 4-18　SRZ 型散热器

暖风机分为轴流式与离心式两种。①目前国内常用的轴流式暖风机主要有蒸汽、热水两用的 NC 型（图 4-19）和 NA 型暖风机和冷热水两用的 S 型暖风机。轴流式暖风机体积小，结构简单，一般悬挂或支架在墙上或柱子上，出风气流射程短，出口风速小，取暖范围小。②离心式大型暖风机有蒸汽、热水两用的 NBL 型暖风机，如图 4-20 所示，它配用的离心式通风机有较大的作用压头和较高的出口风速，因此气流射程长，通风量和产热量大，取暖范围大。

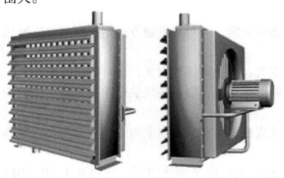

图 4-19　NC 型轴流式暖风机

图 4-20　NBL 型离心式暖风机

既可以单独采用暖风机供暖，也可以由暖风机与散热器联合供暖（散热器供暖作为值班供暖）。

采用小型的（轴流式）暖风机，为使车间温度均匀，保持一定的断面速度，应使室内空气的换气次数大于或等于 1.5 次/h。布置暖风机时，宜使暖风机的射流互相衔接，使供暖空间形成一个总的空气环流。

选用大型的（离心式）暖风机供暖时，由于出口风速和风量都很大，所以应沿车间长度方向布置，出风口离侧墙的距离不宜小于 4m，气流射程不应小于车间供暖区的长度，在射程区域内不应有构筑物或高大设备。

课题 2　住宅分户供暖及低温地板辐射供暖系统

我国现行的供暖收费按面积收费存在诸多弊端，用户对供暖能耗的多少没有直接概念，缺乏节能意识，而过去的室内供暖系统大多无法实现分户热计量与控制，在这种情况下，为了推进城市供热制度改革，促进城市供热事业的健康发展，建设部颁发了《民用建筑节能管理规定》，要求对新建住宅必须实现分户计量，对既有住宅陆续实行分户改造。

4.2.1　分户热计量的必要性及应具备的条件

为了便于按实际耗热量计费、节约能源和满足用户对供暖系统多方面的功能要求，热计量热水供暖系统应运而生。由于热计量是一个复杂的、关系到社会和谐稳定的技术经济问题，虽然世界其他国家有一些经验可以借鉴，但适合于中国国情的热计量收费体系还要探索和研究。它涉及到研究适合于热计量的供暖系统形式、热计量和热量分配仪表、楼栋的热费分摊体制和建筑围护结构等方面的问题。

集中供热分户计量的主要方式是采用热量表和热量分配表计量，一种是采用楼栋热量表进行楼栋计量再按户分摊；另一种是采用户用热量表按户计量直接结算。

热计量装置种类较多。其中热量表又称热表，是由多个部件组成的机电一体化仪表。主要由流量计、温度传感器和积算仪组成。流量计用于测量流经用户的热水的流量，分机械型、压差型以及电磁、超声波型；温度传感器测量供、回水温度，采用铂电阻或热敏电阻等制成；积算仪根据流量计与温度计测得的流量和温度信号计算温差、流量、热量及其他参数，可显示、记录和输出所需数据。

分户热计量热水供暖系统的共同点是：在每一住户管路的起止点安装关断阀，和在起止点其中一处安装调节阀，并且安装流量计或热表。流量计或热表安装在流出用户的回水管道上时，水温低，有利于延长其使用寿命，但若住户从供暖系统取水，无法监视和控制，使供暖系统的失水率增加。因此，许多热表安装在住户管道入口的供水管上。各住户的关断阀及向各楼层、各住户供给热媒的供回水立管及热计量装置设在公共的楼梯间竖井内。竖井有检查门，便于供热管理部门在住户外启闭各户水平支路上的阀门、调节住户的流量、抄表和计量供热量。

为了防止铸铁散热器铸造型砂以及其他污物积聚，堵塞热表、温控阀等部件，分户式热水供暖系统宜采用不残留型砂的精品型铸铁散热器或其他材质的散热器，系统投入运行前应进行冲洗。此外，用户入口，在热水进入热量表之前还应装过滤器。

分户式热水供暖系统原则上可采用上供式、下供式、中供式。通常建筑物的一个单元设一组供回水立管，多个单元的供回水干管可设在室内或室外管沟中。干管可采用同程式或异程式，单元数较多时宜用同程式。

4.2.2　分户热计量热水供暖系统的分类

分户热计量热水供暖系统主要有：分户水平单管热水供暖系统，分户水平双管热水供暖系统，分户单、双管热水供暖系统以及分户放射式系统。

1. 分户水平单管热水供暖系统

分户水平单管热水供暖系统如图 4-21 所示。与以往采用的水平式热水供暖系统的主要区别在于：①水平支路长度限于一个住户之内。②能够分户热计量和调节供热量。③可分室改变供热量，满足不同的室温要求。

分户水平单管供暖系统可采用同程式也可采用异程式，可采用顺流式也可采用跨越式。

如图4-21a所示为同程式，与图4-21b相比，可避免各户内各组散热器冷热不均的现象，但耗费管材。如图4-21所示为跨越式，该系统除了可在水平支路上安装关闭阀、调节阀和热表之外，还可在各散热器支管上安装调节阀实现分房间控制和调节供热量。

分户水平单管供暖系统比水平双管供暖系统布置管道方便，节省管材，水力稳定性好。但在调节流量措施不完善时容易产生竖向失调。设计时对重力作用压头的计算应给予充分重视，以减轻对竖向失调的影响。分户水平单管供暖系统应解决好排气问题，可调整管道坡度，采用汽水逆向流动，利用散热器聚气、排气，防止形成气塞。可在散热器上方安排气阀或利用串联空气管排气。

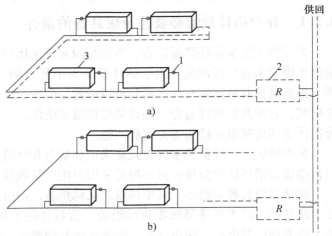

图4-21　分户水平单管热水供暖系统
a）单管同程式　b）单管异程式
1—温控阀　2—户内热力入口　3—散热器

2. 分户水平双管热水供暖系统

分户水平双管热水供暖系统如图4-22、图4-23所示。该系统一个住户内的各散热器并联，在每组散热器上安装调节阀和恒温阀，以便分室进行控制和调节。水平供水管和回水管可分别位于每层散热器的上方或下方，如图4-22所示为供回水管全部位于每层散热器下方的系统，如图4-23所示为两管全部位于每层散热器上方的系统。双管系统的水力稳定性不如单管系统，耗费管材。

3. 分户水平单、双管热水供暖系统

分户水平单、双管热水供暖系统兼有上述分户水平单管和双管

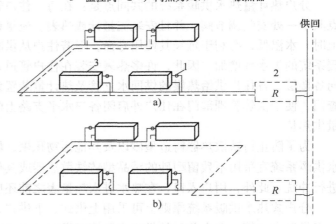

图4-22　供回水干管布置在下部的分户水平
双管热水供暖系统
a）双管同程式　b）双管异程式
1—温控阀　2—户内热力入口　3—散热器

系统的优缺点，可用于面积较大的户型以及跃层式建筑，如图4-24所示。

4. 分户放射式热水供暖系统

如图4-25所示，分户放射式热水供暖系统在每户的供热管道入口设小型分水器和集水器，各散热器并联。从分水器引出的散热器支管呈辐射状埋地敷设至各个散热器，散热量可单体调节。支管采用铝塑复合管等管材，因此要增加楼板的厚度和造价。为了计量各用户供热量，入户管有热表。为了调节各室用热量，通往各散热器的支管上应有调节阀。

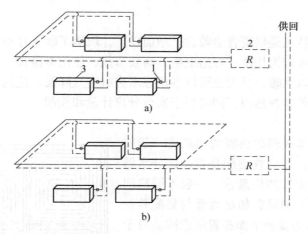

图 4-23　供回水干管布置在上部的分户水平双管热水供暖系统
a）双管同程式　b）双管异程式
1—温控阀　2—户内热力入口　3—散热器

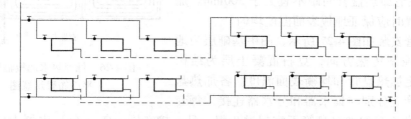

图 4-24　分户水平单、双管热水供暖系统图

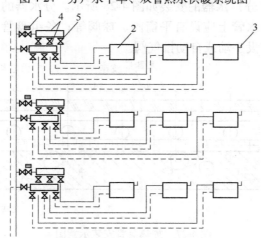

图 4-25　分户放射式热水供暖系统示意图
1—热表　2—散热器　3—放气阀　4—分、集水器　5—调节阀

4.2.3　低温热水地板辐射供暖系统

随着科技的发展和人民生活水平的提高，除了常规散热器的对流换热供暖方式外，低温热水地板敷设供暖的范围也越来越广泛。该方式以低温热水（一般不超过 60℃）为热媒，通过埋设于地板内的管道将地板加热，热量的传播主要以辐射形式出现，但同时也伴随着对

流方式的热传播。

地板敷设供暖的特点是供暖管道敷设于地面以下，取消了暖气片和供暖支管，节省了使用面积；整个房间温度较为均衡，舒适卫生，高效节能，使用寿命长，可有效减少楼层之间的噪声。不仅冬天可以供暖，夏天也可以利用凉水进行空气降温，达到冬暖夏凉。该系统可利用余热水、地热水等多种热源，同时便于实行分户计量和控制。

1. 系统组成

在住宅建筑中，地板辐射供暖的加热管一般应按户划分独立的系统，并设置集配装置，如分水器和集水器，再按房间配置加热盘管，一般不同房间或住宅各主要房间宜分别设置加热盘管与集配装置相连。如图 4-26 所示为供暖平面布置示意图。对于其他建筑，可根据具体情况划分系统，一般每组加热盘管的总长度不宜大于 120m，盘管阻力不宜超过 30kPa，住宅加热盘管间距不宜大于 300mm。加热盘管在布置时应保证地板表面温度均匀。

加热盘管安装如图 4-27 所示，图中基础层为地板，保温层控制传热方向，豆石混凝土层为结构层，用于固定加热盘管和均衡表面温度。各加热盘管供、回水管应分别与集水器和分水器连接，每套

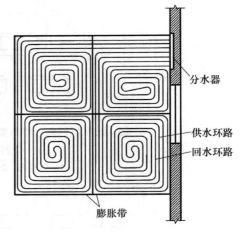

图 4-26　低温热水地板辐射供暖
平面布置示意图

集（分）水器连接的加热盘管不宜超过 8 组，且连接在同一集（分）水器上的盘管长度、管径等应基本相等。集（分）水器的安装如图 4-28 所示。分水器的总进水管上应安装球阀、过滤器等；在集水器总出水管上应设有平衡阀、球阀等；各组盘管与集（分）水器连接处应设球阀，分水器顶部应设手动或自动排气阀。

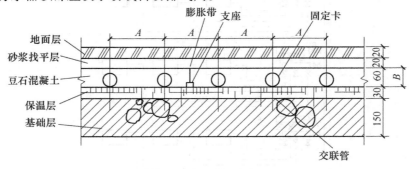

图 4-27　加热盘管安装示意图

2. 管材

加热盘管有钢管、铜管和塑料管。塑料管经特殊处理与加工后，能满足低温热水辐射供暖的耐高温、承压高、耐老化等要求，同时可以根据设计所要求的长度进行生产，使埋设的盘管部分无接头，杜绝埋管管段的渗漏，且易弯曲和施工。常用的塑料管有：耐热聚乙烯（PE-RT）管、交联聚乙烯（PE-X）管、聚丁烯（PB）管、交联铝塑复合（XPAP）管和无规共聚聚丙烯（PP-R）管，其共同的优点是耐老化、耐腐蚀、不结垢、承压高、无环境污

染和沿程阻力小等。

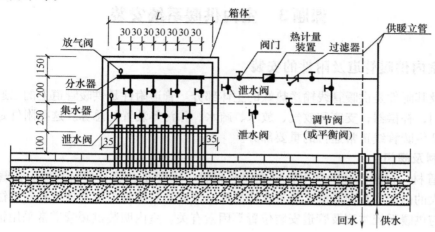

图 4-28　集水器、分水器安装示意图

3. 有关技术措施和施工安装要求

1）加热盘管及其覆盖层与外墙、楼板结构层间应设绝热层，当允许双向传热时可设绝热层。

2）覆盖层厚度不宜小于 50mm，并应设伸缩缝，肋管穿过伸缩缝时宜设长度不小于 100mm 的柔性套管。

3）绝热层设在土壤上时应先做防潮层，在潮湿房间内加热管覆盖层上应做防水层。

4）热水温度不应高于 60℃，民用建筑供水温度宜为 35～50℃，供、回水温差宜小于或等于 10℃。

5）系统工作压力不应大于 0.8MPa，否则应采取相应的措施。当建筑物高度超过 50m 时，宜竖向分区。

6）加热盘管宜在环境温度高于 5℃条件下施工，并应防止油漆、沥青或其他化学溶剂接触管道。

7）加热盘管伸出地面时，穿过地面构造层部分和裸露部分应设硬质套管；在混凝土填充层内的加热管上不得设可拆卸接头；盘管固定点间距：直管段小于或等于 1m 时宜为 500～700mm，弯曲管段小于 0.35m 时宜为 200～300mm。

8）细石混凝土填充层强度不宜低于 C15，应掺入防龟裂添加剂；应有膨胀补偿措施；面积大于或等于 30m²，每隔 5～6m 应设 5～10mm 宽的伸缩缝；与墙、柱等交接处应设 5～10mm 宽的伸缩缝；缝内应填充弹性膨胀材料。浇捣混凝土时，盘管应保持大于或等于 0.4MPa 的静压，养护 48h 后再卸压。

9）隔热材料应符合下列要求：导热系数小于或等于 0.05W/（m·K），抗压强度大于或等于 100kPa，吸水率小于或等于 6%，氧指数大于或等于 32%。

10）调试与试运行：初始加热时，热水温度应平缓。供水温度应控制在比环境温度高 10℃左右，但不应高于 32℃，并应连续运行 48h，随后每隔 24h 水温升高 3℃，直到设计水温，并对与分水器、集水器相连的盘管进行调节，直到符合设计要求。

课题3　室内供暖系统安装

4.3.1　室内供暖管道及附件的安装

管道及其附件是供暖管线输送热媒的主体部分。管道附件是供暖管道上的三通、弯头等管件及阀门、补偿器、支座和放气、放水、疏水、除污等装置的总称。这些附件是构成供暖管线和保证供暖管线正常运行的重要部分。

1. 管材及阀门

（1）管材　供暖系统中常用管材主要有钢管、铝塑复合管、塑料管等。钢管的优点是能承受较大的内压力和动荷载，管道连接简便，但缺点是钢管内部及外部易受腐蚀。供暖管材的选用与供暖系统类型及管道安装位置等因素有关。室内明装供暖管道常采用钢管，埋地供暖管道常使用铝塑复合管。

（2）管道的连接方式　钢管的连接可采用焊接、法兰盘连接和螺纹连接。焊接连接可靠，施工简便迅速，广泛用于管道之间及补偿器等的连接。法兰连接装卸方便，通常用在管道与设备、阀门等需要拆卸的附件连接上。对于室内供暖管道，通常借助三通、四通、管接头等管件，进行螺纹连接，也可采用焊接或法兰连接。具体要求为：$DN \leqslant 32mm$ 的焊接钢管宜采用螺纹连接，$DN > 32mm$ 的焊接钢管和无缝钢管宜采用焊接；管道与阀门或其他设备、附件连接时，可采用螺纹或焊接；与散热器连接的支管上应设活接头或长丝，以便于拆卸；安装阀门处应设置检查孔。铝塑复合管的连接方式主要有热熔连接和卡套连接。

（3）阀门　阀门是用来开闭管路和调节输送介质流量的设备。在供暖管道上，常用的阀门形式有截止阀、闸阀、蝶阀、止回阀和调节阀等。详见第一章，不再赘述。

2. 室内供暖管道安装的基本技术要求

1）供暖系统所使用的材料和设备在安装前，应按设计要求检查规格、型号和质量，符合要求方可使用。

2）管道穿越基础、墙和楼板应配合土建预留孔洞。预留孔洞尺寸如设计无明确规定时，可按《供暖通风与空气调节设计规范》规定预留。

3）管道和散热器等设备安装前，必须认真清除内部污物，安装中断或完毕后，管道敞口处应适当封闭，防止进入杂物堵塞管道。

4）管道从门窗或其他洞口、梁柱、墙垛等处绕过，转角处如高于或低于管道水平走向，在其最高点和最低点应分别安装排气或泄水装置。

5）管道穿墙壁和楼板时，应分别设置铁皮套管和钢套管。安装在内墙壁的套管，其两端应与饰面相平。管道穿过外墙或基础时，应加设钢套管，套管直径比管道直径大两号为宜。

安装在楼板内的套管其顶部应高出地面20mm，底部与楼板相平。管道穿过厨房、厕所、卫生间等容易积水的房间楼板，应加设钢套管，其顶部应高出地面不小于30mm。

6）明装钢管成排安装时，直线部分应互相平行，曲线部分曲率半径应相等。

7）水平管道纵、横方向弯曲、立管垂直度、成排管段和成排阀门安装允许偏差要符合相关规范的规定。

8) 安装管径 $DN \leqslant 32$ 的不保温供暖双立管，两管中心距应为 80mm，允许偏差 5mm。热水或者蒸汽立管应该置于面向的右侧，回水立管置于左侧。

9) 管道支架附近的焊口，要求焊口距支架净距大于 50mm，最好位于两个支座间距的 1/5 位置上。

3. 室内供暖管道的安装

室内供暖管道应按照力求管道最短，便于维护管理，不影响房间美观，尽可能地少占房间使用面积的原则进行布置。

当采用散热器热水供暖系统时，室内供暖管道主要包括供回水干管、供回水立管和供回水支管。

（1）干管安装　室内供暖干管的安装程序、安装方法和安装要求，根据工程的施工条件、劳动力、材料、设备和机具的准备情况确定。同样的工程，施工条件不同，安装程序、方法和要求也不同。有的工程在土建施工时，安排墙上支架和穿墙套管同时进行；有的工程在土建工程完成后单独安排供暖工程。

干管安装程序一般是：栽支架，管道就位，对口连接，管道找坡并固定在支架上。

干管安装一般按下述方法步骤进行。

①按照图纸要求，在建筑物实体上定出管道的走向、位置和标高，确定支架位置。

②栽支架。根据确定好的支架位置，把已经预制好的支架栽到墙上或焊在预埋的铁件上。

③管道预制加工。在建筑物墙体上，依据施工图纸，按照测线方法，绘制各管段的加工图，划分出加工管段，分段下料，编好序号，打好坡口以备组对。

④管道就位。把预制好的管段对号入座，摆放到栽好的支架上。根据管段的长度不同，重量也不同，适当地选用滑轮、绞磨、卷扬机或者手动链式葫芦等各种机具吊装。

⑤管道连接。在支架上，把管段对好口，按要求焊接或者螺纹连接，连成系统。

⑥找坡。按设计图纸的要求，将干管找好坡度。如栽支架时已考虑找坡问题，当干管连成系统之后，要再检查校对坡度，合格后把干管固定在支架上。

干管的安装应符合下列要求。

①横向干管的坡向和坡度，要符合设计图纸的要求和施工验收规范的规定，要便于管道泄水和排气。

②干管的弯曲部位，有焊口的部位不要接支管。设计上要求接支管时，也要按规范要求躲开焊口规定的距离。

③当热媒温度超过 100℃ 时，管道穿越易燃和可燃性墙壁，必须按照防火规范的规定加设防火层。一般管道与易燃和可燃建筑物的净距离需保持 100mm 以上距离。

④供暖干管中心与墙、柱距离应符合表 4-1 的规定。

表 4-1　干管中心与墙、柱表面的安装距离　　　　　　（单位：mm）

公称直径	25	32	40	50	65	80	100	125	150	200
保温管中心	150	150	150	180	180	200	200	220	240	280
不保温管中心	100	100	120	120	140	140	160	160	180	210
钢立管净距	25～30	35～50			55			60		—

（2）立管安装

立管的安装方法如下。

①确定立管的安装尺寸。根据干管和散热器的实际安装位置，确定立管及其三通和四通的位置，并用测线方法量出立管的安装尺寸。

②根据安装长度计算出管段的加工长度。

③加工各管段。对各管段进行套丝、煨弯等加工处理。

④将各管段按实际位置组装连接。立管安装应由底层到顶层逐层安装，每安装一层时，切记穿入钢套管，并将其固定好，随即用立管卡将管子调整固定于立管中心线上。

立管安装要符合下列要求。

①管道外表面与墙壁抹灰面的距离规定为：$DN \leqslant 32$ 时为 25～35mm；$DN > 32$ 时为 30～50mm。

②立管上接支管的三通位置，必须能满足支管的坡度要求。

③立管卡子安装。层高不超过 4m 的房间，每层安装一个立管卡子，距地面高度为 1.5～1.8m。

④立管与支管垂直交叉时，立管应该设半圆形让弯绕过支管。

⑤主立管用管卡或托架安装在墙壁上，其间距为 3～4m。主立管的下端要支撑在坚固的支架上。管卡和支架不能妨碍主立管的胀缩。

（3）供暖立管与干管的连接

1）顶棚内立管与干管连接形式如图 4-29 所示。

2）室内干管与立管的连接形式如图 4-30 所示。

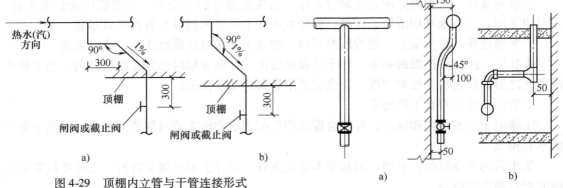

图 4-29　顶棚内立管与干管连接形式

a）四层以上蒸汽供暖或五层以上热水供暖

b）三层以下蒸汽供暖或四层以下热水供暖

图 4-30　干管与立管连接形式

a）与供水或供汽干管连接　b）与回水干管连接

3）主干管与分支干管的连接形式如图 4-31 所示。

4）地沟内干管与立管的连接形式如图 4-32 所示。

（4）散热器支管的安装　散热器支管应在散热器安装并经稳固、校正合格后进行。散热器支管安装的基本技术要求如下。

1）散热器支管的安装必须具有良好坡度，一般为 0.01。

2）供水（汽）管、回水支管与散热器的连接均应是可拆卸连接。

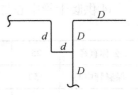

图 4-31　主干管与分支干管的连接形式

3）供暖支管与散热器连接时，对半暗装散热器应用直管段连接，对明装和全暗装散热器，应用煨制或弯头配制的弯管连接。用弯管连接时，来回弯管中心距散热器边缘尺寸不宜超过150mm。

4）当散热器支管长度超过1.5m时，中部应加托架固定。水平串联管道可不受安装坡度限制，但不允许倒坡安装。

5）散热器支管应采用标准化管段，进行集中加工预制。散热器支管安装，一般应在散热器与立管安装完毕后进行，也可与立管同时进行安装。

4. 补偿器和管道支架的安装

（1）补偿器 在热媒流过管道时，由于温度升高，管道会发生伸长，为减少由于热膨胀而产生的轴向应力对管道、阀门等产生的破坏，需根据伸长量的大小选配补偿器。补偿器的种类很多，主要有管道的自然补偿、方形补偿器、波纹管补偿器、套筒补偿器和球形补偿器等。前三种是利用补偿器材料的变形来吸收热伸长；后两种是利用管道的位移来吸收热伸长。供暖系统常用补偿器的形式为自然补偿和方形补偿器。

1）自然补偿。利用供暖管道自身的弯曲管段（如L型或Z型等）来补偿管段的热伸长的补偿方式称为自然补偿。自然补偿不必特设补偿器，因此考虑管道的热补偿时，应尽量利用其自然弯曲的补偿能力。自然补偿的缺点是管道变形时会产生横向位移，而且补偿的管段不能很长。

2）方形补偿器。它是由四个90°弯头构成"U"形的补偿器，如图4-32所示，靠其弯管的变形来补偿管段的热伸长。方形补偿器通常用无缝钢管煨弯或机制弯头组合而成。也有将钢管弯曲成"S"形或"Q"形的补偿器，这种用与供暖直管等径的钢管构成呈弯曲形状的补偿器，总称为弯管补偿器。

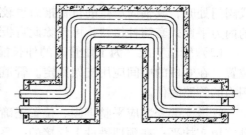

图4-32 方形补偿器

弯管补偿器的优点是制造方便，不用专门维修，因而不需要为它设置检查室，工作可靠，作用在固定支架上的轴向推力相对较小。其缺点是介质流动阻力大，占地多。方形补偿器在供暖管道上应用很普遍。安装弯管补偿器时，经常采用冷拉的方法，来增加其补偿能力。

3）波纹管补偿器。它是用单层或多层薄壁金属管制成的具有轴向波纹的管状补偿设备。工作时，它利用波纹变形进行管道热补偿。供暖管道上使用的波纹管，多用不锈钢制造。波纹管补偿器按波纹形状主要分为"U"形和"Q"形两种，按补偿方式分为轴向、横向和铰接等形式，轴向补偿器可吸收轴向位移，按其承压方式又分为内压式和外压式。图4-33所示为内压轴向式波纹管补偿器的结构示意图。横向式补偿器可沿补偿器径向变形，常装于管道中的横向管段上吸收管道热伸长。铰接式补偿器可以其铰接轴为中心折曲变形，类似球形补偿器，需要成对安装在转角段上。

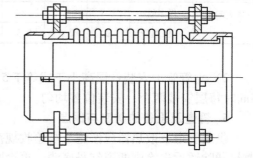

图4-33 内压轴向式波纹管补偿器

波纹管补偿器的主要优点是占地小，不用专门维修，介质流动阻力小，因此内压轴向式波纹管补偿器在国内热网工程上应用逐步增多，但造价较高。

4）套筒补偿器。它由填料密封的套管和外壳管组成，两者同心套装并可沿轴向补偿。图 4-34 所示为一单向套筒补偿器。套管 1 与外壳体 3 之间用填料圈 4 密封，填料被紧压在前压兰 2 与后压兰 5 之间，以保证封口紧密。补偿器直接焊接在供暖管道上。填料采用石棉夹铜丝盘根，更换填料时需要松开前压兰，维修不便。目前有采用柔性密封填料的套筒补偿器。柔性密封填料可直接通过外壳小孔注入补偿器的填料函中，因而可以在不停止运行的情况下进行维护和检修，维修工艺简便。

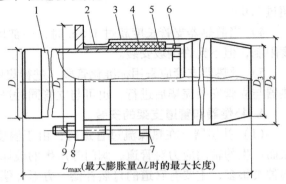

图 4-34　单向套筒补偿器

1—套管　2—前压兰　3—外壳体　4—填料圈　5—后压兰
6—防脱肩　7—T形螺栓　8—垫圈　9—螺帽

套筒补偿器的补偿能力大，一般可达 250～400mm，占地小，介质流动阻力小，造价低，但其压紧、补充和更换填料的维修工作量大，同时管道地下敷设时，为此要增设检查室，如管道变形有横向位移时，易造成填料圈卡住，只能用在直线管段上。当其使用在弯管或阀门处时，其轴向产生的盲板推力也较大，需要设置加强的固定支座。近年来，国内出现的内力平衡式套筒补偿器，可消除此盲板推力。

（2）管道支架　为了使管道的伸长能均匀合理地分配给补偿器，使管道不偏离允许的位置，在管段的中间应用支架固定。管道支架是直接支承管道、限制管道位移并承受管道作用力的管路附件。

管道支架安装应平整牢固、位置正确，埋入墙内的要将洞眼内冲洗干净，采用1:3 水泥砂浆填实抹平；在预埋铁件上焊接的，要将预埋件表面清理干净，使用 T422 焊条焊接，焊缝应饱满；利用膨胀螺栓固定的，选用钻孔的钻头应与膨胀螺栓规格一致，钻孔的深度与膨胀螺栓外套的长度相同，不宜过深或深度不够，与墙体固定牢固；柱抱梁安装时，其螺栓应紧固牢靠。管道支架安装距离的规定如下。

1）水平安装管道支架最大间距，见表 4-2。

表 4-2　水平安装管道支架最大的间距

公称直径/mm		15	20	25	32	40	50	70	80	100	125
最大间距 /m	保温管	1.5	2	2	2.5	3	3	4	4	4.5	5
	不保温管	2	2.5	2.5	3	3	4	5	5	6	6

2）立管管卡安装：层高小于或等于5m的每层安装一个，位置距地面 1.8m；层高大于5m 时每层安装两个，安装位置均匀。

5. 管道及设备的防腐与保温

供暖管道及散热器应按施工与验收规范要求作防腐处理。一般明装在室内的供暖管道及散热器除锈后先涂刷两道红丹底漆，再涂刷两道银粉漆。设置在管沟、技术夹层、闷顶、管道竖井或易冻结地方的管道，应采取保温措施，保温方法如图4-35 所示。

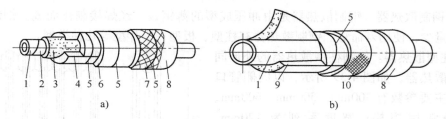

a)   b)

图 4-35　保温防腐结构图

a) 绑扎法保温结构　b) 棉毡绑扎保温结构

1—管道　2—防锈漆　3—胶泥　4—保温材料　5—镀锌铁丝　6—沥青油毡　7—玻璃制品
8—保护层　9—保温毡或布　10—镀锌铁丝网

4.3.2 散热器的布置与安装

1. 供暖散热器的分类

供暖散热器是供暖系统的末端装置，装在房间内，作用是将热媒携带的热量传递给室内的空气，以补偿房间的热量损耗。散热器必须具备一定的条件：首先，能够承受热媒输送系统的压力；其次，要有良好的传热和散热能力；还要能够安装于室内，不影响室内的美观。

散热器按其制造材料的不同，分为铸铁、钢材和其他材料等；按其结构形状的不同，分为管型、翼型、柱型和平板型等；按其传热方式的不同，分为对流型和辐射型。

（1）铸铁散热器　铸铁散热器按结构形状的不同，主要有翼型和柱型。

1）翼型散热器。翼型散热器有圆翼型、长翼型等几种形式，如图 4-36、图 4-37 所示。

2）柱型散热器。铸铁柱型散热器有二柱、四柱（图 4-38）和五柱等几种形式。

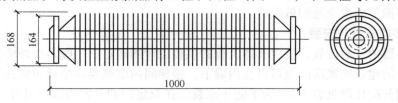

图 4-36　圆翼型铸铁散热器

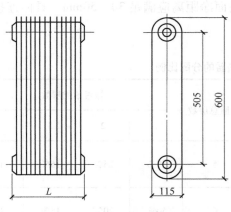

图 4-37　长翼型铸铁散热器

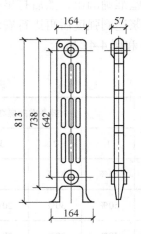

图 4-38　四柱 813 型铸铁散热器

（2）钢制散热器　钢制散热器是由冲压成型的薄钢板，经焊接制作而成。钢制散热器金属消耗量少，使用寿命短。钢制散热器有柱型、板型、串片型等几种类型。

1）柱型散热器。钢制柱型散热器的外形同铸铁柱型散热器，如图 4-39 所示，以同侧管口中心距为主要参数有 300mm、500mm、600mm、900mm 等常用规格；宽度系列为 120mm、140mm、160mm；片长为 50mm；钢板厚为 1.2mm 和 1.5mm，分别为 0.6MPa 和 0.8MPa 工作压力。

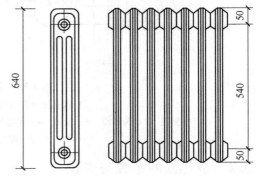

图 4-39　钢制柱型散热器

2）板型散热器。钢制板型散热器多用 1.2mm 厚钢板制作，有单板带对流片和双板带对流片两种类型。

3）串片型散热器。钢制串片型散热器是用普通焊接钢管或无缝钢管串接薄钢板对流片的结构，具有较小的接管中心距。

4）扁管型散热器。是以钢制矩形截面的扁管为元件组合而成的，有单板带对流片型和不带对流片两种类型。

（3）铝制散热器　铝制散热器的材质为耐腐蚀的铝合金，经过特殊的内防腐处理，采用焊接方法加工而成。铝制散热器重量轻，热工性能好，使用寿命长，可根据用户要求任意改变宽度和长度，其外形美观大方，造型多变，可做到供暖装饰合二为一。

散热器多种多样，在设计供暖系统时应根据散热器的特性、房间的用途、安装条件以及当地产品的来源等因素来选用散热器。

2. 散热器的布置与安装

供暖散热器的安装位置，应由具体工程的供暖设计图确定。一般多沿外墙装于窗台的下面，对于特殊的建筑物或房间也可设在内墙下。楼梯间内散热器应尽量布置在下面几层，各楼层散热器的分配比例见表 4-3。为了防止冻裂，在双层门的外室以及门斗中不宜设置散热器。散热器在安装前应进行水压试验，安装时应首先明确散热器托钩及卡架的位置，并用画线尺和线坠准确画出，然后打出孔洞，栽入托钩或固定卡，经反复核查后，再用砂浆抹平压实，待砂浆达到强度后再进行安装。散热器距墙面净距离应满足 30～50mm。具体连接方法如图 4-40 和图 4-41 所示。

表 4-3　楼梯间散热器的分配比例

房屋总层数	被考虑的层数				房屋总层数	被考虑的层数			
	1	2	3	4		1	2	3	4
2	65%	35%			5	50%	25%	15%	10%
3	50%	30%	20%						
4	50%	30%	20%		6	50%	20%	15%	15%

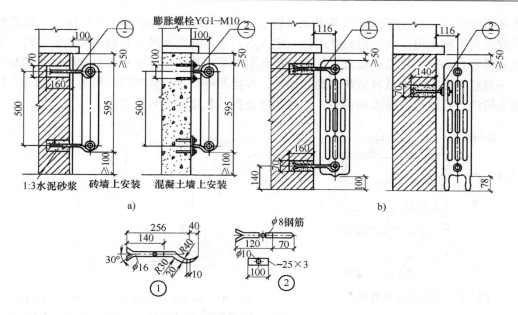

图 4-40 散热器安装示意图

a) 长翼型铸铁散热器 b) 柱形铸铁散热器

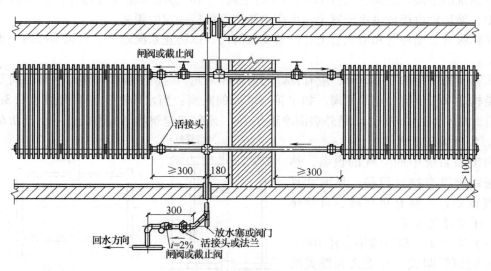

图 4-41 长翼型铸铁散热器连接图

4.3.3 供暖系统附属设备的安装

1. 膨胀水箱

膨胀水箱的作用是用来贮存热水供暖系统加热的膨胀水量，在自然循环上供下回式系统中，还起着排气作用。膨胀水箱的另一作用是恒定供暖系统的压力。

膨胀水箱一般用钢板制成，通常为圆形或矩形。如图 4-42 所示为膨胀水箱配管示意图。箱上连有膨胀管、溢流管、信号管、排水管及循环管等。

膨胀管与供暖系统管路的连接点，在自然循环系统中，应接在供水总立管的顶端，在机械循环系统中,一般接至循环水泵吸入口前,如图 4-43 所示。连接点处的压力,在系统不工作或运行时都是恒定的,因此此点称为定压点。当系统充水的水位超过溢水管口时,通过溢流管将水自动溢流排出。溢流管一般可接到附近下水道。信号管用来检查膨胀水箱是否存水,一般应引到管理人员容易观察到的地方,如接回锅炉房或建筑物底层的卫生间等。排水管用来清洗水箱时放空存水和污垢,它可与溢流管一起接至附近下水道。

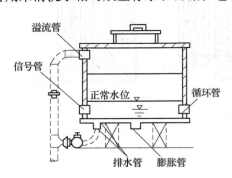

图 4-42　膨胀水箱配管示意图

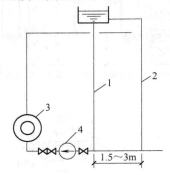

图 4-43　膨胀水箱与机械循环系统的连接方式
1—膨胀管　2—循环管　3—热水锅炉　4—循环水泵

在机械循环系统中,循环管应接到系统定压点前的水平回水干管上。该点与定压点即膨胀管与系统的连接点之间应保持 1.5 ~ 3m 的距离,同时膨胀水箱应考虑保温。在自然循环系统中,循环管也接到供水干管上,也应与膨胀管保持一定的距离。

在膨胀管、循环管和溢流管上,严禁安装阀门,以防止系统超压、水箱水冻结或水从水箱溢出。

水箱间高度为 2.2 ~ 2.6m,应有良好的通风和采光。为便于操作管理,水箱之间及其与建筑结构之间应保持一定的距离。如水箱与墙面的距离:当水箱侧无配管时最小 0.3m,当有配管时最小间距 0.7m,水箱外表面净距 0.7m,水箱至建筑物结构最低点不小于 0.6m。

2. 集气罐及排气阀

为排除系统中的空气的设备,热水供暖系统设有排气设备,目前常见的排气设备,主要有集气罐、自动排气阀、手动排气阀等。

(1)集气罐　集气罐用直径 100 ~ 250mm 的短管制成,有立式和卧式两种,如图 4-44a、图 4-44b 所示,图中尺寸为国标图中最大型号的规格,顶部连接 DN15 的排气管。

在机械循环上供下回式系统中,集气罐应设在系统各分环环路的供水干管末端的最高处,如图 4-45 所示。在系统运行时,定期手动打开阀门,将热水中分离出来并聚集在集气罐内的空气排除。

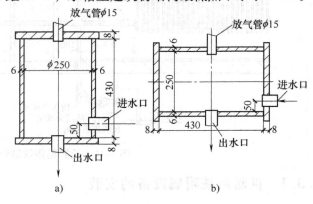

图 4-44　集气罐
a)立式集气罐　b)卧式集气罐

(2)自动排气阀　自动排气阀是靠阀体内的启闭机构自动排除空气的装置。自动排气阀的种类较多，常用的有 ZP-I（Ⅱ）型和 PZIT-4 型两种，如图 4-46、图 4-47 所示。

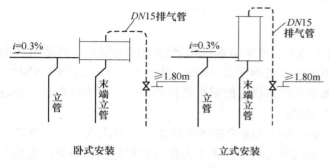

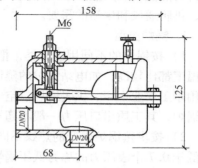

图 4-45　集气罐安装示意图　　　　　　　图 4-46　ZP-I（Ⅱ）型自动排气阀示意图

（3）冷风阀　手动排气阀又称为冷风阀，多用在水平式和下供下回式系统中，它旋紧在散热器上部专设的丝孔上，以手动方式排除空气。

3. 散热器温控阀

散热器温控阀如图 4-48 所示，是一种自动控制散热器散热量的设备。它由两部分组成，一部分为阀体部分，另一部分为感温元件控制部分。当室内温度高于给定的温度值时，感温元件受热，其顶杆就压缩阀杆，将阀口关小，进入散热器的水流量减小，散热器散热量减小，室温下降。当室内温度下降到低于设定值时，感温元件开始收缩，其阀杆靠弹簧的作用，将阀杆抬起，阀孔开大，水流量增大，散热器散热量增加，室内温度开始升高，从而保证室温处在设定的温度值上。温控阀控温范围在 13 ~ 28℃之间，温控误差为 ±1℃。

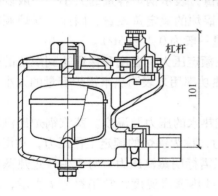

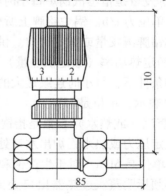

图 4-47　PZIT-4 型自动排气阀　　　　　　　图 4-48　散热器温控阀

课题 4　热力设备简介

锅炉是供暖系统主要热力设备之一，广泛用于供暖通风、空气调节、生活热水供应、生产工艺用热等各个领域。

4.4.1　锅炉类型及基本特性

锅炉是供热源。锅炉及锅炉房设备的任务，在于安全可靠、经济有效地把燃料的化学能转化为热能，以产生热水或蒸汽。通过热力管道，将热水或蒸汽输送到用户，以满足生产工艺、供暖通风和生活的需要。

1. 锅炉类型

1）按锅炉的不同用途分类，把用于动力、发电方面的锅炉称为动力锅炉。其蒸汽压力和温度都比较高，如电站锅炉的蒸汽压力大于或等于 3.9MPa，蒸汽温度大于或等于 450℃。把用于工农业生产、供暖通风、空气调节和热水供应的锅炉称供热锅炉。多为低参数、小容量锅炉，其工质出口压力一般不超过 2.5MPa。

2）按供热锅炉生产的热媒不同，可分为蒸汽锅炉和热水锅炉。在蒸汽锅炉中，蒸汽压力低于 0.7 个表压力的称为低压锅炉；蒸汽压力高于 0.7 个表压力的称为高压锅炉。在热水锅炉中，温度低于 115℃的称为低压锅炉；温度高于 115℃的称为高压锅炉。集中供暖系统常用的热水温度为 95℃，常用的蒸汽压力往往小于 0.7 个表压力，所以大都采用低压锅炉。

此外，还可按照锅筒结构、燃烧设备、安装方式等进行分类。

根据锅炉监督机构的规定：低压锅炉可装置在供暖建筑物内的专用房间或地下室中，而高压锅炉则必须装置在供暖建筑物以外的独立锅炉房中。

根据供暖系统的热媒及其参数和所用的燃料选择锅炉的类型；根据建筑物的总热负荷及每台锅炉的产热量确定锅炉的台数。一般情况下，锅炉最好选 2 台或 2 台以上。

2. 锅炉的基本特性

习惯上用蒸发量、额定热功率、蒸汽（或热水）参数、受热面蒸发率、受热面发热率、锅炉热效率、锅炉的金属耗率及耗电率来表示锅炉的基本特性。

1）蒸发量是指蒸汽锅炉每小时生产的额定蒸汽量，表示锅炉容量的大小，一般以符号 D 表示，单位为 t/h。锅炉铭牌上所标蒸汽产量即为锅炉的额定蒸发量，因此，锅炉额定蒸发量又称铭牌蒸发量或额定出力。供热锅炉的蒸发量一般为 0.1~65t/h。

2）额定热功率（额定供热量）是指热水锅炉在额定压力、温度和保证达到规定的热效率指标的条件下，每小时连续最大的产热量。额定热功率用来表明热水锅炉容量的大小，常用符号 Q 表示，单位是 MW。

3）蒸汽（或热水）参数是指锅炉出口处蒸汽或热水的压力及温度。蒸汽锅炉出汽口处蒸汽的额定压力或热水锅炉出水口处热水的额定压力，称为锅炉的额定工作压力，常用符号 P 表示，单位是 MPa。对于生产饱和蒸汽的锅炉，只需标明蒸汽压力。对于生产过热蒸汽的锅炉，必须标明蒸汽过热器出口处的蒸汽温度，即过热蒸汽温度，常用符号 t 表示，单位是℃。对于热水锅炉则有额定出水口供水温度和额定进水口回水温度之分。与额定热功率、额定供回水温度相对应的通过热水锅炉的水流量称为额定循环水量，单位是 t/h，常用符号 G 表示。

4）受热面蒸发率（或发热率）是指每平方米受热面每小时生产的蒸汽量（或热量）。锅炉的受热面是指烟气与水或蒸汽进行热交换的表面积，单位为 m^2，用符号 H 表示，所以受热面蒸发率（或发热率）的单位为 kg/($m^2 \cdot$ h) 或 kJ/($m^2 \cdot$ h)，用符号 Q/H 表示。该值的大小可以反映出锅炉传热性能的好坏，Q/H 愈大，说明锅炉传热好，结构紧凑。

5）锅炉热效率是指锅炉中被蒸汽或热水接受的热量与燃料在炉子中应放出的全部热量的比值，常以符号 η 来表示。目前生产的供热锅炉 η 一般在 60%~80%之间。锅炉效率可以说明锅炉运行的热经济性。

6）锅炉的金属耗率是指锅炉每吨蒸发量所耗用的金属材料的质量（t/t）。目前国内生产的供热锅炉为 2～6t/t。

7）锅炉的耗电率则为产生每吨蒸汽的耗电数（kWh/t），目前国内生产的供热锅炉一般为 10kWh/t 左右。

将锅炉的金属耗率、锅炉的耗电率和锅炉的热效率三方面综合考虑，即从锅炉的成本和运行费用来衡量锅炉的经济性，是比较全面的。这三方面相互制约，必须求得综合考虑三方面的最优方案。

3. 锅炉型号的表示方法

供热锅炉的型号由三方面内容所组成，各部分之间以短横线连接，如下所示：

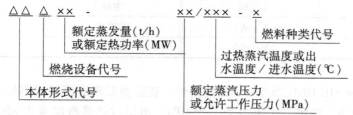

型号的第一部分表示锅炉形式、燃烧方式和蒸发量。共分三段：第一段用两个汉语拼音字母代表锅炉本体，其意义见表4-4。第二段用一个汉语拼音字母代表燃烧方式，余热锅炉无此代号，其意义见表4-5。第三段用数字代表蒸汽锅炉的额定蒸发量或热水锅炉的额定热功率，余热锅炉则以受热面表示。

表 4-4　锅炉本体形式代号

火管锅炉		水管锅炉	
锅炉本体形式	代号	锅炉本体形式	代号
立式水管	LS（立、水）	单锅筒立式 单锅筒纵置式	DL（单、立） DZ（单、纵）
立式火管	LH（立、火）	单锅筒横置式 双锅筒纵置式	DH（单、横） SZ（双、纵）
卧式内燃	WN（卧、内）	双锅筒横置式 纵横锅筒式 强制循环式	SH（双、横） ZH（纵、横） QX（强、循）

表 4-5　燃烧方式代号

燃烧方式		燃烧方式	
固定炉排	G（固）	下饲式炉排	A（下）
活动手摇炉排	H（活）	往复推饲炉排	W（往）
链条炉排	L（链）	沸腾炉	F（沸）
抛煤机	P（抛）	半沸腾炉	B（半）
倒转炉排加抛煤机	D（倒）	室燃炉	S（室）
振动炉排	Z（振）	旋风炉	X（旋）

型号的第二部分表示蒸汽（或热水）参数，共分两段，中间以斜线分开。第一段用数字表示额定工作压力。第二段用数字表示过热蒸汽（或热水）温度。生产饱和蒸汽的锅炉无第二段和斜线。

型号的第三部分以汉语拼音字母表示燃料品种，其意义见表4-6；同时以罗马数字代表燃料分类，如同时使用几种燃料，则主要燃料代号放在前面。

表4-6　燃料品种代号

燃料品种	代号	燃料品种	代号
无烟煤	W（无）	油	Y（油）
贫煤	P（贫）	气	Q（气）
烟煤	Y（烟）	木材	M（木）
劣质烟煤	L（劣）	甘蔗渣	G（甘）
褐煤	H（褐）	煤矸石	S（石）

例如，型号为SHL10-1.25/350-AII的锅炉，表示为双锅筒横置式锅炉。采用链条炉排，额定蒸发量为10t/h，额定工作压力为1.25MPa，出口过热蒸汽温度为350℃，燃用Ⅱ类烟煤。

又如，型号为DZW1.4-0.7/95/70-AII的锅炉，表示为单锅筒纵置式锅炉，采用往复推动炉排，额定热功率为1.4MW，允许工作压力为0.7MPa，出水温度为95℃，进水温度为70℃，燃用Ⅱ类烟煤。

4.4.2　锅炉的组成与工作原理

1. 锅炉的组成

锅炉本体主要是由"汽锅"与"炉子"两大部分组成，如图4-49所示。

"汽锅"是指容纳锅水和蒸汽的受压部件，包括锅筒、对流管束、水冷壁、集水箱、蒸汽过热器、省煤器和管道组成的封闭汽水系统。其任务是吸收燃料燃烧释放出的热能，将水加热成为设定温度和压力的热水或蒸汽。

"炉子"是指锅炉中使燃料进行燃烧产生高温烟气的场所，包括：煤斗、炉排、炉膛、除渣板、送风装置等组成。其任务是使燃料不断良好地燃烧，放出热量。

此外，为了保证锅炉正常工作，安全运行，锅炉上还必须设置一些附件和仪表，如安全阀、压力表、温度表、水位警报器、排污阀、吹灰器等。另外，还有构成锅炉支撑结构的钢架。

2. 锅炉的工作原理

1）燃料的燃烧过程：如图4-50所示，燃料由炉门投入炉膛中，铺在炉算上燃烧；空气受烟囱的引风作用，由灰门进入灰坑，并穿过炉算缝隙进入燃料层进行助燃。燃料燃烧后变成烟气和炉渣，烟气流向汽锅的受热面，通过烟道经烟囱排入大气。

2）烟气与水的热交换过程：燃料燃烧时放出大量热能，这些热能主要以辐射和对流两种方式传递给汽锅里的水。由于炉膛中的温度高达1000℃以上，因此，主要以辐射方式将热量传给汽锅壁，再传给汽锅中的水。在炉膛中，高温烟气冲刷汽锅的受热面，主要以对流方式将热量传给汽锅中的水，从而使水受热并降低了烟气的温度。

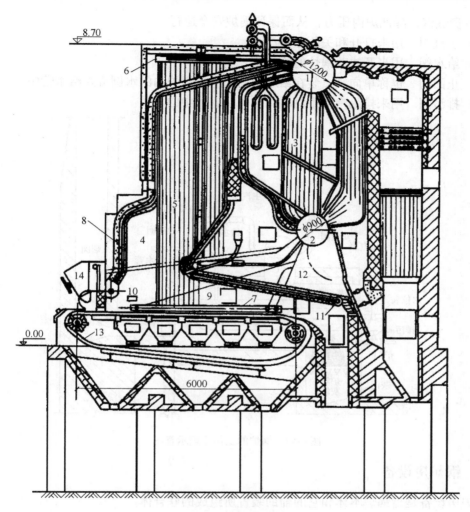

图 4-49　SHL 型锅炉本体

1—锅筒　2—链条炉排　3—蒸汽过热器　4—省煤器　5—空气预热器　6—除尘器　7—引风机
8—烟囱　9—送风机　10—给水泵　11—带式输送机　12—煤仓　13—刮板除渣机　14—灰车

3）水受热的汽化过程：由给水管道将水送入汽锅里至一定的水位，汽锅中的水接受锅壁传来的热量而沸腾汽化。沸腾水形成的汽泡由水底上升至水面以上的蒸汽空间，形成汽和水的分界面——蒸发面。蒸汽离开蒸发面时带有很多水滴，湿度较大，到了蒸汽空间后，由于蒸汽运动速度减慢，大部分水滴会分离下来，蒸汽上升到干汽室后还可分离出部分水滴，最后带少量水分由蒸汽管道送出。

3. 锅炉的配件

为了保证锅炉安全可靠地工作，锅炉上必须装设如下配件。

（1）水位表　司炉人员通过水位表来监视汽锅里的水位。水位表上标有最低水位和最高水位。

（2）压力表　用来指示锅炉的工作压力，司炉人员根据压力表来调节炉内的燃烧情况。

（3）安全阀　当锅炉由于某种原因使炉内压力超过安全值时，安全阀会自动开启，放出炉内少量蒸汽，降低炉内压力，从而保证锅炉安全运行。

　　（4）主汽阀　用来打开和关闭主蒸汽管。

　　（5）给水阀　用来开或关锅炉的给水管。

　　（6）止回阀　也称单向阀，装在给水阀前，防止锅炉内的水倒流入给水管中。

　　（7）排污阀　用来排除汽锅中污垢，以保证锅炉中的水质。

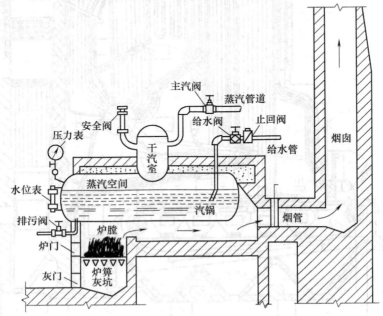

图 4-50　锅炉的工作原理示意图

4.4.3　锅炉房设备

　　锅炉房设备是指锅炉本体和它的辅助装置所组成的联合体。

　　1. 锅炉本体

　　构成锅炉的基本组成部分称为锅炉本体，包括汽锅、炉子、蒸汽过热器、省煤器和空气预热器等。一般常将后三者受热面总称为锅炉附加受热面。供热锅炉除工厂生产工艺上有特殊要求外，一般较少设置蒸汽过热器。

　　2. 锅炉房的辅助设备

　　以燃煤锅炉为例，根据它们围绕锅炉所进行的工作过程，由以下几个系统所组成，如图 4-51 所示。

　　（1）运煤、除灰系统　运煤系统的作用是保证供应锅炉连续运行所需要的煤，包括传送带运煤机、煤斗等设备。除灰系统主要是

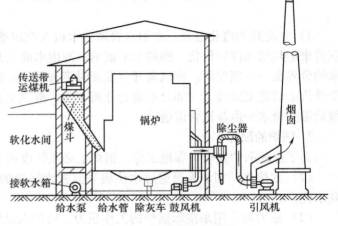

图 4-51　锅炉房设备简图

将锅炉的燃烧产物——灰渣连续不断地清除，并运送到灰渣场。除灰渣设备包括各种除渣机、沉灰池、渣场、推灰渣机等。小型锅炉房通常采用人工运煤、除灰。

（2）送、引风系统   送引风系统的作用是给炉子送入燃烧所需的空气，或给磨煤系统输送热空气干燥剂，并从炉膛内引出燃烧产物——烟气，以保证锅炉正常燃烧。送引风系统包括送风机、引风机、冷风道、热风道、烟道和烟囱等。

（3）水、汽系统   包括给水系统、排污系统及送汽系统。

给水系统的作用是将自来水进行处理，使其达到锅炉给水水质标准后送入锅炉。给水设备包括水泵、水箱、给水管道、渣液管道、水处理设备、除氧设备等。

排污系统的作用是将锅炉水中的沉渣和盐分杂质排除掉，使锅炉水符合锅炉水质标准。排污设备包括排污管、附属配件、连续排污膨胀器、定期排污膨胀器、排污降温池等。

送汽系统设备包括蒸汽管道、附属配件、分汽缸等。

（4）仪表控制系统   仪表控制系统主要是对运行的锅炉进行自动检测、程序控制、自动保护和自动调节。除锅炉本体上装有的仪表附件外，为监控锅炉设备安全经济运行，还常设有一系列的仪表和控制设备，如流量计、水量表、烟温计、风压计、排烟二氧化碳指示仪、自动调节阀、微机及自动控制系统等。有的工厂锅炉房中，还设有给水自动调节装置，烟、风闸门远距离操作或遥控装置等。

（5）煤灰场   一般情况下，煤及灰渣堆放在锅炉房主要出入口外的空地上，有时也可在锅炉间旁边设置单独的煤仓。露天煤厂和煤仓的储煤量应根据煤供应的均衡性以及运输条件来确定。煤仓中的煤应能直接流入锅炉间。灰渣场宜在锅炉房供暖季主导风向的下方，其灰渣储存量取决于运输条件。

课题 5   建筑供暖施工图识图

4.5.1   施工图的组成

一套完整的供暖安装施工图纸组成，可用图式表示如下。

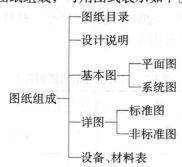

1. 图纸目录

说明本工程由哪些图纸组成，各种图纸的名称、图号、张数和图幅。其用途是便于查找有关图纸。

2. 设计说明

设计说明的主要内容有：建筑物的供暖面积、热源种类、热媒参数、系统总热负荷、系统形式、进出口压力差、散热器形式及安装方式；管道材质、敷设方式、防腐、保温、水压试验要求等。需要参看的有关专业的施工图号或采用的标准图号，设计上对施工的特殊要求，其他不易表达清楚的问题。

3. 平面图

为了表达出各层的管道及设备布置情况，供暖施工平面图也应分层表示，但为了简便，可只画出房屋首层、标准层及顶层的平面图再加标注即可。

（1）首层平面图 除与楼层平面图相同的有关内容外，还应表明供热引入口的位置、系统编号、管径、坡度及采用标准图号（或详图号）。下供式系统表明干管的位置、管径和坡度；下回式系统表明回水干管（凝水干管）的位置、管径和坡度。平面图中还要表明地沟位置和主要尺寸，活动盖板、管道支架的位置等。

（2）标准层平面图 指除首层和地下室、顶层外的平面图称为标准层平面图。应标明房间名称、编号、立管编号、散热设备的安装位置、规格、片数（尺寸）及安装方式（明设、暗设、半暗设），立管的位置及数量等。

（3）顶层平面图 除与标准层平面图相同的内容外，对于上供式系统，要表明总立管、水平干管的位置；干管管径大小、管道坡度以及干管上的阀门、管道固定支架及其他构件的安装位置；热水供暖要标明膨胀水箱、集气罐等设备的位置、规格及管道连接情况。上回式系统要标明回水干管的位置、管径和坡度等。

供暖工程施工平面图常采用 1:50、1:100、1:200 的比例等。

4. 系统图（轴测图）

供暖系统图表示的内容如下。

1）供暖工程管道的上、下楼层间的关系，管道中干管、支管、散热器及阀门等的空间位置关系。

2）各管段的直径、标高、坡度、坡向、散热器片数及立管编号。

3）各楼层的地面标高、层高及有关附件的高度尺寸等。

4）集气罐的规格、安装形式。

5. 详图

表示供暖工程某一局部或某一构配件的详细尺寸、材料类别和施工做法的图纸称为详图。非标准图的节点与做法，要另出施工详图。

供暖工程常用图例符号见表 4-7。

表 4-7 供暖工程常用图例符号

序号	名称	图 例	序号	名称	图 例
1	截止阀		5	止回阀	
2	闸阀		6	三通阀	
3	球阀		7	平衡阀	
4	蝶阀		8	自动排气阀	

（续）

序号	名称	图 例	序号	名称	图 例
9	集气罐、放气阀	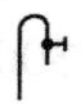	18	减压阀（左高右低）	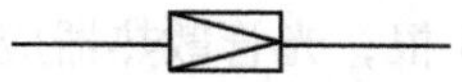
10	安全阀	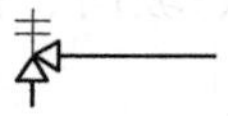	19	除污器	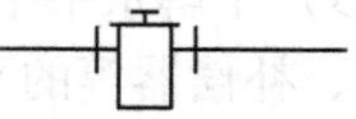
11	角阀	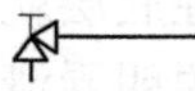	20	除垢仪	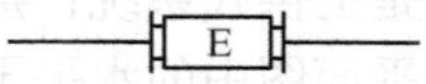
12	变径管	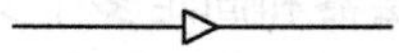	21	矩形补偿器	
13	活接头或法兰连接	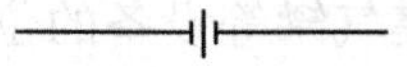	22	套管补偿器	
14	固定支架	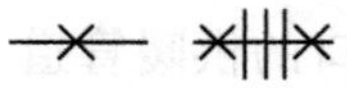	23	波纹管补偿器	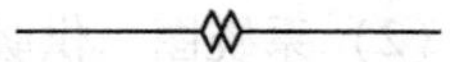
15	可曲挠橡胶软接头		24	节流孔板、减压孔板	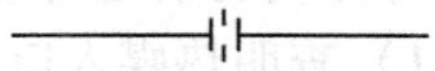
16	Y形过滤器	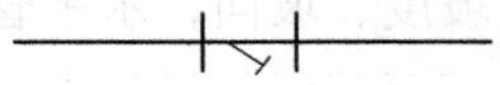	25	散热器及手动放气阀	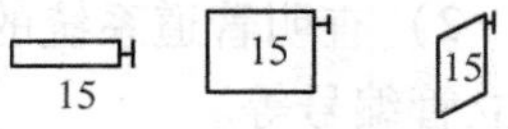
17	疏水器		26	散热器及温控阀	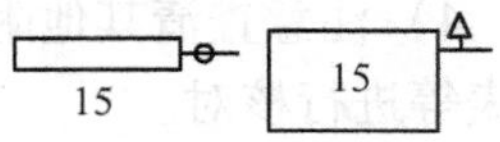

4.5.2 施工图识图

1. 读图基本方法

供暖施工图应按热媒在管内所走的路程顺序进行，将系统图与平面图结合对照进行。

（1）平面图 室内供暖平面图主要表示管道、附件及散热器在建筑平面上的位置以及它们之间的相互关系，是施工图中的主体图纸。

1）查明热媒入口及入口地沟情况：①热媒入口无节点图时，平面图上一般将入口装置如减压阀、混水器、疏水器、分水器、分气缸、除污器等和控制阀门表示清楚，并注有规格，同时还注出直径、热媒来源、流向、参数等。如果热媒入口主要配件、构件与国家标准图相同时，则注明规格与标准图号，识读时可按标准图号查阅。②当有热媒入口节点图时，平面图上注有节点图的编号，识读时可按给定的编号查找热媒入口大样图进行识读。

2）查明建筑物内散热器的平面位置、种类、片数或尺寸以及安装方式：散热器的种类较多，除可用图例识别外，一般在施工说明中注明。各种散热器的规格及数量应按下列规定标注：柱形散热器只标注数量；圆翼型散热器应标注根数和排数，如 3×2，表示 2 排，每排 3 根；光管散热器应标注管径、长度和排数，如 $D108 \times 3000 \times 4$，表示管径为 108mm，管长 3000mm，共 4 排；串片式散热器应标注长度和排数，如 1×3，表示长度 1m，共 3 排。

3）了解水平干管的布置方式、材质、管径、坡度、坡向、标高，干管上的阀门、固定支架、补偿器等的平面位置和型号。

识读时应注明干管是敷设在最高层、中间层还是在底层。供水、供气干管敷设在最高层表明是上供式系统；敷设在中间层是中供式系统；敷设在底层就是下供式系统。

平面图中的水平干管，应逐段标注管径。结合设计说明弄清管道材质和连接方式。供暖管道采用黑铁管，$DN32$ 以下者采用螺纹连接，$DN40$ 以上者采用焊接。识图时应弄清补偿器的种类、形式和固定支架的形式及安装要求，补偿器和固定多个支架的平面位置等。

4）通过立管编号查明系统立管数量和布置位置：立管编号表示方法：圆圈内用阿拉伯数字标注。

5）在热水供暖平面图上还应标有膨胀水箱、集气罐等设备的位置、规格尺寸以及所连接管道的平面布置和尺寸。此外，平面图中还绘有阀门、泄水装置、固定支架、补偿器等的位置。在蒸汽供暖平面图上还标明疏水装置的平面位置及其规格尺寸。

（2）系统图　供暖系统图表示从热媒入口至出口的供暖管道、散热设备、主要阀门附件的空间位置和相互关系。当系统图前后管线重叠，绘、识图造成困难时，应将系统切断绘制，并注明切断处的连接符号。识图时应注意以下事项。

1）查明热媒入口处各种装置、附件、仪表、阀门之间的实际位置，同时搞清热媒来源、流向、坡向、坡度、标高、管径等。

2）查明管道系统的连接，各管段管径大小、坡度、坡向，水平管道和设备的标高，以及立管编号等。

3）了解散热器的类型、规格、片数、标高。

4）注意查清其他附件与设备在系统中的位置，凡注明规格尺寸者，都要与平面图和材料表等进行核对。

（3）详图　供热管、回水管与散热器之间的具体连接形式、详细尺寸和安装要求，一般都用详图反映出来。供暖系统的设备和附件的制作与安装方面的具体构造和尺寸，以及接管的详细情况，都要查阅详图。

2. 某办公楼供暖工程图的识读

（1）供暖平面图的识读　某办公楼供暖平面图，如图 4-52a、b、c 所示。该办公楼共有三层。该图为上供下回式热水供暖系统，选用四柱型散热器，每组散热器的片数均标注在靠近散热器图例符号的外窗外侧。各层散热器组的布置位置和组数均相同，各层供、回水立管的设置位置和根数也相同。

从一层、顶层平面图上可以看出，供水总管为 1 条，管径 $DN65$，供水干管为左右各 1 条，管径由 $DN40$ 变为 $DN32$，根据设计说明，各供水支管管径均为 $DN15$，各回水支管管径均为 $DN15$，回水干管左右各 1 条，管径由 $DN32$ 变为 $DN40$，回水总管为 1 条，管径 $DN65$。

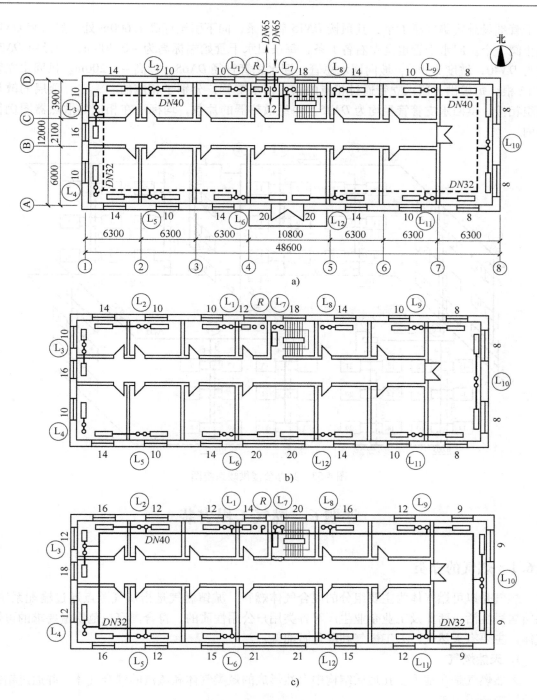

图 4-52　某办公楼供暖平面图

a) 一层供暖平面图 (1:100)　b) 二层供暖平面图 (1:100)　c) 顶层供暖平面图 (1:100)

（2）供暖系统图的识读　某办公楼供暖系统图，如图 4-53 所示。从图上可以看出，供水总管为 1 条，管径 DN65，标高 −1.200m；主立管管径 DN65；供水干管左右各 1 条，标高 9.500m。管径由 DN40 变为 DN32，坡度为 3‰，坡向主立管。根据设计说明，在每条供水干管端设卧式集气罐 1 个，其顶接 $DN15$ 管 1 条，向下引至标高 1.600m 处，然后装 $DN15$ 截止阀 1 个。回水干管也是左右各 1 条，每条回水干管始端标高为 −0.400m，管径由 $DN32$ 变为 $DN40$，坡度为 3‰，坡向回水总管。回水总管管径 $DN65$，标高 −1.200m。供回水立管各 12 根，每根供、回水立管通过相应的供、回水支管，分别于相应的一、二、顶层的散热器组相接。供回水支管管径均为 $DN15$。每组散热器的片数，均标注在相应的散热器图例符号内。

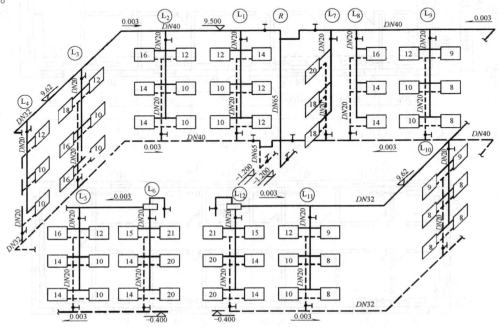

图 4-53　某办公楼供暖系统图

课题 6　燃气工程安装

4.6.1　燃气的分类

燃气是以可燃气体为主要组分的混合气体燃料。城镇燃气是指从气源点通过输配系统，供给居民生活、商业及工业企业生产等各类用户公用性质的，符合国家规范质量要求的可燃气体。主要有天然气、人工燃气和液化石油气。

1. 天然燃气

天然燃气是在地下多孔地质结构中自然形成的烃类气体和蒸汽的混合气体，并通过钻井由地层中开采出来。

天然气一般有四种：从气田开采的气田气；随石油一起喷出的油田伴生气；含有石油轻质馏分的凝析气田气；以及从井下煤层抽出的矿井气。目前我国许多城市将天然气作为尝试燃气使用。

2. 人工燃气

人工燃气是以固体、液体或气体（包括煤、重油、轻油、液化石油气和天然气等）为原料，经转化制得的、符合国家规范质量要求的可燃气体。按制取方法不同可分为以下几种。

1）干馏燃气　在炼焦炉或炭化炉中，将固体燃料在隔绝空气（氧）的条件下加热使其进行分解，所得到的燃气，称为干馏燃气。

2）裂化燃气　将渣油（炼油时剩余的石油残渣）或重油、轻油、液化石油气等和水蒸气同时喷入裂解炉（约800℃）内，在催化剂的作用下，产生催化裂解，促使碳氢化合物和水蒸气之间的水煤气发生反应，制取的燃气称为裂化燃气。催化裂解气中含氢量最多，也含有甲烷和一氧化碳，成分和干馏燃气（煤气）近似。

3）气化燃气　在高温下，使固体燃料在燃气发生炉内与气化剂（空气、水蒸气等）进行气化反应所得的燃气。采用不同的气化工艺和设备所得到的气化燃气的组成不同，一般常压固定床气化燃气不可燃成分（氮、二氧化碳）较多，热值较低；高压气化燃气不可燃成分要少些，热值较高。

3. 液化石油气

液化石油气是由伴生气液化而成。其主要成分是低级烃类化合物。它在20℃和一个大气压下是气态；当压力稍有升高或温度降低时即变为液态。现在有些城镇居民使用的罐装液化气就是这种液化石油气。

4.6.2　燃气系统

城镇燃气供应系统由气源、输配系统和用户三部分组成，如图4-54所示。

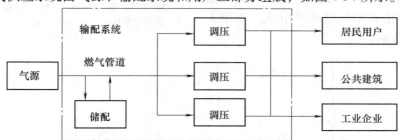

图4-54　燃气供应系统示意图

输配系统应能保证不间断地、可靠地向用户供应燃气，在运行管理方面应是安全的，在维修检测方面应是简便的。现代城市燃气输配系统是复杂的综合设施，通常由以下部分组成。

1）低压、中压及高压等不同压力等级的燃气管道。

2）城市燃气分配站或压气站、各种类型调压站或调压装置。

3）储配站。

4）监控与调度中心。

5）维护管理中心。

4.6.3　室内燃气供应系统的组成

室内燃气供应系统按服务对象的不同，可分为：建筑燃气供应系统和车间燃气供应系统两类。

（1）建筑燃气供应系统　由引入管、水平干管、立管、用户支管、燃气计量表、用具连接管和燃气用具等组成，如图4-55所示。

1）引入管　引入管与庭院低压分配管网相连，一般特指从庭院管引至入户阀门的管段。

2）水平干管　引入管可以连接一根立管，也可以连接若干根立管，当连接多根立管时，应设水平干管。

3）立管　是指将引入管或水平干管输送的燃气分送到各层的管段。

4）用户支管　指由立管引向单独用户计量表及燃气用具的管段。

5）用户连接管　又称下垂管，是在支管上连接燃气用具的垂直管段。

6）燃气用具　常用的有燃气灶、热水器、食品烤箱等。

（2）车间燃气供应系统　由车间调压装置、车间内管道和用气设备等组成，如图4-56和图4-57所示。

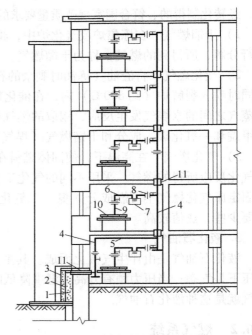

图4-55　建筑燃气供应系统
1—用户引入管　2—砖台　3—保温层　4—立管
5—水平干管　6—用户支管　7—燃气计量表
8—旋塞及活接头　9—用具连接管　10—燃气用具
11—套管

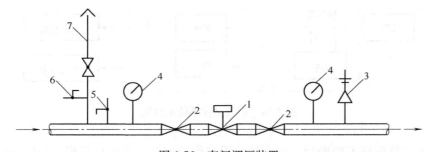

图4-56　车间调压装置
1—调压阀　2—球阀　3—安全阀　4—压力表　5—吹扫口　6—取样口　7—放散管

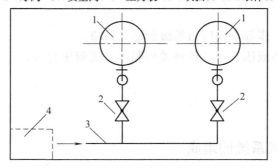

图4-57　车间燃气供应系统
1—设备　2—球阀　3—车间内燃气管道　4—燃气进口

4.6.4　用户燃气系统安装

1. 燃气管道材料

燃气管材的分类见表4-8。

表 4-8　燃气管材分类

类别	使用场所	适用压力	连接方式	特　　点
无缝钢管	地下室、半地下室、管井、引入管及室内明装或暗设	中压、低压	焊接或法兰连接	承压较好
镀锌钢管	室内明装	低压	螺纹连接	施工方便
不锈钢波纹管	支管室内明装或暗设、暗埋	低压	专用管接头卡套连接	整体管段、接口少
铜管	支管室内明装或暗设、暗埋	低压	承插式硬钎焊连接	管长按需要切割，接口少

2. 室内燃气管道安装

1）燃气引入管安装。①当引入管采用地下引入时，应符合下列要求：穿越建筑物基础或管沟时，燃气管道应敷设在套管内，套管与引入管、套管与建筑物基础或管沟壁之间的间隙用柔性防腐、防水材料填实；引入管管材宜采用无缝钢管；湿燃气引入管应坡向室外，坡度不小于1%。②当引入管采用地上引入时，应符合下列要求：穿越建筑物墙体时，燃气管道应敷设在套管内，套管内的燃气管道不应有焊口等连接接头，引入管地上部分应按相关要求设置防护罩；地上引入管与建筑物外墙之间的净距宜为100~200mm；引入管保温层厚度应符合设计规定，表面应平整；燃气引入管安装时，其顶部应装三通。

燃气管道室内外界限划分：以引入管室内第一个阀门为界，或以地上引入管墙外三通为界。

2）燃气管道采用螺纹连接时，煤气管可选用厚白漆或聚四氟乙烯薄膜为填料，天然气或液化石油气管选用石油密封酯或聚四氟乙烯薄膜为填料。

3）燃气管道应沿墙安装，当与其他管道相遇时，管道之间距离应符合下列要求：水平平行敷设时，净距不宜小于150mm；竖向平行敷设时，净距不宜小于150mm，并应位于外侧；交叉敷设时，净距不宜小于50mm。

4）输送干燃气的管道可不设置坡度，输送湿燃气（包括气相液化石油气）的管道，其敷设坡度不应小于3‰。必要时，燃气管道应设排污管。

5）沿墙、柱、楼板和加热设备构架上明设的燃气管道，应采用支架、管卡或吊卡固定，固定件之间间距不应大于有关规定。

6）燃气立管管卡的安装：①层高小于或等于5m时，每层不少于1个管卡；层高大于5m时，每层不得少于2个管卡。管卡安装高度距地面宜为1.5~1.8m，两个以上管卡可均称布置。②50m及以上的高层建筑敷设的燃气管道，立管每隔2~3层应设置限制水平位移支撑；立管高度为60~120m时至少设一个固定支架；大于120m时至少设2个固定支架，立管每延伸120m时应再增加一个固定支架。两个固定支架之间必须设伸缩补偿器，补偿器应可排水和排污。

7）燃气管道敷设高度（从地面到管道底部或管道保温层）应符合下列要求：在有人通行的地方，敷设高度不应小于 2.2m；在有车通行的地方，敷设高度不应小于 4.5m。

8）室内燃气管道在特殊情况下必须穿越浴室、厕所、吊平顶（垂直穿）、客厅时，应安装套管，套管比燃气管道大两档，套管与燃气管均无接口，套管两端伸出墙面侧边 10～20mm。

9）输送湿燃气的燃气管道敷设在气温低于 0℃ 的房间，或输送气相液化石油气管道处的环境温度低于露点温度时，均应采取保温措施。

10）燃气管道采用焊接连接时，低压燃气管道焊缝的无损探伤应按设计规定执行。当设计无规定时，煤气管道应对每一焊工所焊焊缝按焊口总数不少于 15% 进行抽查，且每条管线上的探伤长度不少于一个焊口，焊缝的质量应符合《现场设备、工业管道焊接工程施工及验收规范》GB50236 的 III 级焊缝标准。中压 B 级天然气管道全部焊缝需 100% 超声波无损探伤，地下管 100% X 光拍片，地上管 30% X 光拍片（无法拍片部位除外）。

3. 燃气器具的安装

常用燃气器具有：燃具、热水器、开水炉、供暖炉、沸水器及气嘴等。

1）各类燃具与电表、电气设备应错位设置，水平净距不得小于 500mm。当无法错位时，应有隔热措施。各类燃具的侧边与墙、水斗、门框等相隔的距离及燃具与燃具之间的距离不得小于 200mm。当两台燃具或一台燃具及水斗成直角布置时，其两侧边离墙间距之和不得小于 1.2m。

2）燃具靠窗口设置时，燃具面应低于窗口，且不小于 200mm；设置于楼梯下或斜坡屋顶下时，燃具面中心与楼梯、屋面的垂直净距不得小于 1000mm。

3）燃具与燃气管道采用软管连接时，家用燃气灶和实验室用的燃烧器，其连接软管长度不应超过 2m，并不应有接口；工业生产用的需移动的燃气燃烧设备，其连接软管长度不应超过 30m，接口不应超过 2 个。燃气用软管应采用耐油橡胶管也可用不锈钢波纹管，两端加装轧头及专用接头，软管不得穿墙、窗和门。

4）热水器应设置在操作、检修方便又不易被碰撞的部位，热水器前的空间宽度宜大于 800mm，侧边离墙大于 100mm。热水器安装在非耐火墙面上时，在热水器的后背应衬垫厚度不小于 10mm 的隔热耐火材料，且每边超出热水器的外壳 100mm 以上。热水器的上部不得有明敷电线、电器设备，侧边与电器设备的水平净距应大于 300mm；当无法做到时，应采取隔热阻燃措施。

5）热水器的供气管道宜采用金属管道（包括金属软管）连接，管径不得小于设备上煤气接管的标定管径，冷热水管径必须与热水器进出口管径相符，燃气管道的进口处装置活接头。热水器的安装高度，宜满足观火孔离地 1500mm 的要求。

4. 管道的吹扫、试压、涂漆

1）燃气管道在安装完毕、压力试验前应进行吹扫，吹扫介质为压缩空气，吹扫流速不宜低于 20m/s，吹扫压力不应大于工作压力。吹扫应反复数次，直至吹净，在管道末端用白布检查无沾染为合格。

2）室内燃气管道安装完毕后必须按规定进行强度和严密性试验，试验介质宜采用空气，严禁用水。试验发现的缺陷应按相关规定进行修补，修补后进行复试。

3）强度试验。试验范围应符合以下规定：居民用户为引入管阀门至燃气计量表进口阀门（含阀门）之间的管道；工业企业和商业用户为引入管阀门至燃气接入管阀门（含阀门）之间的管道。试验压力应符合以下规定：试验压力小于10kPa时，试验压力为0.1MPa；试验压力大于或等于10kPa时，试验压力为设计压力的1.5倍，且不得小于0.1MPa。

4）严密性试验。严密性试验范围应为：用户引入管阀门至燃气接入管阀门（含阀门）之间的管道。严密性试验在强度试验后进行。中压管道的试验压力为设计压力，但不得低于0.1MPa，以发泡剂检测不漏气为合格；低压管道的试验压力不应小于5kPa。试验期间，居民用户试验15min，商业和工业企业用户试验30min，观察压力表，无压力降为合格。

5）燃气管道应涂以黄色的防腐识别漆。

单 元 小 结

1. 供暖系统的分类。热水供暖系统的分类、组成及各部分的作用。
2. 分户热计量供暖系统的形式、地板辐射供暖系统的组成及施工安装要求。
3. 室内供暖管道、附件、散热器及附属设备的安装。
4. 锅炉的分类、型号表示方法、工作原理及锅炉房设备的组成。
5. 供暖施工图的图例、组成及识图方法。
6. 室内燃气系统的组成与室内燃气系统安装。

同 步 测 试

一、单项选择题

1. 在民用建筑的集中供暖系统中应采用（　　）作为热媒。
A. 高压蒸气　　　　B. 低压蒸气　　　　C. 150～90℃热水　　　D. 95～70℃热水

2. 热水供暖自然循环中，通过（　　）可排出系统的空气。
A. 膨胀水箱　　　　B. 集气罐　　　　　C. 自动排气阀　　　D. 手动排气阀

3. 供暖管道设坡度主要是为了（　　　）。
A. 便于施工　　　　B. 便于排气　　　　C. 便于放水　　　　D. 便于水流动

4. 热水供暖系统膨胀水箱的作用是（　　）。
A. 加压　　　　　　B. 减压　　　　　　C. 定压　　　　　　D. 增压

5. 与蒸气供暖比较，（　　）是热水供暖系统明显的优点。
A. 室温波动小　　　B. 散热器美观　　　C. 便于施工　　　　D. 不漏水

6. 以下这些附件中，（　　）不用于蒸气供暖系统。
A. 减压阀　　　　　B. 安全阀　　　　　C. 膨胀水箱　　　　D. 疏水器

7. 以下这些附件中，（　　）不用于热水供暖系统。
A. 疏水器　　　　　B. 膨胀水箱　　　　C. 集气罐　　　　　D. 除污器

8. 异程式供暖系统的优点在于（　　　）。

A. 易于平衡　　　　B. 节省管材　　　　C. 易于调节　　　　D. 防止近热远冷现象

9. 热水供暖系统中存有空气未能排除，引起气塞，会产生（　　　）。

A. 系统回水温度过低　　　　　　　　　B. 局部散热器不热

C. 热力失调现象　　　　　　　　　　　D. 系统无法运行

10. 供暖管道位于（　　　）时，不应保温。

A. 地沟内　　　　B. 供暖的房间　　　　C. 管道井　　　　D. 技术夹层

11. 供暖立管穿楼板时应采取措施是（　　　）。

A. 加套管　　　　B. 采用软接　　　　C. 保温加厚　　　　D. 不加保温

12. 供暖热水锅炉补水应使用（　　　）。

A. 硬水　　　　　　　　　　　　　　　B. 处理过的水

C. 不管水质情况如何都不需处理　　　　D. 自来水

13. 锅炉房通向室外的门应（　　　）开启。

A. 向外　　　　B. 向内　　　　C. 向内、向外均可　　　D. 无规定

14. 与铸铁散热器比较，钢制散热器用于高层建筑供暖系统中，在（　　　）方面占有绝对优势。

A. 美观　　　　B. 耐腐蚀　　　　C. 容水量　　　　D. 承压

二、识图题

1. 工程概况

（1）如习题图 1 及图 2 所示为某单位食堂热水供暖工程，供水温度为 95℃，回水温度为 70℃。图中标高尺寸以米计，其余均以毫米计。墙厚为 240mm。所有阀门均为螺纹铜球阀，规格同管径。

（2）管道采用焊接钢管，$DN < 32mm$ 为螺纹连接，其余为焊接。立管管径均为 $DN20mm$，散热器支管均为 $DN15mm$。

（3）散热器为四柱 813 型，每片厚度 57mm，采用现场组合安装，采用带足与不带足的组成一组，其中心距离均为 3.3m。每组散热器上均装 $\phi10$ 手动防风阀一个。

（4）地沟内管道采用岩棉瓦块保温（厚 30mm），外缠玻璃丝布一层，再涂沥青漆一道。地上管道人工除微锈后涂红丹防锈漆两遍，再涂银粉漆两遍。散热器安装后再涂银粉漆一遍。

（5）干管坡度 $i = 0.003$。

（6）管道穿地面和楼板，设一般钢套管。管道支架按标准做法施工。

2. 根据上述已知条件回答问题：

（1）供回水总管管径为多少？标高为多少？

（2）根据供回水干管的布置情况分类，图中所示属于哪一类供暖系统？

（3）根据立管的布置情况分类，图中所示属于哪一类供暖系统？

（4）散热器一般布置在房间什么地方合适？餐厅一层共有多少片散热器？

（5）供暖系统排气的目的是什么？可采用哪些方式排气？

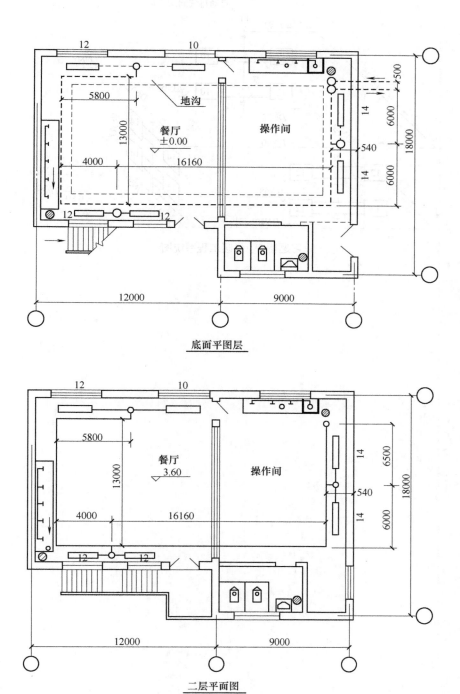

底面平图层

二层平面图

习题图 1　供暖工程平面图

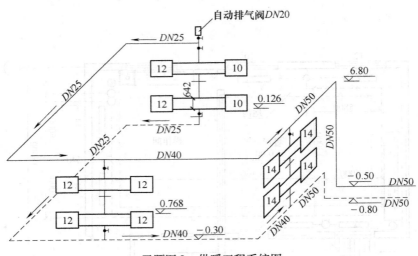

习题图 2　供暖工程系统图

单元5 通风与空调工程识图与施工

学 习 目 标

知识目标

● 了解通风的任务；矩形和圆形风道的特点，常用风道的材料特性。

● 理解高层建筑防火分区和防烟分区划分原则；空调系统的任务；常用空气处理设备的种类及基本原理；制冷系统的组成及基本原理。

● 掌握自然通风和机械通风的方式；室外进风口和排风口形式；防烟排烟方式；集中式、半集中式、分散式空调系统的组成和工作原理；常用室内送回风口形式；通风空调工程施工图常用图例及识图方法。

能力目标

● 能识读通风空调工程施工图纸。

● 初步学会通风空调系统安装。

课题1 通 风 工 程

5.1.1 建筑通风的任务

建筑通风的任务是使新鲜空气连续不断地进入建筑物内，并及时排出生产和生活中的废气和有害气体。

大多数情况下，可以利用建筑物本身的门窗进行换气，利用穿堂风降温等手段满足建筑通风的要求。当这些方法不能满足建筑通风时，可利用机械通风的方法有组织地向建筑物室内送入新鲜空气，并将污染的空气及时排出。

工业生产厂房中，工艺过程可能散发大量热、湿、各种工业粉尘、有害气体、蒸汽，必然危害工作人员身体健康。工业通风的任务就是控制生产过程中产生的粉尘、有害气体、高温、高湿，并尽可能对污染物回收，化害为宝，防止环境污染，创造良好的生产环境和大气环境。一般必须采取防止工业有害物的各种措施，才能达到卫生标准和排放标准。

5.1.2 通风方式

通风方式有如下两种分类。

1. 按照通风系统作用范围可分为全面通风和局部通风

全面通风是对整个房间进行通风换气，用送入室内的新鲜空气把房间里的有害气体浓度稀释到卫生标准的允许范围以下，同时把室内污染的空气直接或经过净化处理后，排放到室外大气中去。局部通风是采取局部气流，使局部环境不受有害物的污染，从而形成良好的工作环境。

2. 按照通风系统的作用动力方式可分为自然通风和机械通风

自然通风是利用室外风力造成的风压，以及由室内外温度差产生的热压，使空气流动的通风方式。机械通风是依靠风机的动力使室内外空气流动的方式。

在通风系统设计时，先考虑局部通风，若达不到要求，再采用全面通风。同时还要考虑建筑设计和自然通风的配合。

5.1.3　机械通风

1. 全面通风

对整个车间全面均匀地进行送风的方式称为全面送风，如图 5-1 所示。全面送风既可利用自然通风，也可利用机械通风。全面机械送风系统采用风机把室外大量新鲜空气经过风道、风口不断送入室内，将室内污染空气排至室外，把室内有害物浓度稀释到国家卫生标准的允许浓度以下。

对整个车间全面均匀进行排气的方式称全面排风，如图 5-2 所示。全面排风既可利用自然排风，也可利用机械排风。全面机械排风系统利用全面排风将室内的有害气体排出，而进风来自不产生有害物的邻室和本房间的自然进风，这样形成一定的负压，可防止有害物向卫生条件较好的邻室扩散。

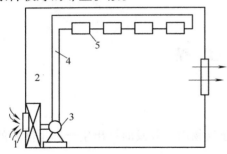

图 5-1　全面机械送风（自然送风）

1—进风口　2—空气处理设备　3—风机
4—风道　5—送风口

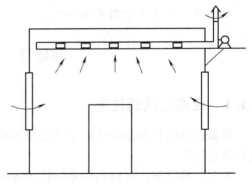

图 5-2　全面机械排风（自然排风）

一个房间常常可采用全面送风和全面排风相结合的送排风系统，这样可较好地排除有害物。对门窗密闭、自行排风或进风比较困难的场所，通过调整送风量和排风量的大小，使房间保持一定的正压或负压。

2. 局部通风

（1）局部通风的分类与组成　局部送风是将符合要求的空气输送、分配给局部工作区，适用于产生有害物质的厂房，如图 5-3 所示。局部送风可直接将新鲜空气送至工作地点，这样既可改善工作区的环境条件，也利于节能。

局部排风是将有害物质在产生的地点就地排除，并在排除之前不与工作人员相接触。与全面排风相比较，局部排风既能有效地防止有害物质对人体的危害，又大大减少通风量，如图 5-4 所示。

（2）局部排风的净化和除尘

1）有害气体的净化处理。生产过程和生活活动中经常产生各种有害气体，含有有害气体的废气直接排入大气，破坏环境。为此，含有有害气体的废气排入大气之前，必须进行净化处理，有害气体的净化处理方法一般有：①燃烧法；②吸附法；③吸收法；④冷凝法。

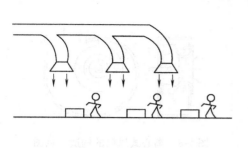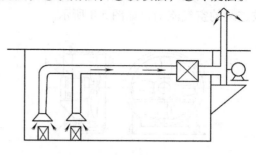

图 5-3　局部送风　　　　　　　　　　　　图 5-4　局部排风

2）除尘。常用的除尘设备有以下几种：①重力除尘；②电除尘；③旋风除尘；④湿式除尘；⑤过滤式除尘等。

5.1.4　自然通风

自然通风是借助于自然压力——"风压"或"热压"促使空气流动的，它是一种比较经济的通风方式，不消耗动力，可以获得巨大的通风换气量，它有以下两种形式。

如图 5-5、图 5-6 所示，空气是通过建筑围护结构的门、窗口进出房间的，可由通风管上的调节阀门以及窗户的开度控制风量的大小，因此称为有组织的自然通风。

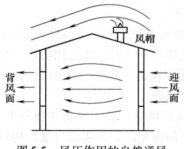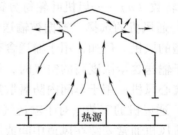

图 5-5　风压作用的自然通风　　　　　　图 5-6　热压作用的自然通风

自然通风由于作用力较小，一般情况下不能对进风和排风进行处理。风压与热压均受自然条件的影响，通风效果不稳定。

5.1.5　通风系统的主要设备和部件

1. 风机

（1）风机的结构原理

1）轴流式风机主要由叶轮、机壳、风机轴、进风口、电动机等部分组成，它的叶片安装于旋转的轮毂上，叶片旋转时将气流吸入并向前方送出。风机的叶轮在电动机的带动下转动时，空气由机壳一侧吸入，从另一侧送出。这种空气流动与叶轮旋转轴相互平行的风机称为轴流式风机，如图 5-7 所示。

2）离心式风机主要由叶轮、机壳、风机轴、进风口、电动机等部分组成，叶轮上有一定数量的叶片，机轴由电动机带动旋转，由进风口吸入空气，在离心力的作用下空气被抛出叶轮甩向机壳，获得了动能与压能，由出风口排出。当叶轮中的空气被压出后，叶轮中心处形成负压，此时室外空气在大气压力作用下由吸风口吸入叶轮，再次获得能量后被压出，形成连续的空气流动，如图5-8所示。

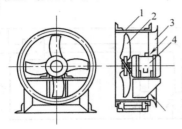

图5-7 轴流式风机的构造示意图
1—圆筒形机壳 2—叶轮 3—进口 4—电动机

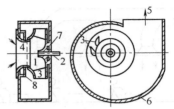

图5-8 离心式风机的构造示意图
1—叶轮 2—机轴 3—叶片 4—吸气口
5—出口 6—机壳 7—轮毂 8—扩压环

（2）风机的基本性能参数

1）风量（L）——风机在标准状况下工作时，在单位时间内所输送的气体体积，称为风机风量，以符号L表示（m^3/h）；

2）全压（或风压P）——每m^3空气通过风机应获得的动压和静压之和（Pa）；

3）轴功率（N）——电动机施加在风机轴上的功率（kW）；

4）有效功率（Nx）——空气通过风机后实际获得的功率（kW）；

5）效率（η）——风机的有效功率与轴功率的比值；

6）转数（n）——风机叶轮每分钟的旋转数（r/min）。

（3）通风机的选择 根据被输送气体（空气）的成分和性质以及阻力损失大小，选择不同类型的风机。例如，用于输送含有爆炸、腐蚀性气体的空气时，需选用防爆、防腐性风机；用于输送含尘浓度高的空气时，用耐磨通风机；用于输送一般性气体的公共民用建筑，可选用离心风机；用于车间内防暑散热的，可选用轴流风机。

（4）通风机的安装 对于输送气体用的中、大型离心风机一般应安装在混凝土基础上；对于轴流风机通常安装在风道中间或墙洞中。在风管中间安装时，可将风机装在用角钢制成的支架上，再将支架固定在墙上、柱上或混凝土楼板的下面。对隔震有特殊要求的情况，应将风机装置在减震台座上。

2. 室内送、排风口

1）室内送、排风口的位置决定了通风房间的气流组织形式。室内送风的形式有多种，如图5-9所示。

①最简单的形式就是在风道上开设孔口，孔口可开在侧部或底部，用于侧向和下向送风。如图5-9a所示，送风口没有任何调节装置，不能调节送风流量和方向；如图5-9b所示为插板式风口，插板可用于调节孔口面积的大小，这种风口虽可调节送风量，但不能控制气流的方向。

②常用的送风口还有百叶式送风口，如图5-10所示。对于布置在墙内或暗装的风道可采用这种送风口，将其安装在风道末端或墙壁上，百叶式送风口有单、双层和活动式、固定式之分，其中双层式不但可以调节风向也可以调节送风速度。

③在工业车间中往往需要大量的空气从较高的上部风道向工作区送风，而且为了避免工

作地点有"吹风"的感觉，要求送风口附近的风速迅速降低，在这种情况下常用的室内送风口形式是空气分布器，如图 5-11 所示。

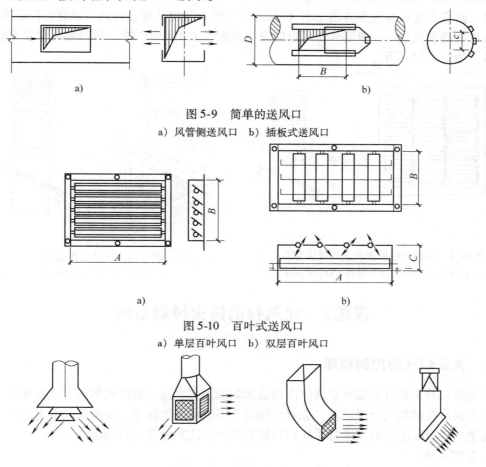

图 5-9　简单的送风口

a）风管侧送风口　b）插板式送风口

图 5-10　百叶式送风口

a）单层百叶风口　b）双层百叶风口

图 5-11　空气分布器

2）室内排风口一般没有特殊要求，其形式种类也很多。通常多采用单层百叶式排风口，有时也采用水平排风道上开孔的孔口排风形式。

3. 进、排风装置

（1）室外进风装置　室外进风口是通风和空调系统采集新鲜空气的入口。根据进风室的位置不同，室外进风口可采用竖直风道塔式进风口，如图 5-12 所示，图 5-12a 是贴附于建筑物的外墙上，图 5-12b 是做成离开建筑物而独立的构筑物。还可以采用在墙上设百叶窗或在屋顶上设置成百叶风塔的形式，如图 5-13 所示。

（2）室外排风装置　室外排风装置的任

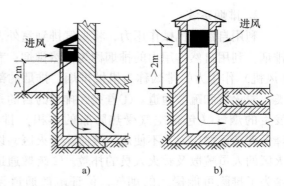

图 5-12　竖直风道塔式进风口

务是将室内被污染的空气直接排到大气中去。管道式自然排风系统通常是通过屋顶向室外排风，排风装置的构造形式与进风装置相同，排风口也应高出屋面 0.5m 以上，若附近设有进风装置，则应比进风口至少高出 2m。机械排风系统一般也从屋顶排风，也有由侧墙排出的，但排风口应高出屋面。一般室外排风口应设在屋面以上 1m 的位置，出口处应设置风帽或百叶风口，如图 5-14 所示。

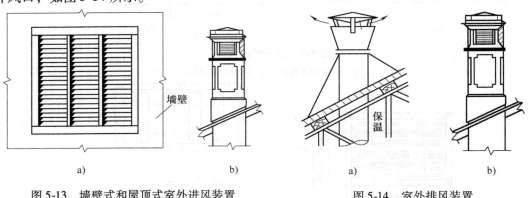

<table>
<tr><td>a)</td><td>b)</td><td>a)</td><td>b)</td></tr>
</table>

图 5-13　墙壁式和屋顶式室外进风装置
a) 墙壁上设百叶窗　b) 屋顶上设百叶风塔

图 5-14　室外排风装置
a) 风帽　b) 屋顶百叶风口

课题 2　建筑物的防火排烟系统

5.2.1　火灾烟气的控制原理

烟气控制的主要目的是在建筑物内创造无烟或烟气含量极低的疏散通道或安全区。烟气控制的实质是控制烟气合理流动，也就是使烟气不流向疏散通道、安全区和非着火区，而向室外流动。基于以上目的，通常用防烟与排烟两种方法对烟气进行控制。

1. 防烟系统

通常，对安全疏散区采用加压防烟方式来达到防烟的目的。加压防烟就是凭借机械力，将室外新鲜的空气送入应该保护的疏散区域，如前室、楼梯间、封闭避难层（间）等，以提高该区域的室内压力，阻挡烟气的侵入。系统通常由加压送风机、风道和加压送风口组成，如图 5-15 所示。

2. 排烟系统

利用自然或机械作用力，将烟气排到室外，称之为排烟。利用自然作用力的排烟称为自然排烟；利用机械（风机）作用力的排烟称为机械排烟。排烟的部位有两类：着火区和疏散通道。①着火区排烟的目的是将火灾发生的烟气（包括空气受热膨胀的体积）排到室外，降低着火区的压力，不使烟气流向非着火区，以利于着火区的人员疏散及救火人员的扑救。②疏散通道的排烟是为了排除可能侵入的烟气，保证疏散通道无烟或少烟，利于人员安全疏散及救火人员的通行。

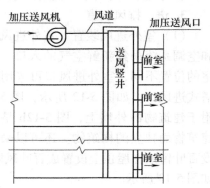

图 5-15　防烟系统示意图

5.2.2　自然排烟

自然排烟是利用热烟气产生的浮力、热压或其他自然作用力使烟气排出室外。

自然排烟有两种方式：①利用外窗或专设的排烟口排烟（图5-16a、b）。②利用竖井排烟（图5-16c）。其中图5-16c是利用专设的竖井，即相当于专设一个烟囱，这种排烟方式实质上是利用烟囱的原理。在竖井的排出口设避风风帽，还可以利用风压的作用。但是由于烟囱效应产生的热压很小，而排烟量又大，因此需要竖井的截面和排烟风口的面积都很大，如此大的面积很难为建筑业主和设计人员所欢迎。因此我国并不推荐使用这种排烟方式。

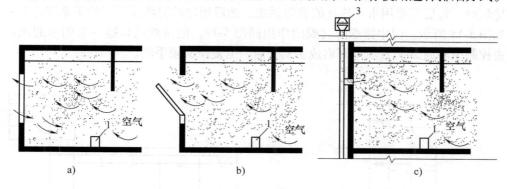

图5-16　自然排烟

a）利用可开启外窗排烟　b）利用专设排烟口排烟　c）利用竖井排烟
1—火源　2—排烟风口　3—避风风帽

5.2.3　机械排烟系统

1. 排烟系统的布置

1）排烟气流应与机械加压送风的气流合理组织，并尽量考虑与疏散人流方向相反。

2）为防止风机超负荷运转，排烟系统竖直方向可分成数个系统，不过不能采用将上层烟气引向下层的风道布置方式。

3）每个排烟系统设有排烟口的数量不宜超过30个，以减少漏风量对排烟效果的影响。

4）独立设置的机械排烟系统可兼作平时通风排气使用。

2. 排烟系统组成

机械排烟系统大小与布置应考虑排烟效果、可靠性与经济性。系统服务的房间如果过多（即系统大），则排烟口多、管路长、漏风量大、最远点的排烟效果差，水平管路太多时，布置困难，优点是风机少、占用房间面积少。如系统小，则恰好相反。下面介绍在高层建筑常见部位的机械排烟系统。

（1）内走道的机械排烟系统　内走道每层的位置相同，因此宜采用垂直布置的系统，如图5-17所示。当任何一层着火后，烟气将从排烟风口吸入，经管道、风机、百叶风口排到室外。

①系统中的排烟风口可以是一常开型风口，如铝合金百叶风口。但在每层的支管上都应装有排烟防火阀，它是一常闭型阀门，由控制中心通24V直流电开启或手动开启，在280℃时自动关闭，复位必须手动。它的作用是当烟温达到280℃时，人已基本疏散完毕，排烟已

无实际意义。而烟气中此时已带火，阀门自动关闭，以避免火势蔓延。

②系统的排烟风口也可以用常闭型的防火排烟口，而取消支管上排烟防火阀。火灾时，该风口由控制中心通24V直流电开启或手动开启，当烟温达到280℃时自动关闭，复位也必须手动。排烟风机房入口也应装排烟防火阀，以防火势蔓延到风机房所在层。

排烟风口的作用距离不得超过30m，如走道太长，需设两个或两个以上排烟风口时，可以设两个或两个以上与图5-17相同的垂直系统；也可以只用一个系统，但每层设水平支管，支管上设两个或两个以上排烟风口。

（2）多个房间（或防烟分区）的机械排烟系统　地下室或无自然排烟的地面房间设置机械排烟时，每层宜采用水平连接的管路系统，然后用竖风道将若干层的子系统合为一个系统，如图5-18所示。图中排烟防火阀的作用同图5-17，但排烟风口是一常闭型的风口，火灾时由控制中心通24V直流电开启或手动开启，但复位必须手动。

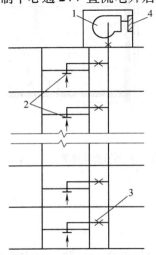

图5-17　内走道机械排烟系统
1—风机　2—排烟风口　3—排烟的火阀
4—百叶风口

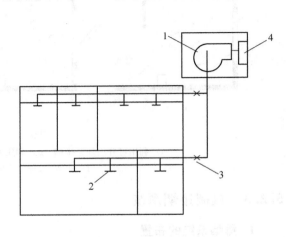

图5-18　多个房间的机械排烟系统
1—风机　2—排烟风口　3—排烟防火阀
4—金属百叶风口

排烟风口布置原则是，其作用距离不得超过30m。当每层房间很多，水平排烟风管布置困难时，可以分设几个系统。每层的水平风管不得跨越防火分区。

5.2.4　加压防烟送风系统

1. 加压送风系统的设置及方式

（1）加压送风系统的设置　加压防烟是一种有效的防烟措施。但造价高，一般只有重要建筑和重要的部位才用这种加压防烟措施。根据最新《建筑设计防火规范》规定，高层建筑如下部位应设机械加压送风的防护措施。

1）不具备自然排烟条件的防烟楼梯间，消防电梯间前室或合用前室。

2）采用自然排烟措施的防烟楼梯间，其不具备自然排烟条件的前室。

3）带裙房的高层建筑防烟楼梯间及其前室、消防电梯前室或合用室，当裙房以上部分利用可开启外窗进行自然排烟，裙房部分不具备自然排烟条件时，其前室或合用前室应设置局部机械加压送风系统。

　　4）封闭避难层。

　　（2）加压送风系统的方式　防烟楼梯间及其前室，消防电梯前室及合用前室的加压送风系统的方式及压力控制见表5-1。

表5-1　加压送风系统的方式

序号	加压送风系统方式	图　　示	序号	加压送风系统方式	图　　示
1	仅对防烟楼梯间加压送风时（前室不加压）		4	仅对消防电梯的前室加压	
2	对防烟楼梯间及其前室分别加压		5	当防烟楼梯间具有自然排烟条件时，仅对前室及合用前室加压	
3	对防烟楼梯间及消防电梯的合用前室分别加压				

　　注：图中"＋＋"、"＋"、"－"表示各部位压力的大小。

　　1）加压送风机的全压，除计算系统风道压力损失外，尚有下列余压值：防烟楼梯间50Pa；前室或合用前室为25Pa；封闭式避难层为25Pa。

　　2）防烟楼梯间的加压送风口宜每隔2～3层设一个，风口应采用自垂式百叶式风口或常开百叶式风口；当采用常开百叶式风口时，应在加压风机的压出管上设置单向阀。

　　3）前室的送风口应每层设置，每个风口的有效面积按1/3系统总风量确定。当设计为常闭型时，发生火灾只开启着火层的风口。风口应设手动和自动开启装置，并应与加压送风机的启动装置联锁，手动开启装置宜设在距地面0.8～1.5m处；如每层风口设计为常开百叶式风口时，应在加压风机的压出管上设置单向阀。

　　4）加压空气的排出，可通过走廊或房间的外窗、竖井自然排出，也可利用走廊的机械排烟装置排出。

5.2.5　防排烟系统的设备和部件

　　防排烟系统装置的目的是：当建筑物着火时，保障人们安全疏散及防止火灾进一步蔓延。其设备和部件均应在发生火灾时正常运行和起作用，因此产品必须经过公安消防监督部门的认可并获得消防生产许可证方能有效。

　　防排烟系统的设备及部件主要包括：防火阀、排烟阀（口）、压差自动调节阀、余压阀及专用排烟轴流风机、自动排烟窗等。

1. 防火、防排烟阀（口）的分类

　　防火阀、防排烟阀（口）的分类见表5-2。

表 5-2　防火阀、防排烟阀（口）基本分类

类别	名　称	性　能	用　途
防火类	防火阀	空气温度70℃，阀门熔断器自动关闭，可输出联动电信号	用于通风空调系统的风管内，防止火势沿风管蔓延
	防烟防火阀	靠烟感器控制动作，用电信号通过电磁铁关闭（防烟），还可用70℃温度熔断器自动关闭（防火）	用于通风空调系统的风管内，防止火势沿风管蔓延
防烟类	加压送风口	靠烟感器控制动作，电信号开启，也可手动（或远距离缆绳）开启，可设280℃温度熔断器防火关闭装置，输出动作电信号，联动加压风机开启	用于加压送风系统的风口
排烟类	排烟阀	电信号开启或手动开启，输出开启电信号，联动排烟风机开启	用于排烟系统的风管上
	排烟防火阀	电信号开启或手动开启，280℃温度熔断器防火关闭装置，输出电信号	用于排烟风机系统或排烟风机入口的管段上
	排烟口	电信号开启，也可远距离缆绳开启，输出电信号联动排烟机开启，可设280℃温度熔断器重新关闭装置	用于排烟部位的顶棚和墙壁
	排烟窗	靠烟感控制器控制动作，电信号开启，还可用缆绳手动开启	用于自然排烟处的外墙上
分隔类	防火卷帘	用于不能设置防火墙或水幕保护处	划分防火分区
	挡烟垂壁	手动或自动控制	划分防烟分区

2. 排烟风机

排烟风机主要有离心风机和轴流风机，还有自带电源的专用排烟风机。排烟风机应有备用电源，并应有自动切换装置；排烟风机应耐热、变形小，使其在排送280℃烟气时连续工作30min仍能达到设计要求。

1）离心风机在耐热性能与变形等方面比轴流风机优越。经有关部门试验表明，在排送280℃烟气时，连续工作30min是完全可行的。其不足之处是风机体形较大，占地面积大。

2）用轴流风机排烟，其电动机装置应安装在风管外，或者采用冷却轴承的装置，目前国内已经生产专用排烟轴流风机，其设置方便，占地面积小。

3）利用蓄电池为电源的专用排烟风机，其蓄电池的容量应能使排烟风机连续运行30min，对自带发电机的排烟风机，应在其风机房设能排除余热的全面通风系统。

课题 3　空调系统的分类与组成

空气调节系统，简称空调系统，是指能够对空气进行净化、冷却、干燥、加热加湿等环节处理，并促使其流动的设备系统。空气调节是以空气作为介质，通过其在房间内的流通，使空调房间内的温度、湿度、清洁度和空气的流动速度等参数指标控制在规定的范围内。

5.3.1　空气调节系统的任务与组成

空调系统的任务是在建筑物中创造一个适宜的空气环境，将空气的温度、相对湿度、气流速度、洁净程度和气体压力等参数调节到人们需要的范围内，以保证人们的健康，提高工作效率，确保各种生产工艺的要求，满足人们对舒适生活环境的要求。

空调系统通常由空气处理、空气输送、空气分配、冷热源、冷热媒输送部分组成，如图5-19所示。①空气处理部分包括空气过滤器、冷却器（喷水室）、加热器等各种热湿处理设备，作用是将送风进行处理达到设计要求的送风状态。②空气输送部分包括风机、风管、风量调节装置等，作用是将处理后的空气输送到空调房间。③空气分配部分包括各种类型风口，作用是合理地组织室内气流，使气流均匀分布。④冷热源部分包括制冷机组、锅炉和热交换器，作用是提供冷却器（喷水室）、加热器等设备所需的冷媒水和热水（蒸汽）。⑤冷热媒输送部分包括泵和管道，作用是将冷热媒输送到空气处理设备。

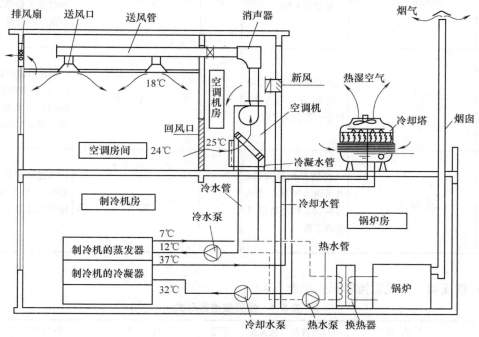

图 5-19 集中式空调系统示意图

1. 常见送回风口的形式

送风口也称空气分布器。

（1）送风口按送出气流流动状况分为：

1）扩散型风口。具有较大的诱导室内空气的作用，送风温差衰减快，射程短，如盘式散流器、片式散流器等。

2）轴向型风口。诱导室内空气的作用小，空气的温度、湿度衰减慢，射程远，如格栅送风口、百叶送风口、喷口等。

3）孔板送风口。是在平板上布满小孔的送风口，风速分布均匀、衰减快，用于洁净室或恒温室等空调精度要求较高的空调系统中。

（2）按送风口的安装位置可分为侧送风口、顶送风口（向下送）、地面送风口（向上送）等。

1）侧送风口。表 5-3 是常见的侧送风口的形式。侧送风口通常装于管道或侧墙上。在百叶送风口内一般需要设置 1～3 层可转动的叶片。外层水平叶片用以改变射流的出口倾角，垂直叶片能调节气流的扩散角，送风口内侧对开式叶片则是为了调节送风量而设置的。格栅送风口除可装横竖薄片组成的格栅外，还可以用薄板制成带有各种图案的空花格栅。

表 5-3　常见侧送风口形式

序号	风 口 形 式	风 口 名 称	序号	风 口 形 式	风 口 名 称
1		格栅送风口:用于一般空调工程	4		三层百叶风口:叶片可调节风量和送风方向和射流扩散角,用于高精度空调工程
2		单层百叶风口:叶片可调节送风方向,用于一般空调工程	5		带出口隔板的条缝形风口:常用于车间变截面均匀送风管道上,用于一般精度空调工程
3		双层百叶风口:叶片可调节风量和送风方向,用于较高精度空调工程	6		条缝形风口:常配合静压箱使用,用于一般精度的民用建筑空调工程

2）散流器　常见散流器形式见表 5-4。

表 5-4　常见散流器形式

序号	风 口 形 式	风口名称及气流流型	序号	风 口 形 式	风口名称及气流流型
1		盘式散流器:属平送流型,用于层高较低的房间	3		直片式散流器:平送流型或下送流型
2		流线型散流器:属下送流型,适用于净化空调工程	4		送吸式散流器:属平送流型,可将送回风口结合在一起

散流器一般安装于顶棚上。根据它的形状可分为圆形散流器、方形或矩形散流器。根据其结构可分为盘式散流器、直片式散流器和流线型散流器，另外还有将送风口做成一体的称为送吸式散流器。盘式散流器的送风气流呈辐射状，比较适合于层高较低的房间。片式散热

器中，片的间距有固定的，也有可调的。采用可调叶片的散流器，它的送出气流可形成锥形或辐射形扩散，可满足冬、夏季不同的需要。

3）孔板送风口 孔板送风是利用送风静压箱内静压的作用，通过开孔大面积向室内送风，如图5-20所示。

4）喷射式送风口 喷射式送风口简称喷口，其主要部件是射流喷嘴，通过它将气流喷射出去。如图5-21所示为远程送风的喷口，它属于轴向形风口，送风气流诱导的室内风量少，可以送较远的距离，射程一般可达10～30m，甚至更远。通常在大空间体育馆、候机大厅中用做侧送风。如风口既送冷风又送热风应选用可调角度喷口，角度调节范围为30°。送冷风时，风口水平或上倾；送热风时，风口下倾。

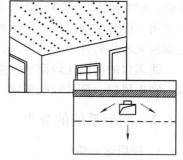

图5-20 孔板送风方式

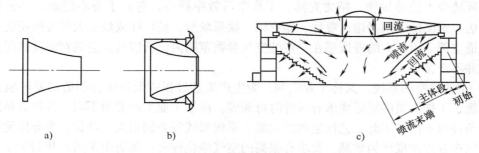

图5-21 远程送风喷口
a）固定式喷口 b）可调角度喷口 c）喷口送风流型

5）旋流送风口 如图5-22所示旋流送风口是依靠起旋器或旋流叶片等部件，使轴向气流起旋形成旋转射流，由于旋转射流的中心处于负压区，它能诱导周围大量空气与之相混合，然后送至工作区。

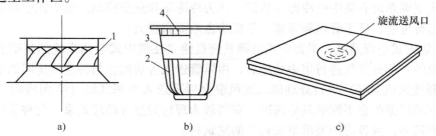

图5-22 旋流式风口
a）顶送型旋流风口 b）地板送风旋流风口 c）安装旋流口专用地板
1—起旋器 2—旋流叶片 3—集尘箱 4—出风格栅

2. 回风口

空调房间的气流流型主要取决于送风口。回风口位置对气流的流型与区域温差影响很小。因此除高大空间或面积大的空调房间外，一般可仅在一侧集中布置回风口。

侧送方式的回风口一般设在送风口的同侧下方；孔板和散流器送风的回风口应设在房间

的下部；高大厂房上部有一定余热量时，宜在上部增设排风口或回风口；有走廊的多间空调房间，如对消声、洁净度要求不高，室内又不排出有害气体时，可在走廊端头布置回风口集中回风，而各空调房间与走廊邻接的门或内墙下侧应设置百叶栅口以便回风通过进入走廊。走廊回风时为防外界空气侵入，走廊两端应设密闭性较好的门。

回风口的构造比较简单，类型也不多。常见的回风口形式有单层百叶风口、固定格栅风口、网板风口、篦孔或孔板风口等。也有与粗效过滤器组合在一起的网格回风口。

5.3.2　空调系统的分类

1. 按用途分类

以建筑热湿环境为主要控制对象的空调系统，按其用途或服务对象不同可分为两类。

1）舒适性空调系统。简称舒适空调，为室内人员创造舒适健康环境的空调系统。舒适健康的环境令人精神愉快、精力充沛，工作学习效率提高，有益于身心健康。办公楼、旅馆、商店、影剧院、图书馆、餐厅、体育馆、娱乐场所、候机厅或候车大厅等所用的空调都属于舒适空调。由于人的舒适感在一定的空气参数范围内，所以这类空调对温度和湿度的波动要求并不严格。

2）工艺性空调系统。又称工业空调，为生产工艺过程或设备运行创造必要环境条件的空调系统，工作人员的舒适要求有条件时可兼顾。由于工业生产类型不同、各种高精度设备的运行条件也不同，因此工艺性空调的功能、系统形式等差别很大。例如，半导体元器件生产对空气中含尘浓度极为敏感，要求有很高的空气净化程度；棉纺织车间对相对湿度要求很严格，一般控制在70%～75%；计量室要求全年基准温度为20℃，波动为±1℃；抗菌素生产要求无菌条件等等。

2. 按空气处理设备的设置情况分类

1）集中式空调系统。集中式空调系统是空气处理设备和送、回风机等集中设置在空调机房内，通过送回风管道与被调节的空调场所相连，对空气进行集中处理和分配。

集中式空调系统有集中的冷源和热源，称为冷冻站和热交换站。集中式空调系统处理空气量大，运行可靠，便于管理和维修，但机房占地面积较大。

2）半集中式空调系统。半集中式空调系统是建立在集中式空调系统的基础上，先将空调房间需要的一部分空气进行集中处理后，由风管送入各房间。与各空调房间的空气处理装置（诱导器或风机盘管）进行处理的二次风混合后再送入空调区域（空调房间）中，从而使各空调区域根据各自不同的具体情况，获得较为理想的空气处理效果。此种系统适用于空气调节房间较多，且各房间要求单独调节的建筑物。

集中式空调系统和半集中式空调系统均可称为中央空调系统。

3）分散式空调系统，也可称为局部式空调系统（如图5-23所示）。它的特点是将空气处理设备分散放置在各空调房间内，安装方便，灵活性大，并且各房间之间没有风道相通，有利于防火。常见的分体式空调器就属于此类。

3. 按负担室内热湿负荷所用的工作介质分类

1）全空气式空调系统。全空气式空调系统是指空调房间内的余热、余湿全部由经过处理的空气来负担的空调系统。如图5-24a所示全空气式空调系统要求的风管截面积较大，占用建筑空间较多。

2）全水式空调系统。空调房间内的余热、余湿全部由冷水或热水来负担的空调系统称为全水式空调系统。如图5-24b所示全水式空调系统的管道占用空间的体积比全空气式系统的管道占用空间的体积要小，能够节省建筑物空间，其缺点是不能解决房间通风换气的问题。

3）空气-水式空调系统。空调房间内的余热、余湿由空气和水共同负担的空调系统，称为空气-水式空调系统。如图5-24c所示系统的典型装置是风机盘管加新风系统。空气-水式空调系统既解决了全水式空调系统无法通风换气的困难，又克服了全空气式系统要求风管截面积大、占用建筑空间多的缺点。

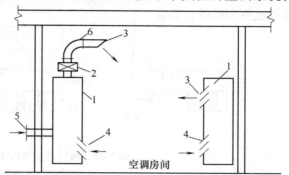

图5-23 分散式空调系统示意图
1—空调机组 2—电加热器 3—送风口
4—回风口 5—新风口 6—送风管道

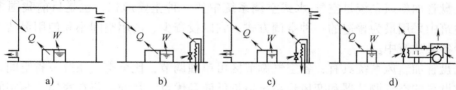

图5-24 按负荷所用工作介质分类的空调系统
a）全空气系统 b）全水系统 c）空气-水系统 d）制冷剂系统

4）制冷剂式空调系统。制冷剂式空调系统是指空调房间的热湿负荷直接由制冷剂负担的空调系统。如图5-24d所示局部式空调系统和集中式空调系统中的直接蒸发式表冷器就属于此类。制冷机组的蒸发器中的制冷剂直接与被处理空气进行热交换，以达到调节室内空气温度湿度的目的。

4. 按集中式空调系统处理的空气来源分类

1）循环式空调系统。循环式空调系统又称为封闭式空调系统，或全回风式系统，如图5-25a所示它是指空调系统在运行过程中全部采用循环风的调节方式。此系统不设新风口和排风口，只适用于人员很少进入或不进入，只需要保障设备安全运行而进行空气调节的特殊场所。

2）直流式空调系统。直流式空调系统又称为全新风空调系统，如图5-25b所示。是指系统在运行过程中全部采用新风作风源，经处理达到送风状态参数后再送入空调房间内，吸收室内空气的热湿负荷后又全部排掉，不用室内空气作为回风使用的空调系统。直流式空调系统多用于需要严格保证空气质量的场所或产生有毒或有害气体，不宜使用回风的场所。

3）混合式空调系统。包括一次回风空调系统和二次回风空调系统。如图5-25c所示一次回风空调系统是指将来自室外的新风和室内的循环空气，按一定比例在空气进行热湿处理之前进行混合，经过处理后再送入空调房间内的空调系统。一次回风系统应用较为广泛，被大多数空调系统所采用。二次回风空调系统是在一次回风空调系统的基础上将室内回风分成两部分，分别引入空气处理装置中，其中一部分经一次回风装置处理后，与另一部分没有经过处理的空气（称为二次回风）混合，然后送入空调房间内。二次回风系统与一次回风系统相比更为经济、节能。

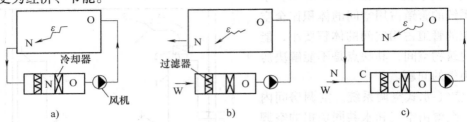

图 5-25　按处理空气的来源不同的空调系统

a）封闭式　b）直流式　c）混合式

N—室内空气　W—室外空气　C—混合空气　O—冷却器空气状态

5.3.3　半集中式空调系统

半集中式空调系统主要包括风机盘管加新风系统、诱导空调系统、空调-水辐射板系统等。风机盘管加新风系统是空气-水式空调系统中的一种主要形式，也是目前我国多层或高层民用建筑中采用最为普遍的一种空调方式。它以投资少、占用空间小和使用灵活等优点广泛应用于各类建筑中。

风机盘管加新风系统具有：各空气调节区可单独调节，比全空气系统节省空间，比带冷源的分散设置的空气调节器和变风量系统造价低廉等优点。目前，仍在宾馆、写字间等建筑中大量采用。

1. 风机盘管机组的组成及工作原理

由通风机、盘管和过滤器等部件组装成一体的空气调节设备，称为风机盘管机组。风机盘管机组属于半集中式空调系统的末端装置。习惯上将使用风机盘管机组作为末端装置的空调系统叫做风机盘管空调系统。

（1）风机盘管的型号　表示为：FP—1 2 3 4 5

FP——产品名称代号：风机盘管

1——名义风量：阿拉伯数字 $\times 100 \text{m}^3/\text{h}$

2——结构形式代号

3——安装形式代号

4——进水方向代号

5——特性差异代号

风机盘管机组型号所代表的意义如表 5-5 所示。

表 5-5　风机盘管机组代号

项　目		代　号	项　目		代　号
结构形式	立式	L	进水方向	右进水	Y
	卧式	W		左进水	Z
安装形式	明装	M	特性差异	组合盘管	Z
	暗装	A		有静压	Y

（2）风机盘管机组的结构　　风机盘管机组由风机、风机电动机、盘管、空气过滤器、凝水盘和箱体等部件组成，如图 5-26 所示。

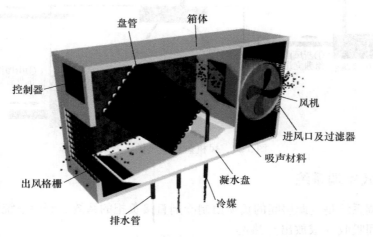

图 5-26　风机盘管机组结构（卧式）示意图

1）风机：有两种形式，即离心式风机和贯流式风机。风机的风量为 250～2500m³/h。风机叶轮材料为镀锌钢板、铝板或工程塑料等。

2）风机电动机：风机电动机一般采用单相电容运转式电动机，通过调节电动机的输入电压来改变风机电动机的转速，使风机具有高、中、低三档风量，以实现风量调节的目的。国产 FP 系列风机电动机均采用含油轴承，在使用过程中不用加入润滑油，可连续运行 1 万小时以上。

3）盘管：盘管一般采用的材料为阴极铜，用铝片做其肋片（又称为翅片）。铜管外径一般为 10mm，壁厚 0.5mm 左右，铝片厚度为 0.15～0.2mm，片距 2～2.3mm。在制造工艺上，采用胀管工艺，这样既能保证管与肋片间的紧密接触，又提高了盘管的导热性能。盘管的排数有两排、三排或四排等类型。

4）空气过滤器：空气过滤器一般采用粗孔泡沫塑料、纤维织物或尼龙编织物的材料制作。

2. 风机盘管系统的新风供给方式

风机盘管的新风供给方式一般有四种，如图 5-27 所示。如果新风风管与风机盘管吸入口相接或只送到风机盘管的回风吊顶处，将减少室内的通风量，当风机盘管风机停止运行时，新风有可能从带有过滤器的回风口吹出，不利于室内卫生；新风和风机盘管的送风混合后再送入室内的情况，送风和新风的压力难以平衡，有可能影响新风量的送入。因此，推荐新风直接送入室内。

风机盘管采用独立的新风供给系统时，在气候适宜的季节，新风系统可直接向空调房间送风，以提高整个空调系统运行的灵活性和经济性。新风经过处理后再送入房间，使风机盘管负荷减少。这样，在夏季运行时，盘管大量结露的现象可以得到改善。我国近年新建的风机盘管空调系统大都采用独立的新风供给方案。

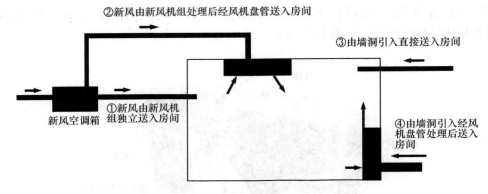

②新风由新风机组处理后经风机盘管送入房间

③由墙洞引入直接送入房间

①新风由新风机组独立送入房间

新风空调箱

④由墙洞引入经风机盘管处理后送入房间

图 5-27　风机盘管新风供给方式

5.3.4　分散式空调系统

分散式空调系统是空调房间的负荷由制冷剂直接负担的系统。制冷系统蒸发器或冷凝器直接从空调房间吸收（或放出）热量。

空调机组是由空气处理设备（空气冷却器、空气加热器、加湿器、过滤器等）、通风机和制冷设备（制冷压缩机、节流机构等）组成的空气调节设备。它由制造厂家整机供应，用户按机组规格、型号选用即可，不需对机组中各个部件与设备进行选择计算。目前，空调工程中最常见的机组式系统有：房间空调器系统、单元式空调机系统等。

1. 分散式空调系统的特点

与集中式空调系统相比，分散式系统具有如下特点。

1）空调机组具有结构紧凑、体积小、占地面积小、自动化程度高等特点。

2）由于机组的分散布置，可以使各空调房间根据自己的需要停开各自的空调机组，以满足各种不同的使用要求，因此，机组系统使用灵活方便；同时，各空调房间之间也不会相互污染、串声，发生火宅时，也不会通过风道蔓延，对建筑防火有利。但是，分散布置使维修与管理较麻烦。

3）热泵式空调机的发展很快。热泵空调机组系统是具有显著节能效益和环保效益的空调系统。

4）空调机组能源的选择和组合受限制，目前，普遍采用电力驱动。设备使用寿命短，一般约 10 年。

5）机组系统对建筑物外观有一定影响。安装房间空调机组后，经常破坏原有的建筑立面。另外，噪声、凝结水、冷凝器热风对环境会造成污染。

2. 分散式空调系统的分类

（1）按空调机组的外形分类

1）单元柜式空调机组。单元柜式空调机组是把制冷压缩机、冷凝器、蒸发器、通风机、空气过滤器、加热器、加湿器、自动控制装置等组装在柜式箱体内，可直接安装在需要开通的房间或邻室内。目前，国产单元柜式空调机组制冷量范围为 7 ~ 116.3kW，最常见的制冷量为 23kW 和 35kW 的单元柜式空调机组。

2）窗式空调器。窗式空调器是安装在窗口上或外墙上的一种小型房间空调器。其制冷量一般在 1.5 ~ 7kW，压缩机功率在 0.4 ~ 2.2kW，电源可为单相，也可为三相。

3) 分体式空调机组。分体式空调机组是把制冷压缩机、冷凝器（热泵运行时为蒸发器）同室内空气处理设备分开安装的空调机组。冷凝器与压缩机一起组成一机组，一般置于室外，称室外机；空气处理设备组成另一机组，置于室内，称室内机。室内机有壁挂式、落地式、吊顶式、嵌入式等。室内机与室外机之间用制冷剂管道连接。

（2）按空调机组制冷系统的工作情况分类

按空调机组制冷系统的工作情况将空调机组分为热泵式空调机组和单冷式空调机组。热泵式空调机组通过换向器的变换，在冬季实现制热循环，在夏季实现制冷循环。而单冷式空调系统仅在夏季实现制冷循环。

（3）按空调机组中制冷系统的冷凝器的冷却方式分类

1) 水冷式空调机组。水冷式空调机组中的制冷系统以水作为冷却介质，用水带走其冷凝热。为了节约用水，用户一般要设置冷却塔，冷却水循环使用，通常不允许直接使用地下水和自来水。

2) 风冷式空调机组。风冷式空调机组中的制冷系统以空气作为冷却介质，用空气带走其冷凝热。制冷性能系数要低于水冷式空调机组，但可免去用水的麻烦，无须设置冷却塔和循环水泵等，安装与运行简便。

下面对与我们生活相关的分体式房间空调器作一简要介绍。

房间空调器一般采用风冷冷凝器，全封闭电动机，压缩机制冷量在 14kW 以下的空调设备。①按结构分，有整体式（代号为"C"），如窗机、穿墙机；分体式（代号为"F"），由室内机（有吊顶、壁挂、落地、嵌入和风管等形式）和室外机组成。根据室外机和室内机的对应配置数量又分为一拖一（即一台室外机对应配置一台室内机）和一拖多（一台室外机对应配置多台室内机）形式。②按功能分，有冷风型（单冷机，不加代号）、热泵型（代号为"R"）、电热型（代号为"D"）。③按控制方式分，有转速恒定，简称定频；转速可控，简称变频，其中直流变频是把交流电变成直流电，压缩机采用直流无刷电机进行变速，风机马达亦用相同方法变速的形式。

施工安装要点：室外机安装应符合现行《空调安装规范》（GB17790）的规定。沿街、人行道安装，最低高度应大于 2.5m；应留有充分的散热通风通道；安装应配选承重不低于 180kg、做有防腐处理的优质支架；室外机尽量低于室内机或尽可能在一个平面上。室内外机连接管长度一般不宜超过 5m，超过 5m 时应考虑增加制冷剂的补液；冷凝水应排入建筑物外专设的冷凝水管中。

课题4 空气处理及设备

空气调节的核心任务：将空气处理到所要求的送风状态，然后，送入空调区，以满足人体舒适标准、室内热湿标准要求及工艺对室内温度、湿度、洁净度等的要求。

对空气的处理过程：通过加热、冷却、加湿、减湿、净化以及灭菌、除臭和离子化等使它处理成最终所需要的送风状态。

5.4.1 空气热湿处理原理

当空调房间的送风状态点及房间的送风量确定之后，下一步的问题就是如何对这些空气

（即送风量）进行热、湿处理，以便得到所需的送风参数。

　　按照空气与进行热湿处理的冷、热媒流体间是否直接接触，可以将空气的热湿处理分成两大类：即直接接触式和间接接触式。

　　直接接触式指被处理的空气与进行热湿交换的冷、热媒流体彼此接触进行热湿交换。具体做法是让空气流过冷、热媒流体的表面，或将冷、热媒流体直接喷淋到空气中。

　　间接接触式要求与空气进行热湿交换的冷、热媒流体并不与空气相接触，而是通过设备的金属固体表面来进行热湿交换。

　　空气与水直接接触的热湿交换，可以像大自然中空气和江、河、湖、海水表面所进行的热湿交换那样进行，也可以通过将水喷淋雾化形成细小的水滴后，与空气进行热湿交换。（在空调工程中直接接触的热交换设备是喷水室）

　　与直接接触式热湿处理有所不同，间接接触式（表面式或间壁式）热式处理依靠的是空气与金属固体表面相接触，在金属固体表面处进行热湿交换，热湿交换的结果将取决于金属固体表面的温度。（在空调工程中间接接触的热湿交换设备是表冷器或称冷却器和加热器）

　　常用的空气处理设备有喷水室、空气加热器、空气冷却器、空气加湿器、除湿机、空气蒸发冷却器等。

5.4.2　喷水室的处理过程

　　喷水室是由外壳、底池、喷嘴与排管、前后挡水板和其他管道及其配件组成，如图5-28所示。

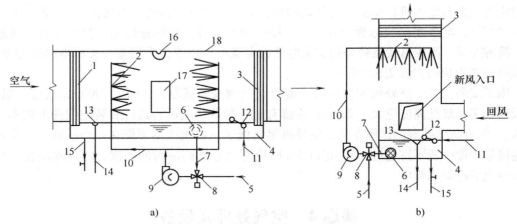

图 5-28　卧式和立式喷水室的构造

a）卧式喷水室　b）立式喷水室

1—前挡水板　2—喷嘴与排管　3—后挡水板　4—底池　5—冷水管　6—滤水器
7—回水管　8—三通混合阀　9—水泵　10—供水管　11—补水管　12—浮球阀
13—溢水器　14—溢水管　15—泄水管　16—防水灯　17—检查门　18—外壳

　　喷水室中将不同温度的水喷成雾滴与空气直接接触，或将水淋到填料层上，使空气与填料层表面形成的水膜直接接触，进行热湿交换，可实现多种空气热、湿处理过程，同时对空气还具有一定的净化能力，洗涤吸附空气中的尘埃和可溶性有害气体。并且在结构上易于实现工厂化制作和现场安装，金属耗量少。在以调节湿度为主的纺织厂、烟草厂及以去除有害气体为主要目的的净化车间等得到广泛的应用。但它有对水质卫生要求高、占地面积较大、水系统复杂、水泵耗能多、运行费用较高等缺点。

5.4.3　表面式热交换器的处理过程

在空调工程中广泛使用表面式换热器。表面式换热器因具有构造简单、占地少、水质要求不高、水系统阻力小等优点，已成为常用的空气处理设备。表面式换热器包括空气加热器和空气冷却器两类。前者用热水或蒸气做热媒，后者以冷水或制冷剂作冷煤。

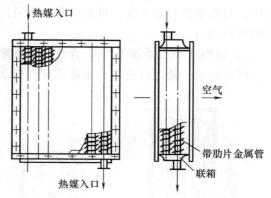

图 5-29　肋片管式换热器

表面式热交换器是一些金属管的组合体。主要由肋管、联箱和护板等组成。由于空气侧的表面传热系数大大小于管内的热媒或冷媒的表面传热系数，为了增强表面式换热器的换热效果，降低金属耗量和减小换热器的尺寸，通常采用肋片管来增大空气一侧的传热面积，达到增强传热的目的。肋片管式换热器构造如图 5-29 所示。

5.4.4　电加热器

电加热器是让电流通过电阻丝发热而加热空气的设备，宜在小型空调系统中使用，在恒温精度要求较高的大型空调系统中，也常用电加热器控制局部加热或末端加热。

常用的电加热器有裸线式和管式两种，如图 5-30 所示。

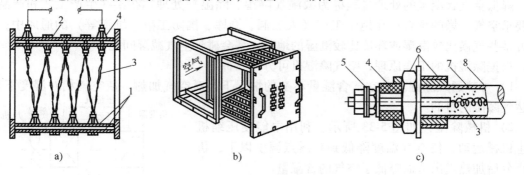

图 5-30　电加热器
a）裸线式　b）抽屉式　c）管式
1—钢板　2—隔热层　3—电阻丝　4—瓷绝缘子　5—接线端子　6—紧固装置　7—氧化镁　8—金属套管

裸线式电加热器由裸露在空气中的电阻丝构成，通常做成抽屉式以便于维修。裸线式电加热器具有热惰性小，加热迅速，结构简单等优点。由于裸线式电加热器的电阻丝在使用时表面温度太高，会使黏附在电阻丝上的杂质分解，产生异味，影响空调房间内的空气质量。

管式电加热器的电阻丝在管内，在管与电阻丝之间填充有导热而不导电的氧化镁。管式电加热器具有寿命长，不漏电，加热均匀等优点。但其热惰性较大。

5.4.5　空气加湿器和除湿机的处理过程

1. 空气加湿设备

1）电极式加湿器是利用三根铜棒或不锈钢棒插入盛水的容器中作电极，电极和三相电源接通后，电流从水中通过，水的电阻转化的热量把水加热产生蒸汽，由蒸汽管送入空调房间中，水槽中设有溢水孔，可调节水位并通过控制水位，控制蒸汽的产生量。电极式加湿器如图 5-31 所示。

2）电热式加湿器如图 5-32 所示，是将管状电热元件置入水槽内，制成的元件通电后加热水槽中的水，使之汽化。补水靠浮球阀自动调节，以免发生缺水烧毁现象。

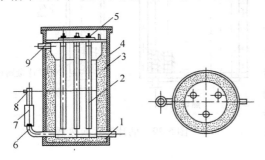

图 5-31　电极式加湿器
1—进水管　2—电极　3—保温层　4—外壳　5—接线柱
6—溢水管　7—橡皮短管　8—溢水槽　9—蒸汽出口

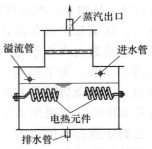

图 5-32　电热式加湿器

2. 空气除湿设备

降低空气含湿量的处理过程称为减湿（降湿、除湿）处理。在某些生产工艺和产品贮存要求空气干燥的场合；在地下工程（人工洞、洞库、国防工事、坑道等）的通风中；在南方某些气候比较潮湿或环境比较潮湿的地区，都会碰到空气减湿问题。

根据除湿机的工作原理，空气除湿机可分为三种。

1）加热通风除湿。在空气含湿量不变的情况下，对空气加热，使空气相对湿度下降，以达到减湿的目的。

2）机械除湿，如图 5-33 所示。利用电能使压缩机产生机械运动，使空气温度降低到其露点温度以下，析出水分后加热送出从而降低了空气的含湿量。

3）吸附式除湿。利用某些化学物质吸收水分的能力而制成的除湿设备。

其中，机械除湿机由制冷系统、通风系统及控制系统组成。制冷系统采用单级压缩制冷，由压缩机、冷凝器、毛细管、蒸发器等实现制冷剂循环制冷，并使蒸发器表面温度降到空气露点温度以下。其工作原理是：当

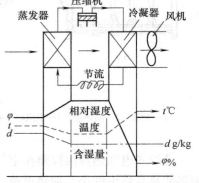

图 5-33　制冷除湿机工作原理

空气在通风系统的作用下经过蒸发器时，空气中的水蒸气就凝结成水而析出，空气的含湿量降低。然后，空气又经冷凝器，吸收其散发的热量后温度升高，使其相对湿度下降后经通风系统返回室内，达到除湿的目的。

5.4.6　空气净化处理原理与设备

空调系统中，被处理的空气主要来自新风和回风，新风中有大气尘，回风中因室内人员活动和工艺过程的污染也带有微粒和其他污染物质。因此，一些空调房间或生产工艺过程，除对空气中的温度和湿度有一定要求外，还对空气的洁净程度有要求。

空气净化指的是去除空气中的污染物质，以控制房间或空间内空气达到洁净要求的技术。

按污染物的存在状态可将室内空气污染物分为：悬浮颗粒物和气态污染物两大类。空气中的悬浮颗粒污染物包括无机和有机的颗粒物、空气微生物及生物等；而气态污染物指的是以分子状态存在的污染物，包括无机化合物、有机化合物和放射性物质等。

空气的净化处理按被控制污染物分为两类。

1）除尘式：处理悬浮颗粒物，包括无机和有机的颗粒物、空气微生物及生物等。按其净化机理可分为机械式和静电式两类。

2）除气式：处理气态污染物，包括无机化合物、有机化合物和放射性物质等。按其净化机理可分为物理吸附法、光催化分解法、离子化法、臭氧法及湿式除气法等类型。

1. 除尘式净化处理原理与设备

除尘式净化处理有机械式和静电式两种。机械式空气净化处理是用多孔型过滤材料把粉尘过滤收集下来。所谓粉尘是指由自然力或机械力产生的，能够悬浮于空气中的固态微小颗粒。国际上将粒径小于 $75\mu m$ 的固体悬浮物定义为粉尘。在通风除尘技术中，一般将 $1 \sim 200\mu m$ 乃至更大粒径的固体悬浮物均视为粉尘。

含有粉尘的空气通过滤料时，粉尘就会与细孔四周的物质相碰撞，或者扩散到四周壁上被孔壁吸附而从空气中分离出来，使空气净化。对空调系统而言，空气中的微粒相对于工业除尘来说浓度低，尺寸小，对末级过滤效果要求高。因此，在空调中主要采用带有阻隔性质的过滤分离的方法除去空气的微粒，即通过空气过滤器过滤的方法。

（1）初效过滤器　主要用于空气的初级过滤，过滤粒径在 $10 \sim 100\mu m$ 范围的大颗粒灰尘。

金属网格浸油过滤器属于粗效过滤器，它只起初步净化空气的作用。其由一片片滤网组成的块状结构、每片滤网都由波浪状金属丝做成网格，如图 5-34 所示。片状网格组成块状单体，滤料上浸有油，可黏住被阻留的尘粒。

这种过滤器的优点是容尘量大，但效率低。在安装时，把一个个块状单体做成"人"字形安装或倾斜安装，可以适当提高进风量，从而弥补由于效率低所带来的不足。

（2）中效过滤器　中效过滤器用于过滤粒径在 $1 \sim 10\mu m$ 范围的灰尘，用于中效过滤器的滤芯选用玻璃纤维、中细孔泡沫塑料和无纺布。所谓无纺布，就是由涤纶、丙纶、腈纶合成的人造纤维。无纺布式过滤器一般做成抽屉式（如图 5-35 所示）和袋式（如图 5-36 所示）。

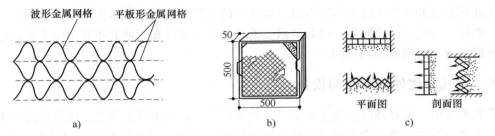

图 5-34　金属网格浸油过滤器

a）金属网格滤网　b）过滤器外形　c）过滤器安装方式

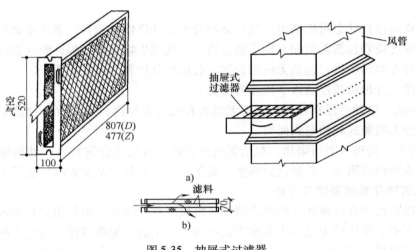

图 5-35　抽屉式过滤器

a）外形　b）断面形状

（3）高效及亚高效过滤器　如图 5-37 所示高效过滤器以及亚高效过滤器用于对空气洁净度要求较高的净化空调。用于高效过滤器的滤料为超细玻璃纤维、超细石棉纤维，纤维直径一般小于 $1\mu m$。

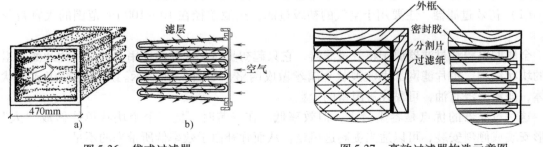

图 5-36　袋式过滤器

a）外形　b）断面形状

图 5-37　高效过滤器构造示意图

对空气过滤器的选用，主要根据空调房间的净化要求和室外空气的污染情况而定。对以温度、湿度要求为主的一般净化要求的空调系统，通常只设一级粗效过滤器，在新风、回风混合之后或新风入口处采用初次过滤器即可；对有较高净化要求的空调系统，应设粗效和中效两级过滤器，在风机之后增加中效过滤器，其中第二级中效过滤器应集中设在系统的正压段（即风机的出口段）；有高度净化要求的空调系统，一般用粗效和中效两级过滤器作预过滤，再根据要求洁净度级别的高低使用亚高效过滤器或高效过滤器进行第三级过滤。亚高效过滤器和高效过滤器尽量靠近送风口安装。

2. 除气式净化处理原理与设备

（1）物理吸附法　物理吸附法通常采用多孔性、表面积大的活性炭、硅胶、氧化铝和分子筛等作为有害气体吸附剂，其中活性炭是空调系统中常用的一种吸附剂。

活性炭是许多具有吸附性能的碳基物质的总称。

活性炭经过活化处理后，其内部具有许多细小的空隙，因此大大地增加了与空气接触的表面面积，$1g$（约 $2cm^3$）活性炭的有效接触面积可达 $1000m^2$ 左右，它具有优异和广泛的吸附能力。

（2）光催化分解法　光催化（光触媒）技术是基于光催化剂在紫外线照射下具有的氧化还原能力而除去空气中的污染物。

光催化是以光为能量激活催化剂，光催化氧化反应在常温下就能进行。光催化剂几乎对所有的污染物都具有治理能力，能有效地分解室内空气的有机污染物，氧化去除空气中的氮氧化物、硫化物以及各类臭气，而且还能够灭菌消毒，在室内空气净化方面有着广阔的应用前景。

光触媒是一种催化剂，催化剂多为 N 型半导体材料，如：TiO_2、ZnO_2、Fe_3O_4 等，其中 TiO_2 是最受重视的一种光催化剂，它的活性高，稳定性好，对人体无害。

（3）除气式空气净化处理设备

1）活性炭过滤器（化学过滤器）。如图 5-38 所示，为某活性炭标准过滤单元的外形图，包括板（块）式和多筒式。

2）光催化过滤器。如图 5-39 所示。

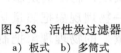

图 5-38　活性炭过滤器
a）板式　b）多筒式

图 5-39　光催化过滤器

5.4.7　空调机组

装配式空调机组（空调箱）就是将各种空气处理设备及风机、阀门等制成带箱体的单元段，可根据工程的需要进行组合，成为实现多种空气处理要求的设备，如图 5-40 所示。

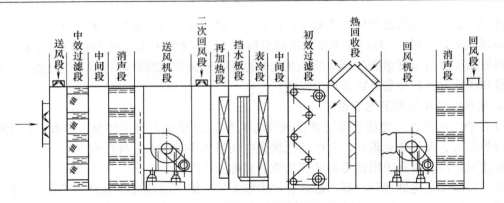

图 5-40　装配式空调箱示意图

课题 5　空调的制冷系统

5.5.1　概述

"制冷"就是使自然界的某物体或某空间达到低于周围环境温度，并使之维持这个温度。实现制冷可以通过两种途径：一是利用天然冷源，二是利用人工冷源。

天然冷源包括一切可能提供低于正常环境温度的天然物体，如深井水、深海水、天然冰等。天然冷源具有廉价和不需要复杂技术设备等优点，但是受到时间、地区等条件的限制，因而不可能经常满足空调工程的需要。因此当前世界上使用的冷源主要是人工冷源，即人工制冷。世界上第一台机械制冷装置诞生于19世纪中叶，之后，人类开始广泛采用人工冷源。空气调节用制冷技术主要采用液体气化制冷法，其中以蒸气压缩式制冷、吸收式制冷应用最广。

5.5.2　制冷循环与制冷原理

制冷的本质是把热量从某物体中取出来，使该物体的温度低于环境温度，实现变"冷"的过程。根据能量守恒定律，这些取出来的热量不可能消失，因此制冷过程必定是一个热量的转移过程。根据热力学第二定律，不可能不花费代价把热量转移，热量转移过程必定要消耗功。所以制冷过程就是消耗一定量的能量，把热量从低温物体转移到高温物体或环境中去的过程。所消耗的能量在做功的过程中也转化成热量同时排放到高温物体或环境中去。

制冷过程的实现需要借助一定的介质——制冷剂来实现，制冷剂是制冷机中的工作介质，故又称制冷工质。利用"液体气化要吸收热量"这一物理现象把热量从要排出热量的物体中吸收到制冷剂中来，又利用"气体液化要放出热量"的物理现象把制冷剂中的热量排放到环境或其他物体中去。由于需要排热的物体温度必然低于或等于环境或其他物体的温度，因此要实现制冷剂相变时吸热或放热过程，需要改变制冷剂相变时的热力工况，使液态制冷剂气化时处于低温、低压状态，而气态制冷剂液化时处于高温、高压状态。实现这种不同压力变化的过程，必定要消耗功。根据实现这种压力变化过程的途径不同，制冷形式主要可分为压缩式、吸收式和蒸汽喷射式三种。目前应用的最多的是压缩式制冷和吸收式制冷。

1. 制冷剂与载冷剂

1）制冷剂是制冷机中的工作介质，故又称制冷工质。制冷剂在制冷机中循环流动，在蒸发器内吸取被冷却物体或空间的热量而蒸发，在冷凝器内将热量传递给周围介质而被冷凝成液体，制冷系统借助制冷剂状态的变化，从而实现制冷的目的。

制冷剂的种类很多，但目前在冷藏、空调、低温试验箱等的制冷系统中采用的制冷剂也就是 R22、R13、R134a、R123、R142、R502、R717 等十几种。

2）载冷剂又称冷媒，是在间接供冷系统中用以传递制冷量的中间介质。载冷剂在蒸发器中被制冷剂冷却后，送到冷却设备中，吸收被冷却物体或空间的热量，再返回蒸发器重新被冷却，如此循环往复，以达到传递制冷量的目的。

在盐水制冰、冰蓄冷系统、集中空调等需要采用间接冷却方法的生产过程中，需使用载冷剂来传送冷量。载冷剂起到了运载冷量的作用，故又称为冷媒。这样既可减少制冷剂的充灌量，减少泄漏的可能性，又易于解决冷量的控制和分配问题。

载冷剂经泵在蒸发器中被制冷剂冷却，温度降低，送到冷却设备中吸收被冷却物质或空间的热量，温度升高，然后返回蒸发器将吸收的热量传递给制冷剂，载冷剂重新被冷却。如此不断循环，以达到连续制冷的目的。

使用载冷剂能使制冷剂集中在较小的循环系统中，而将冷量输送到较远的冷却设备中，这样可减少制冷剂的循环量，从而增强了制冷系统的安全性。由于使用了载冷剂，增加了制冷系统的复杂性，同时，制冷循环从低温热源获得热量时存在二次传热温差，即载冷剂与被冷却系统和载冷剂与制冷剂之间的传热温差，增大了制冷系统的传热不可逆损失，降低了制冷循环的制冷效率。

常用载冷剂有：水、盐水、乙二醇等。

2. 制冷机组

制冷机组就是将制冷系统中的部分设备或全部设备配套组装在一起，成为一个整体，直接向用户提供冷媒水。这种机组结构紧凑，使用灵活，管理方便，而且占地面积小，安装简单，其中有些机组只需连接水源和电源即可，为基本建设工业化施工提供了有利条件。

常用的制冷机组有：①电动压缩式制冷机组，包括活塞式、螺杆式、离心式等。②溴化锂吸收式制冷机组，包括蒸汽和热水型溴化锂吸收式制冷机组、直燃型溴化锂吸收式冷（温）水机组。

3. 压缩式制冷系统的基本原理

压缩式制冷机由制冷压缩机、蒸发器、冷凝器和膨胀阀四个主要部件组成，由管道连接，构成一个封闭的循环系统如图 5-41 所示。制冷剂在制冷系统中经历蒸发、压缩、冷凝和节流四个主要热力过程。低温低压的液态制冷剂在蒸发器中吸收被冷却介质（水或空气）的热量，产生相变，蒸发成为低温低压的制冷剂蒸气。在蒸发器中吸收热量，单位时间内吸收的热量也就是制冷机的制冷量。低温低压的制冷剂蒸气被压缩机吸入，经压缩成为高温高压的制冷剂蒸气后被排入冷凝器。在压缩过程中，压缩机消耗了机械功。在冷凝器中，高温的制冷剂蒸气被水或

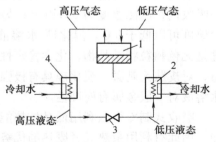

图 5-41　压缩式制冷系统工作原理

1—制冷压缩机　2—蒸发器
3—节流膨胀阀　4—冷凝器

环境空气冷却，放出热量，相变成为高压液体。放出的热量相当于在蒸发器中吸收的热量与压缩机消耗的机械功转换成为热量的总和。从冷凝器中排除的高压液态制冷剂，经膨胀阀节流后变成低温低压的液体，再进入蒸发器进行蒸发制冷。

压缩式制冷常用的制冷剂有氨和氟利昂。氨（R717）除了毒性大以外，是一种廉价且效果很好的制冷剂，从 19 世纪 70 年代至今，一直被广泛应用。氨具有良好的热力学性能，其最大的优点是单位容积制冷量大，蒸发压力和冷凝压力适中，制冷效率高，而且对臭氧层无破坏。但氨的最大缺点是有强烈的刺激性，对人体有危害；且氨是可燃物，当空气中氨的体积百分比达到 16% ~ 25% 时，遇明火有爆炸危险。同时，当氨中含有水分时，对铜和铜合金有腐蚀作用。目前，氨多作为大型制冷设备的制冷剂用于生产企业。

氟利昂是饱和碳氢化合物卤族衍生物的总称，种类很多，其中很多具有良好的热力学、物理和化学特性。大多数氟利昂本身无毒、无臭、不燃、与空气遇火也不爆炸，当氟利昂不含水分对金属无腐蚀作用，但氟利昂价格高，极易渗漏且不易被发现，多用于中小型空调制冷系统中。

4. 吸收式制冷系统的基本原理

吸收式制冷循环原理与压缩式制冷基本相似，不同之处是：用发生器、吸收器和溶液泵代替了制冷压缩机，如图 5-42 所示。吸收式制冷不是依靠消耗机械功来实现热量从低温物体向高温物体的转移，而是靠消耗热能来完成这种非自发的过程。

在吸收式制冷机中，吸收器相当于压缩机的压出侧。低温低压液态制冷剂在蒸发器中吸热蒸发成为低温低压制冷剂蒸气后，被吸收器中的液态吸收剂吸收，形成制冷剂-吸收剂溶液，经溶液泵升压后进入发生器。在发生器中，该溶液被加热、沸腾，其中沸点低的制冷剂变成高压制冷剂蒸气，与吸收剂分离，然后进入冷凝器液化、经膨胀阀节流的过程大体与压缩式制冷一致。

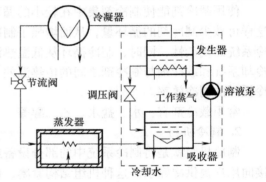

图 5-42　溴化锂吸收式制冷的基本原理

吸收式制冷目前通常有两种工质对：一种是溴化锂-水溶液，其中水是制冷剂，溴化锂为吸收剂，制冷温度为 0℃ 以上；另一种为氨-水溶液，其中氨是制冷剂，水是吸收剂，制冷温度可以低于 0℃。溴化锂-水溶液是目前空调用吸收式制冷机采用的工质对，无水溴化锂是无色颗粒状结晶物，化学稳定性好，在大气中不会变质、分解或挥发，此外，溴化锂无毒，对皮肤无刺激，溴化锂具有极强的吸水性，对水制冷剂来说是良好的吸收剂。但溴化锂水溶液对一般金属有腐蚀性。

吸收式制冷可以利用低品位热能（如 0.05MPa 蒸汽或者 80℃ 以上的热水）用于空调制冷，因此有利用余热或者废热的优势，例如在建筑热电冷联产系统中，利用溴化锂吸收式制冷技术将发电机余热转化为冷量和热量，近距离解决建筑物冷、热、电等能源需求，从而实现能源效率高、能源供应稳定可靠、运行成本低等优势。此外，吸收式制冷系统耗电量仅为离心式制冷机组的 1/5 左右，可以成为节电产品（但不一定是节能产品），在供电紧张地区使用可以发挥其节电的优势。

5. 空调制冷的管道系统

如图 5-43 所示，包括冷冻水循环系统和冷却水循环系统。如图 5-44 所示为机械通风的冷却塔构造。

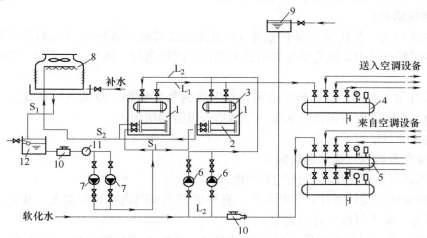

图 5-43 中央空调水系统示意图

1—冷水机组 2—冷水机组冷凝器 3—冷水机组蒸发器 4—分水器 5—集水器 6—冷冻水循环泵
7—冷却水循环泵 8—冷却塔 9—膨胀水箱 10—除污器 11—水处理设备 12—冷却水循环水箱
（L$_1$ 与 L$_2$：冷水供水及回水；S$_1$ 与 S$_2$：冷却水供水及回水）

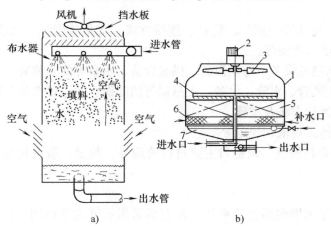

图 5-44 冷却塔（机械通风）

a）工作原理 b）外形结构

1—塔壳 2—电动机 3—风扇 4—布水器 5—填料层 6—过滤层 7—水槽

课题 6 通风与空调工程施工图

5.6.1 通风与空调工程施工图的构成

通风与空调工程施工图一般由文字部分和图纸部分组成。文字部分包括图纸目录、设计施工说明、设备及主要材料表。

图纸部分包括基本图和详图。基本图包括空调通风系统的平面图、剖面图、轴测图等。详图包括系统中某局部或部件的放大图、加工图、施工图等。如果详图中采用了标准图或其他工程图纸,那么在图纸目录中必须附有说明。

1. 文字说明部分

(1) 图纸目录　包括在工程中使用的标准图纸或其他工程图纸目录和该工程的设计图纸目录。在图纸目录中必须完整地列出该工程设计图纸名称、图号、工程号、图幅大小、备注等。

(2) 设计施工说明　设计施工说明包括采用的气象数据、空调通风系统的划分及具体施工要求等。有时还附有风机、水泵、空调箱等设备的明细表。

具体地说,包括以下内容。

1) 需要空调通风系统的建筑概况。

2) 空调通风系统采用的设计气象参数。

3) 空调房间的设计条件。包括冬季、夏季的空调房间内空气的温度、相对湿度、平均风速、新风量、噪声等级、含尘量等。

4) 空调系统的划分与组成。包括系统编号、系统所服务的区域、送风量、设计负荷、空调方式、气流组织等。

5) 空调系统的设计运行工况 (只有要求自动控制时才有)。

6) 风管系统。包括统一规定、风管材料及加工方法、支吊架要求、阀门安装要求、减震做法、保温等。

7) 水管系统。包括统一规定、管材、连接方式、支吊架做法、减震做法、保温要求、阀门安装、管道试压、清洗等。

8) 设备。包括制冷设备、空调设备、供暖设备、水泵等的安装要求及做法。

9) 油漆。包括风管、水管、设备、支吊架等的除锈、油漆要求及做法。

10) 调试和试运行方法及步骤。

11) 应遵守的施工规范、规定等。

(3) 设备与主要材料表　设备与主要材料的型号、数量一般在设备与主要材料表中给出。

2. 图纸部分

(1) 平面图　平面图包括建筑物各层各空调通风系统的平面图、空调机房平面图、制冷机房平面图等。

1) 空调通风系统平面图。空调通风系统平面图主要说明通风空调系统的设备、系统风道、冷热媒管道、凝结水管道的平面布置。它的内容主要包括:①风管系统。②水管系统。③空气处理设备。④尺寸标注。

此外,对于引用标准图集的图纸,还应注明所用的通用图、标准图索引号。对于恒温恒湿房间,应注明房间各参数的基准值和精度要求。

2) 空调机房平面图。空调机房平面图一般包括以下内容:①空气处理设备注明按标准图集或产品样本要求所采用的空调器组合段代号,空调箱内风机、加热器、表冷器、加湿器等设备的型号、数量,以及该设备的定位尺寸。②风管系统用双线表示,包括与空调箱相连接的送风管、回风管、新风管。③水管系统用单线表示,包括与空调箱相连接的冷、热媒管道及凝结水管道。④尺寸标注包括各管道、设备、部件的尺寸大小、定位尺寸；其他的还有消声设备、柔性短管、防火阀、调节阀门的位置尺寸。

图 5-45 所示是某大楼底层空调机房平面图。

3）冷冻机房平面图。冷冻机房与空调机房是两个不同的概念，冷冻机房内的主要设备为空调机房内的主要设备——空调箱提供冷媒或热媒。也就是说，与空调箱相连接的冷、热媒管道内的液体来自于冷冻机房，而且最终又回到冷冻机房。因此，冷冻机房平面图的内容主要有制冷机组的型号与台数、冷冻水泵和冷却水泵的型号与台数、冷（热）媒管道的布置以及各设备、管道和管道上的配件（如过滤器、阀门等）的尺寸大小和定位尺寸。

注意：平面图中风管用双线绘制，水、汽管道一般用单线绘制。

（2）剖面图　剖面图总是与平面图相对应的，用来说明平面图上无法表明的情况。因此，与平面图相对应的空调通风施工图中剖面图主要有空调通风系统剖面图、空调通风机房剖面图和冷冻机房剖面图等。至于剖面和位置，在平面图上都有说明。剖面图上的内容与平面图上的内容是一致的，有所区别的一点是：剖面图上还标注有设备、管道及配件的高度。

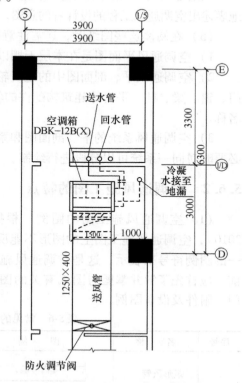

图 5-45　某大楼底层空调机房平面图

注意：剖面图中风管用双线绘制，水、汽管道一般用单线绘制。

（3）系统图（轴测图）　系统轴测图采用的是三维坐标，它的作用是从总体上表明所讨论的系统构成情况及各种尺寸、型号和数量等。

具体地说，系统图上包括该系统中设备、配件的型号、尺寸、定位尺寸、数量以及连接于各设备之间的管道在空间的曲折、交叉、走向和尺寸、定位尺寸等。系统图上还应注明该系统的编号。

注意：水、汽管道及通风空调管道均可用单线绘制。

（4）详图　空调通风工程图所需要的详图较多。总的来说，有设备、管道的安装详图，设备、管道的加工详图，设备、部件的结构详图等。部分详图有标准图可供选用。

如图 5-46 所示是风机盘管接管详图。

可见，详图就是对图纸主题的详细阐述，而这些是在其他图纸中无法表达

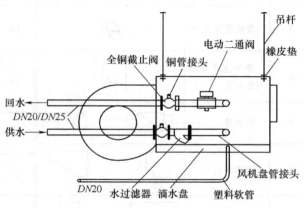

图 5-46　风机盘管接管详图

但却又必须表达清楚的内容。

以上是空调通风工程施工图的主要组成部分。可以说，通过这几类图纸就可以完整、正确地表述出空调通风工程的设计者的意图，施工人员根据这些图纸也就可以进行施工、安装了。

（5）在阅读这些图纸时，还需注意以下几点：

1）空调通风平面图是在本层天棚以下按俯视图绘制的。

2）空调通风平、剖面图中的建筑轮廓线只是与空调通风系统有关的部分（包括有关的门、窗、梁、柱、平台等建筑构配件的轮廓线），同时还有各定位轴线编号、间距以及房间名称。

3）空调通风系统的平、剖面图和系统图可以按建筑分层绘制，或按系统分系统绘制，必要时对同一系统可以分段进行绘制。

5.6.2 空调通风施工图的特点

（1）空调通风施工图的图例 根据国家标准《暖通空调制图标准》（GB/T 50114—2010），空调通风施工图上的图形不能反映实物的具体形象与结构，它采用了国家规定的统一的图例符号来表示，这是空调通风施工图的一个特点，也是对阅读者的一个要求：阅读前，应首先了解并掌握与图纸有关的图例符号所代表的含义。表5-6列举了常用风管、阀门、附件及设备图例。

表5-6 常见的风管、阀门、附件及设备图例

序号	名　称	图　例	序号	名　称	图　例
1	矩形风管	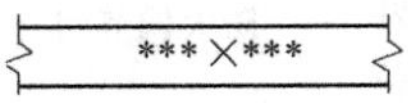 ***×***	10	风管软接头	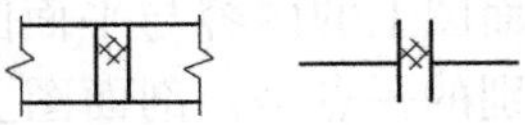
2	圆形风管	 φ***	11	对开多叶调节风阀	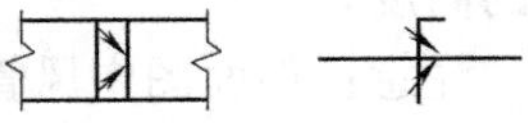
3	天圆地方	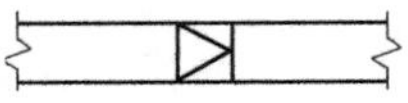	12	蝶阀	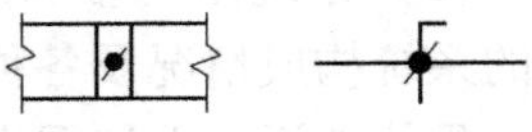
4	软风管		13	插板阀	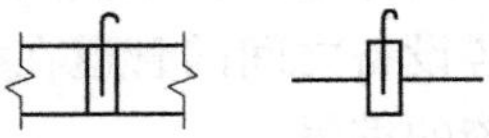
5	圆弧形弯头		14	止回风阀	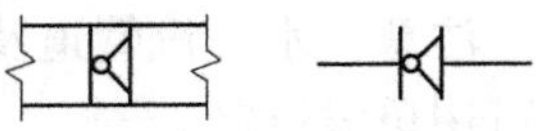
6	带导流叶片的矩形弯头		15	三通调节阀	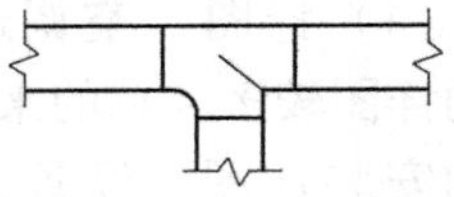
7	消声器	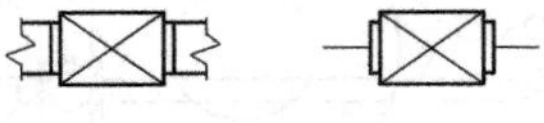	16	方形风口	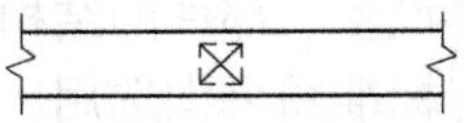
8	消声弯头		17	条缝型风口	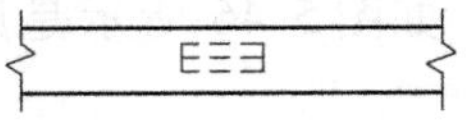
9	消声静压箱		18	矩形风口	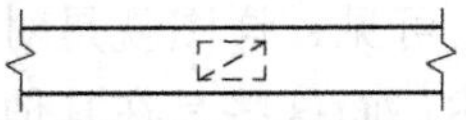

（续）

序号	名称	图例	序号	名称	图例
19	圆形风口		27	空气过滤器	
20	侧面风口		28	加湿器	
21	检修门	J　　J	29	电加热器	
22	气流方形		30	立式明装风机盘管	
23	防雨百叶		31	立式暗装风机盘管	
24	轴流风机		32	卧式明装风机盘管	
25	离心式管道风机		33	卧式暗装风机盘管	
26	空调机组加热冷却盘管		34	分体空调器	室内机　室外机

（2）风、水系统环路的独立性　在空调通风施工图中，风管系统与水管系统（包括冷冻水、冷却水系统）按照它们的实际情况出现在同一张平、剖面图中，但是在实际运行中，风系统与水系统具有相对独立性。因此，在阅读施工图时，首先将风系统与水系统分开阅读，然后再综合起来。

（3）风、水系统环路的完整性　空调通风系统，无论是水管系统还是风管系统，都可以称之为环路，这就说明风、水管系统总是有一定来源，并按一定方向，通过干管、支管，最后与具体设备相接，多数情况下又将回到它们的来源处，形成一个完整的系统，如图5-47所示。

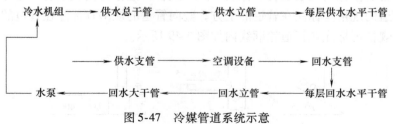

图5-47　冷媒管道系统示意

可见，系统形成了一个循环往复的完整的环路。我们可以从冷水机组开始阅读，也可以从空调设备处开始，直至经过完整的环路又回到起点。

风管系统同样可以写出这样的环路如图 5-48 所示。

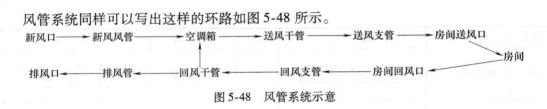

图 5-48　风管系统示意

对于风管系统，可以从空调箱处开始阅读，逆风流动方向看到新风口，顺风流动方向看到房间，再至回风干管、空调箱，再看回风干管到排风管、排风门这一支路。也可以从房间处看起，研究风的来源与去向。

（4）空调通风系统的复杂性　空调通风系统中的主要设备，如冷水机组、空调箱等，其安装位置取决于土建，这使得风管系统与水管系统在空间的走向往往是纵横交错，在平面图上很难表示清楚，因此，空调通风系统的施工图中除了大量的平面图、立面图外，还包括许多剖面图与系统图，它们对读懂图纸有重要帮助。

（5）与土建施工的密切性　空调通风系统中的设备、风管、水管及许多配件的安装都需要土建的建筑结构来容纳与支撑，因此，在阅读空调通风施工图时，要查看有关图纸，密切与土建配合，并及时对土建施工提出要求。

5.6.3　空调通风施工图的识图方法

1. 空调通风施工图识图的基础

空调通风施工图的识图基础，需要特别强调并掌握以下几点。

1）空调调节的基本原理与空调系统的基本理论。这些是识图的理论基础，没有这些基本知识，即使有很高的识图能力，也无法读懂空调通风施工图的内容。因为空调通风施工图是专业性图纸，没有专业知识作为铺垫就不可能读懂图纸。

2）投影与视图的基本理论。投影与视图的基本理论是任何图纸绘制的基础，也是任何图纸识图的前提。

3）空调通风施工图的基本规定。空调通风施工图的一些基本规定，如线型、图例符号、尺寸标注等，直接反映在图纸上，有时并没有辅助说明，因此掌握这些规定有助于识图过程的顺利完成，不仅帮助我们认识空调通风施工图，而且有助于提高识图的速度。

①水、汽管道所注标高未予说明时，应表示管中心标高。

②矩形风管所注标高应表示管底标高；圆形风管所注标高应表示管中心标高。

③水平管道的规格宜标注在管道的上方；竖向管道的规格宜标注在管道的左侧。双线表示的管道，其规格可标注在管道轮廓线内如图 5-49 所示。

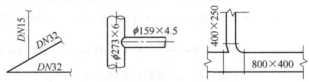

图 5-49　管道截面尺寸的画法

④风口的表示方法如图 5-50 所示。

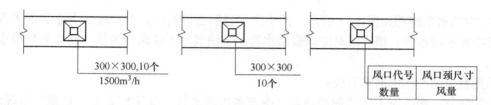

图 5-50 风口、散流器的表示方法

⑤送风管转向的画法如图 5-51 所示。

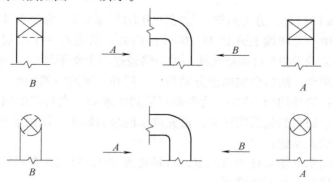

图 5-51 送风管转向的画法

2. 空调通风施工图的识图方法与步骤

（1）阅读图纸目录　根据图纸目录了解该工程图纸的概况，包括图纸张数、图幅大小及名称、编号等信息。

（2）阅读施工说明　根据施工说明了解该工程概况，包括空调系统的形式、划分及主要设备布置等信息。在这基础上，确定哪些图纸代表着该工程的特点、属于工程中的重要部分，图纸的阅读就从这些重要图纸开始。

（3）阅读有代表性的图纸　在第二步中确定了代表该工程特点的图纸，现在就根据图纸目录，确定这些图纸的编号，并找出这些图纸进行阅读。在空调通风施工图中，有代表性的图纸基本上都是反映空调系统布置、空调机房布置、冷冻机房布置的平面图，因此，空调通风施工图的阅读基本上是从平面图开始的，先是总平面图，然后是其他的平面图。

（4）阅读辅助性图纸　对于平面图上没有表达清楚的地方，就要根据平面图上的提示（如剖面位置）和图纸目录找出该平面图的辅助图纸进行阅读，包括立面图、侧立面图、剖面图等。对于整个系统可参考系统图。

（5）阅读其他内容　在读懂整个空调通风系统的前提下，再进一步阅读施工说明与设备及主要材料表，了解空调通风系统的详细安装情况，同时参考加工、安装详图，从而完全掌握图纸的全部内容。

3. 识图举例

某建筑共十二层，为高级单身公寓房。室内是风机盘管加新风的空调系统，空调冷冻水由已有系统供给。

（1）系统轴测图的识读

1）空调水系统图如图 5-52 所示。图中文字说明告诉我们，粗实线是冷冻水供水管，粗虚线是冷冻水回水管，细虚线是空调凝结水管。本图表示了空调冷冻供、回水和凝结水两个系统。

①先看空调冷冻供回水系统：

干管部分：图纸左下部"制冷站来，冷冻水供回水管"文字标识处，是整个系统的供、回水总管接口。供、回水总管管径均为 $D219 \times 8$，管材为无缝钢管，从接口开始经过一个水平段后，转为上升的立管，由于水平段是整个系统的低点，因而此处安装了供泄水用的放水阀。

立管在 9.500m 标高处，分为两路，管径均为 $D159 \times 4.5$，为便于计量，两路供水管上均安装了水表，其中一路继续上升到 44.100m 标高处，供应八～十二层的空调用水，为便于排气，管顶安装了的 $DN15$ 自动排气阀；另一路经过一个水平段后，向上开出的立管，供应三～七层的空调用水，随后分成两路分别供应一层和二层的空调用水。

供水支管部分：管径均为 $DN50$，为平衡每层的供水量，在每层的回水支管上均安装了平衡阀。从盘管供、回水的先后顺序看，最先供水的最后回水，供回水方式为同程式。

②再看空调凝结水系统：

干管部分：凝结水立管共计四组八根，口径均为 $d50$，材质为塑料管，这八根立管最后汇合成的立管，并接至室外雨水管道。

凝结水支管部分：接入最左边凝结水立管的盘管每层有两台；接入最右边凝结水立管的盘管每层有两台；接入其余凝结水立管的盘管每层只有一台。

2）空调新风系统图如图 5-53 所示。图中无文字说明。由图名可知，本图表示的是新风系统。图中右边部分就是新风竖井，从底部到顶部均为同一规格，每层均从竖井引出支管，竖井的上部是总进风口。考察每层分支的情况。每层的新风管上都装有防火调节阀、新风机、消声静压箱、防火阀。

防火调节阀平时调节风量，发生火灾时能防止新风竖井中的火窜入本层风管中；新风机是根据室内用户的要求对新风进行冷（热）处理，并根据调节的需要，来调整送风量；消声静压箱一方面消除新风机产生的噪声，一方面让处理后的风在此降低风速，得到缓冲、调整、增压后平稳地送出；防火阀是防止本层的火通过风管窜入新风竖井，以危及其他层面。

从防火阀出来的风管规格是 400mm×200mm，其上侧边开出 5 个分支，每个分支的起始部位都安装了防火阀，防止室内的火窜入风管中；其下部接出两个分支，安装散流器。随后的风管变径为 320mm×200mm，其上接出的分支请读者来识读。

3）排风系统图如图 5-54 所示。图中四根由一层开始口径为 400mm×200mm，在八层变径为 400mm×300mm，并一直通向屋顶标高的就是排风竖井。在顶层四个排风竖井汇合后经过消声器、防火调节阀、排风机、消声静压箱、防火阀、防雨百叶排风口后通向大气。

消声器用来消除风管中的噪声；防火调节阀平时调节排风量，火灾时阻止排风系统中的火窜入排风机；排风机是用来抽吸系统中的气体并加压后送出系统；消声静压箱是用来消除排风机产生的噪声；防火阀是为了防止外界的火种窜入本排风系统。

考察每层分支的情况。每根排风竖井在每层都有两个分支接入，每个分支的起始部位安装了排气扇，在分支进入竖井附近安装了防火阀。排气扇将室内浊气抽吸并排入排气竖井，防火阀是防止室内的火窜入排风竖井。

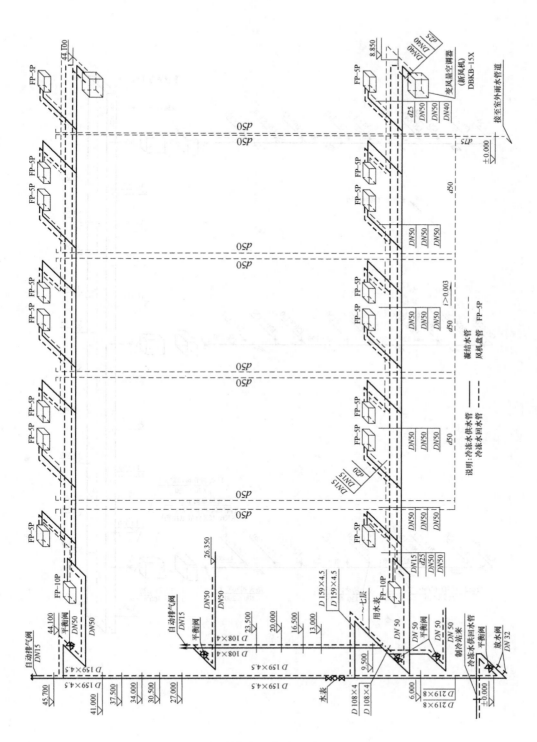

图5-52　空调水系统图

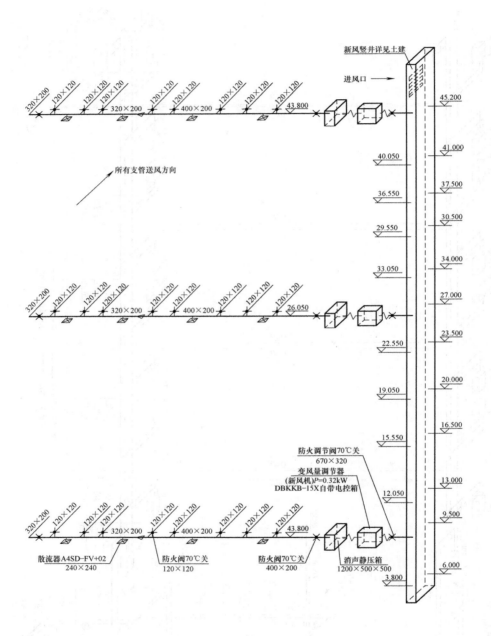

图 5-53　空调新风系统图

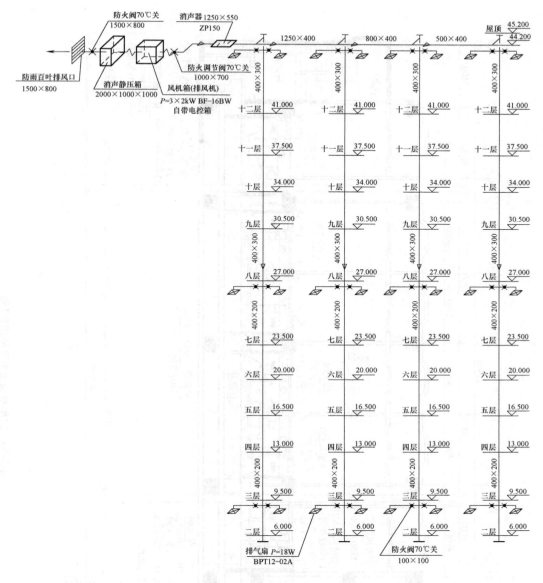

图 5-54　排风系统图

（2）平、剖面图及详图的识读

1）二层平面图如图 5-55 所示。图中无文字说明，但前面系统图的说明同样适用于本图。本图描述的是二层空调平面。根据线型及线条的粗细，可知道图中有空调供、回水系统和凝结水系统，根据风管的画法及设备的文字标识，可知道图中有新风和排风系统。

本图描述的是二层的平面，不过截去了②轴与③之间的部分以及⑤轴与⑥轴之间的部分。公寓楼两端是楼梯间和电梯间，中间部位是公寓套房和公共走道。

水系统中的主要设备是风机盘管和新风机，位于合用前室的盘管型号是 FP—10P。位于每套公寓内的盘管型号是 FP—5P，其位于每套住房进门走道上部的位置。

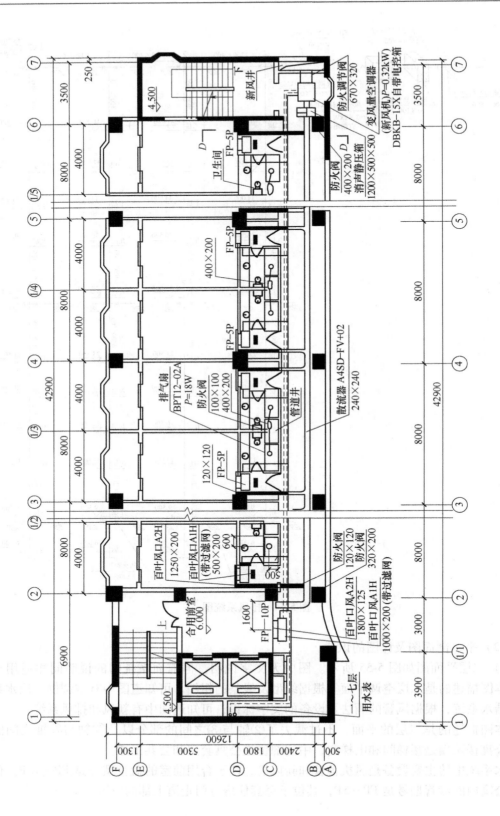

图5-55　二层空调水平面图1:150

新风管上的散流器型号已知，水平方向距其左侧柱子2850mm。新风支管上的防火阀装在紧靠总风管的位置。排风系统的排气扇型号已知，其水平方向距管道井壁600mm，竖直方向距卫生间墙壁500mm。

对于各个系统的识读可见系统图的识读部分，在此，我们主要识读管道的平面布置。对照着系统图，从平面图中可看出，空调水的总供水立管的位置，供应三～七层的供水立管位置，供应一层的立管位置。供应本层的空调供、回水干管布置在公共走道中靠近房间的一侧，新风管布置在公共走道中紧靠柱子的位置。对于每套公寓，空调供、回水水管走在卫生间内门的上方，新风管避开水管走在走道内，两个卫生间合用一个管道井，管道井内布置了排风竖井和凝结水立管。

图中⑥轴附近有一对剖切符号 D—D。

2）剖面图如图5-56所示。站在平面图顺着剖切位置线方向看，右手边是风机盘管，左手边是新风干管，所看到的与剖面图是对应的。剖切后所看到建筑方面的情况：室内地坪标高是6.000m，公共走道及室内走道均有吊顶，房间内不设吊顶。

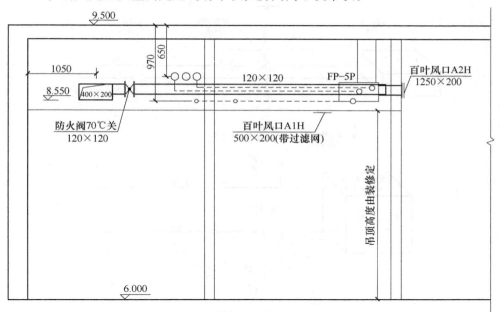

图 5-56　D—D 剖面图 1:50

剖面图上主要设备是风机盘管，其位于房间走道的吊顶内，并吊装在天花上。盘管的水管接口有3个，管口规格可见系统图，风管接口有两个，一个是通过安装在走道吊顶下带过滤网的百叶风口进行回风，另一个是通过侧送百叶风口与新风一起进行送风。

顺着盘管的水管接口，可看到供回水干管和凝结水干管所处的标高。新风管从新风干管上部平开出来，上有同样规格的防火阀，并一直延伸至室内百叶风口处。新风干管位于距公共走道壁处，管底标高8.550m。

3）详图如图5-57所示：前面的水系统图、平面图及剖面图对盘管的接口管道均有所表述，但不够详尽和全面，为此我们来识读详图。

此图有两部分，一个是风机盘管的安装示意图，另一个是变风量空调器的安装示意图。

盘管的管道接口有 3 个：进水管，进水通过阀门、过滤器、金属软管后接入盘管；出水管，盘管内水通过金属软管、电动阀组后流出；凝结水管，从盘管底部接出。电动阀与室内温控器连锁，来调节盘管的冷冻水供水量。为便于电动阀的维修，其前后各有一个阀门，关断后可与系统隔绝，为了不影响盘管的运行，这时可打开电动阀的旁路，使空调回水能正常流动。

空调器的管道接口也是 3 个：进水管，进水通过阀门、过滤器、金属软管后接入盘管，过滤器与金属软管之间的管路上安装了压力表和温度计，并在管道底部接出放水管，以便检修时排空盘管内的水；出水管，盘管内水通过金属软管、阀门后流出，金属软管与阀门之间的管路上安装了压力表和温度计；凝结水管，从盘管底部接出的凝结水管经过一个水封后排出，此水封可防止凝结水排水系统中的不良气体进入空调器。

至此，基本上识读完此套图纸，图中未提到的细节还请读者自己识读。

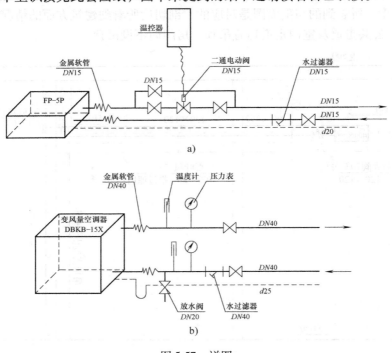

图 5-57　详图

a）风机盘管安装示意图　b）变风量空调器安装示意图

课题 7　通风（空调）系统的安装

通风（空调）系统的安装包括：通风（空调）系统的风管部件的制作与安装；通风（空调）设备的制作与安装；通风（空调）系统试运转及调试。

5.7.1　通风（空调）管道安装

1. 通风管道的分类

（1）风管与风道的材料及保温　在通风空调工程中，管道及部件可用普通薄钢板，镀锌钢板、铝板、不锈钢板、硬聚氯乙烯塑料板、复合风管（玻纤铝箔复合风管、酚醛铝箔复合风管、聚氨酯铝箔复合风管等）及砖、混凝土、玻璃、矿渣石膏板等制成。风道的断面形状有圆形和矩形。圆形风道的强度大、阻力小、耗材少，但占用空间大，不易与建筑配合。对于流速高、管径小的除尘和高速空调系统，或是需要暗装时可选用圆形风道。矩形风道容易布置，易于和建筑结构配合，便于加工。对于低流速、大断面的风道多采用矩形风道。

风道在输送空气过程中，如果要求管道内空气温度维持恒定，应考虑风道的保温处理问题。保温材料主要有软木、泡沫塑料、玻璃纤维板等，保温厚度应根据保温要求进行计算，或采用带保温的通风管道。

（2）风管系统的工作压力　风管系统的工作压力类别，其划分应符合表 5-7。

表 5-7　风管系统的工作压力类别

系统类别	系统工作压力/Pa	密　封　要　求
低压系统	$P \leqslant 500$	接缝和接管连接处严密
中压系统	$500 < P \leqslant 1500$	接缝和接管连接处增加密封措施
高压系统	$P > 1500$	所有的拼接缝和接管连接处，均应采取密封措施

2. 风管的规格和厚度

为最大限度地利用管材，实现风管制作安装机械化、工厂化，确定了统一的通风管道规格和厚度（见《通风与空调工程施工质量验收规范》GB 50243—2002）。

3. 风管的安装

（1）风管与风道的布置　①应和通风系统的总体布局，土建、生产工艺和给水排水等各专业互相协调、配合；应使风道少占建筑空间。②风道布置应尽量缩短管线、减少转弯和局部构件，这样可减少阻力。③风道布置应避免穿越沉降缝、伸缩缝和防火墙等；对于埋地管道，应避免与建筑物基础或生产设备底座交叉，并应与其他管线综合考虑；风道在穿越火灾危险性较大房间的隔墙、楼板处，垂直和水平风道的交接处，均应符合防火设计规范的规定。④风道布置应力求整齐美观，不影响工艺和采光，不妨碍生产操作。⑤要考虑风道和建筑物本身构造的密切结合。如，民用建筑的竖直风道通常砌筑在建筑物的内墙里，为了防止结露和影响自然通风的作用压力，竖直风道一般不允许设在外墙中，否则应设空气隔离层。对采用锯齿屋顶结构的纺织厂，可将风道与屋顶结构合为一体。

（2）风管支架安装　常用风管支架的形式有托架、吊架和立管夹，如图 5-58 所示。

1）托架。通风管道沿墙壁或柱子敷设时，经常采用托架来支撑风管。

2）吊架。当风管敷设在楼板或桁架下面离墙较远时，一般采用吊架来安装风管。矩形风管的吊架，由吊杆和横担组成。

3）立管夹。垂直风管可用立管夹进行固定。

（3）风管的制作与连接　风管可现场制作或工厂预制，风管制作方法分为咬口连接、铆钉连接、焊接。

1）咬口连接如图 5-59 所示。将要相互接合的两个板边折成能相互咬合的各种钩形，钩接后压紧折边。这种连接适用于厚度小于或等于 1.2mm 的普通钢板和镀锌薄钢板、厚度小于或等于 1.0mm 的不锈钢板以及厚度小于或等于 1.5mm 的铝板。

2）铆钉连接。将两块要连接的板材板边相重叠，并用铆钉穿连铆合在一起。

3）焊接。因通风（空调）风管密封要求较高或板材较厚不能用咬口连接时，板材的连接常采用焊接。常用的焊接方法有电焊、气焊、锡焊及氩弧焊。

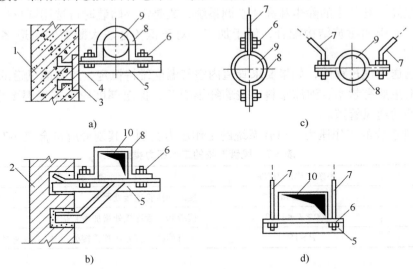

图 5-58 通风系统支架种类

a）悬臂式 b）三角形 c）单双杆吊架 d）横梁式吊架

1—钢筋混凝土墙（柱） 2—砖墙 3—预埋钢板 4—焊缝 5—角钢
6—螺母 7—吊杆 8—管卡 9—圆形风管 10—矩形风管

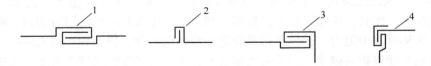

图 5-59 咬口形式

1—单咬口 2—立咬口 3—转角咬口 4—联合角咬口

①对管径较大的风管，为保证断面不变形且减少由管壁振动而产生的噪声，需要加固。②圆形风管本身刚度较好，一般不需要加固。③当管径大于 700mm 且管段较长时，每隔 1.2m 可用扁钢平加固。④矩形风管当边长大于或等于 630mm、管段大于 1.2m 时，均应采取加固措施。⑤对边长小于或等于 800mm 的风管，宜采用棱筋、棱线的方法加固。⑥当中、高压风管的管段长大于 1.2m 时，应采取加固框的形式加固。⑦而对高压风管的单咬口缝应有加固、补强措施。

风管连接有法兰连接和无法兰连接。

1）法兰连接。主要用于风管与风管或风管与部件、配件间的连接。风管端的法兰装配如图 5-60 所示，法兰对风管还起加固作用。法兰按风管的断面形状，分为圆形法兰和矩形法兰；按风管使用的金属材质，分为钢法兰、不锈钢法兰、铝法兰。

法兰连接时，按设计要求确定垫料后，把两个法兰先对正，穿上几个螺栓并戴上螺母，暂时不要紧固。待所有螺栓都穿上后，再把螺栓拧紧。为避免螺栓滑扣，紧固螺母时应按十字交叉、对称均匀地拧紧。连接好的风管，应以两端法兰为准，拉线检查风管连接是否平直。

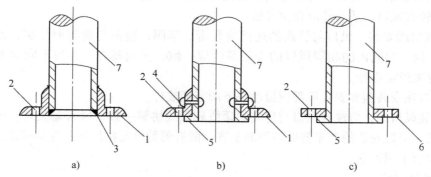

图 5-60 风管端的法兰装配
a）焊接 b）扳边并铆接 c）扳边
1—角钢法兰 2—螺栓孔 3—焊缝 4—铆钉 5—扳边 6—扁钢法兰 7—风管

不锈钢风管法兰连接的螺栓，宜用同材质的不锈钢制成，如用普通碳素钢标准件，应按设计要求喷刷涂料。铝板风管法兰连接应采用镀锌螺栓，并在法兰两侧垫镀锌垫圈。应聚氯乙烯风管和法兰连接，应采用镀锌螺栓或增强尼龙螺栓，螺栓与法兰接触处应加镀锌垫圈。

2）无法兰连接。

圆形风管无法兰连接：其连接形式有承插连接、芯管连接及抱箍连接。

矩形风管无法兰连接：其连接形式有插条连接、立咬口连接及薄钢材法兰弹簧夹连接。

软管连接：主要用于风管与部件（如散流器、静压箱、侧送风口等）的连接。安装时，软管两端套在连接的管外，然后用特制管卡把软管箍紧。软管连接对安装工作带来很大方便，尤其在安装空间狭窄、预留位置难以准确的情况下，更为便利，但系统的阻力较大。

风管安装连接后，在刷油、绝热前应按规范进行严密性、漏风量检测。

5.7.2 风管部件的安装

1. 风阀安装

通风（空调）系统安装的风阀有多叶调节阀、三通调节阀、蝶阀、防火阀、排烟阀、插板阀、止回阀等。风阀安装前应检查其框架结构是否牢固，调节装置是否灵活。安装时，应使风阀调节装置设在便于操作的部位。

2. 风口制作与安装

（1）风口的制作 风口的加工工艺基本上分为画线、下料、钻孔、焊接和组装成型。

1）风口表面应平整。与设计尺寸的偏差不应大于 2mm，矩形风口两对角线之差不应大于 3mm，圆形风口任意正交直径的偏差不应大于 2mm。

2）风口的转动调节部位应灵活，叶片应平直，同边框不得碰擦。

3）插板式及活动篦板式风口，其插板、篦板应平整，边缘光滑，抽动灵活。活动篦板式风口组装后应能达到完全开启和闭合。

4）百叶式风口的叶片间距应均匀，两端轴的中心应在同一直线上。手动式风口的叶片与边框铆接应松紧适当。

5）散流器的扩散环和调节环应同轴，轴向间距分布应匀称。

6）孔板式风口，孔口不得有毛刺，孔径与孔距应符合设计要求。

7）旋转式风口，活动件应轻便灵活。

（2）风口的安装　风口与管道的连接应紧密、牢固；边框与建筑面贴实，外表面应平整不变形；同一房间内的相同风口的安装高度应一致，排列整齐。各种不同类型风口安装时，应按有关规定进行。

1）风口在安装前和安装后都应扳动一下调节柄或杆。

2）安装风口时，应注意风口与房间的顶线和腰线协调一致。风管暗装时，风口应服从房间的线条。吸顶安装的散流器应与顶面平齐，散流器的每层扩散圈应保持等距，散流器与总管的接口应牢固可靠。

3. 排气罩安装

排气罩的安装位置应正确，牢固可靠，支架不得设置在影响操作的部位。用于排出蒸汽或其他气体的伞形排气罩，应在罩口内边采取排除凝结液体的措施。

4. 柔性短管安装

柔性短管安装用于风机与空调器、风机等设备与送风风管间的连接，以减少系统的机械振动。柔性短管的安装应松紧适当，不能扭曲。

5.7.3　通风（空调）设备安装

设备安装应按设计的型号、规格、位置进行，并执行相应的规范。

1. 风机盘管安装

风机盘管的安装形式有明装与暗装、立式与卧式、卡式与立柜式等。

1）风机盘管在安装前对机组的换热器应进行水压试验，试验压力为工作压力的1.5倍，不渗不漏即可。

2）安装卧式机组时，应合理选择好吊杆和膨胀螺栓，并使机组的凝水管保持一定的坡度，以利于凝结水的排出。吊装的机组应平整牢固、位置正确。

3）机组进出水管应加保温层，以免夏季使用时产生凝结水。机组进出水管与外接管路连接时必须对准，最好采用挠性接管（软接）或铜管连接，连接时切忌用力过猛造成管子扭曲。

4）机组凝结水盘的排水软管不得压扁、折弯，以保持凝结水排出畅通。

5）在安装时应保护换热器翅片和弯头，不得倒塌或碰漏。

6）安装时不得损坏机组的保温材料，如有脱落的则应重新黏牢，与送风风管及风口的连接应严密。

7）暗装卧式风机盘管时应留有活动检查门，便于机组能整体拆卸和维修。

2. 吊顶式新风空调箱安装

1）吊顶式新风空调箱不同于其他类型机组，它不单独占据机房，而是吊装在楼板之下吊顶之上，因此机组高度尺寸较小，风机为低噪音风机，一般在4000m³/h以上的机组有两个或两个以上的风机，一般情况下吊装机组的风量不超过8000m³/h。

2）在机组风量和重量都不太大，而机组的振动又较小的情况下，吊杆顶部采用膨胀螺栓与楼板连接，吊杆底部采用螺扣加装橡胶减震垫与吊装孔连接的方法。对于大风量吊装式新风机组，重量较大，则应采取一定的保证措施。

3）合理考虑机组振动，采取适当的减震措施。

4）机组的送风口与送风管道连接时，应采取帆布软管连接形式。

3. 组装式空调箱安装

组装式空调箱是由各功能段装配组合而成，通常是在施工现场按设计图纸进行组装。其安装操作要点如下。

1）安装前，按装箱清单进行开箱验货，检查各功能段部件的完好情况，检查风阀、风机等转动件是否灵活，核对部件数量是否与清单所列数量一致。

2）将冷却段（水表冷段或直接蒸发表冷段）按设计图纸定位，然后安装两侧其他段的部件。段与段之间采用专用法兰连接，接缝用7mm的乳胶海绵板作垫料。

3）机组中的新、回风混合段、二次回风段、中间段、加湿段、喷淋段、电加热段等有左式、右式之分，应按设计要求进行安装。

4）各段组装完毕后，则按要求配置相应的冷热媒管路、给排水管路。冷凝水排出管应畅通。全部系统安装完毕后，应进行试运转，一般应连续运行8h无异常现象为合格。

4. 冷却塔的安装

1）在冷却塔下方不另设水池时，冷却塔应自带盛水盘，盛水盘应有一定的盛水量，并设有自动控制的补给水管、溢水管及排污管。

2）多台冷却塔并联时，为防止并联管路阻力不等、水量分配不均匀，以致水池发生漏流现象，各进水管上要设阀门，用以调节进水量；同时在各冷却塔的底池之间，用与进水干管相同管径的均压管（即平衡管）连接；此外，为使各冷却塔的出水量均衡，出水干管宜采用比进水干管大两号的集管，并用45°弯管与冷却塔各出水管连接。

3）冷却塔应安装在通风良好的地方，尽量避免装在有热量产生、粉尘飞扬的场所的下风向，并应布置在建筑的下风向。

4）单列布置的冷却塔的长边应与夏季主导风向相垂直，而双列布置时长边应与主导风向平行。

5）横流式抽风冷却塔若为双面进风，应为单列布置；若为单面进风，应为双列布置。

单 元 小 结

1. 通风系统的分类；机械送风系统和排风系统的组成。

2. 机械通风系统的主要设备及部件。

3. 机械排烟系统的组成，加压送风系统的方式；防排烟系统的设备和部件。

4. 空调系统的分类和组成。

5. 空气处理原理与设备。

6. 空调制冷的工作原理。

7. 通风空调工程施工图图例、组成及识图方法。

8. 通风（空调）系统的安装，包括管道制作与安装、风管部件的安装、通风（空调）设备的安装。

同 步 测 试

一、单项选择题

1. 空调系统不控制房间的参数是（　　）。

A. 温度　　　　　　　B. 湿度　　　　　　　C. 气流速度　　　　　　　D. 发热量

2. 空调机房位置不能选择的是（　　）。

A. 冷负荷集中　　　　　　　　　　　B. 周围对噪声振动要求高

C. 进风排风方便　　　　　　　　　　D. 维修方便

3. 剧场观众厅空调系统宜采用的方式是（　　）。

A. 风机盘管加新风　B. 全新风　　　　　C. 全空气　　　　　　　D. 风机盘管

4. 高级饭店厨房的通风方式宜为（　　）。

A. 自然通风　　　　　B. 机械通风　　　　C. 不通风　　　　　　　D. 机械送风

5. 房间小、多且需单独调节时，宜采用的系统是（　　）。

A. 风机盘管加新风　B. 风机盘管　　　　C. 全空气　　　　　　　D. 分体空调加通风

6. 风机盘管加新风空调系统的优点是（　　）。

A. 单独控制　　　　　B. 美观　　　　　　C. 安装方便　　　　　　D. 寿命长

7. 写字楼、宾馆空调是（　　）。

A. 舒适性空调　　　　B. 恒温恒湿空调　　C. 净化空调　　　　　　D. 工艺性空调

8. 手术室净化空调室内应保持（　　）。

A. 正压　　　　　　　B. 负压　　　　　　C. 常压　　　　　　　　D. 无压

9. 压缩式制冷机由下列哪组设备组成（　　）。

A. 压缩机、蒸发器、冷却泵、膨胀阀　　B. 压缩机、冷凝器、冷却塔、膨胀阀

C. 冷凝器、蒸发器、冷冻泵、膨胀阀　　D. 压缩机、冷凝器、蒸发器、膨胀阀

10. 在下述有关冷却塔的叙述中，正确的是（　　）。

A. 设在屋顶上，用以贮存冷却水的罐

B. 净化被污染的空气和脱臭的装置

C. 将冷冻机的冷却水所带来的热量向空中散发的装置

D. 使用冷媒以冷却空气的装置

11. 公共厨房、卫生间通风应保持（　　）。

A. 正压　　　　　　　B. 负压　　　　　　C. 常压　　　　　　　　D. 无压

12. 机械送风系统的室外进风装置应设在室外空气比较洁净的地点，进风口的底部距室外地坪不宜小于（　　）m。

A. 3　　　　　　　　　B. 2　　　　　　　　C. 1　　　　　　　　　　D. 0.5

13. 在通风管道中能防止烟气扩散的设施是（　　）。

A. 防火卷帘　　　　　B. 防火阀　　　　　C. 排烟阀　　　　　　　D. 空气幕

14. 高层民用建筑的排烟口应设在防烟分区的（　　）。

A. 地面上　　　　　　　　　　　　　　B. 墙面上

C. 靠近地面的墙面　　　　　　　　　　D. 靠近顶棚的墙面上或顶棚上

15. 空调冷源多采用冷水机组，其供回水温度一般为（　　　）。

A. 5 ~ 10℃　　　　B. 7 ~ 12℃　　　　C. 10 ~ 15℃　　　　D. 12 ~ 17℃

二、识图题

习题图 1 ~ 图 3 为某加压防烟送风平面图与系统图，识图并回答以下问题。

1. 机械加压送风防烟系统的作用是什么？哪些部位应设加压送风防烟系统？

2. 加压送风防烟系统由哪些部分组成？新风口的设置有何要求？

3. 正压送风部位的余压值为多少？

4. 防火调节阀什么时候需要关闭？

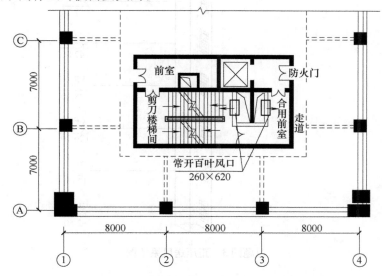

习题图 1　标准层楼梯—合用前室加压送风平面图

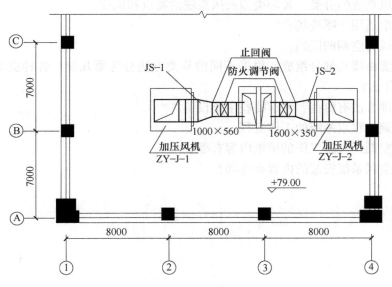

习题图 2　屋顶平面图

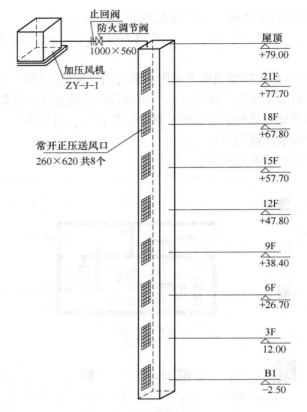

习题图3　正压送风系统图

三、简答题

1. 简述通风系统的分类、各种类型通风系统的特点和组成。

2. 机械排烟适用于哪些场合?

3. 简述通风与空调的区别。

4. 空调系统由哪几部分组成? 根据不同的分类方法分为哪几类? 各种空调系统的特点和适用场合是什么?

5. 空气处理方法有哪些? 各有哪些主要设备?

6. 简述空调工程水系统的工作流程。

7. 通风与空调工程施工图的图纸内容有哪些?

8. 通风与空调系统安装的内容有哪些?

单元6　变配电工程识图与施工

学习目标

知识目标

● 了解电力系统的基本概念；常用高压电气设备的种类及作用。

● 理解供配电系统的概念；供电系统方案的选择；变配电所一次设备安装方法。

● 掌握建筑低压配电系统的配电方式；常用低压电气设备的种类、特点及作用；常用电线电缆型号的表示方法及含义；变配电所主接线图的组成、识图方法；变配电所平、剖面图的识图方法。

能力目标

● 能识读变配电所主接线图与平剖面图。

● 初步学会变配电所一次设备安装。

课题1　电力系统概论

6.1.1　电力系统和供配电系统概述

电能是一种清洁的二次能源，电力是现代工业的主要动力。由于电能不仅便于输送和分配，易于转换为其他的能源，而且便于控制、管理和调度，易于实现自动化。因此，电能已广泛应用于国民经济、社会生产和人民生活的各个方面。一旦电能供应中断，就可能使整个社会生产和生活瘫痪。因此，每位受现代教育并即将从事工程技术工作的人，都应该了解一些电气方面的基本知识。

供配电系统的任务就是用户所需电能的供应和分配，供配电系统是电力系统的重要组成部分。用户所需的电能，绝大多数是由公共电力系统供给的，故在介绍供配电系统之前，先介绍电力系统的知识。

1. 电力系统

电力系统是由发电厂、变电所、电力线路和电能用户组成的一个整体。如图6-1所示是电力系统的示意图，虚线部分表示建筑供电系统。

为了充分利用动力资源，降低发电成本，发电厂往往远离城市和电能用户，例如，火力发电厂大都建在靠近一次能源的地区；水力发电厂建在水利资源丰富的远离城市的地方；核能发电厂厂址也受种种条件限制。因此，这就需要输送和分配电能，将发电厂发出的电能经过升压、输送、降压和分配，送到用户，如图6-2所示。

（1）发电厂　发电厂将一次能源转换成电能。根据一次能源的不同，有火力发电厂、水力发电厂和核能发电厂，此外，还有风力、地热、潮汐和太阳能等发电厂。

1）火力发电厂将煤、天然气、石油的化学能转换为电能。我国火力发电厂燃料以煤炭为主，火力发电的原理：燃料在锅炉中充分燃烧，将锅炉中的水转换为高温高压蒸汽，蒸汽推动汽轮机转动，带动发电机旋转发电。

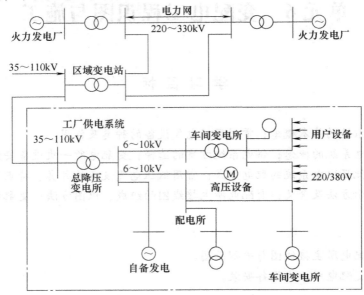

图 6-1　电力系统示意图

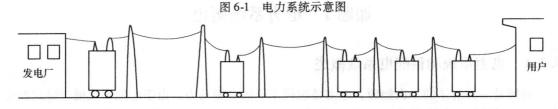

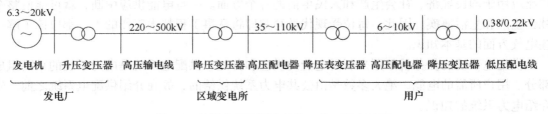

图 6-2　从发电厂到用户的发、输、配电过程

2）水力发电厂将水的位能转换成电能。其原理是水流驱动水轮机转动，带动发电机旋转发电。按提高水位的方法分，水电厂有：堤坝式水电厂、引水式水电厂和混合式水电厂三类。

3）核能发电厂利用原子核的核能产生电能。核燃料在原子反应中堆裂变释放核能，将水转换成高温高压的蒸汽，蒸汽推动汽轮机转动，带动发电机旋转发电。其生产过程与火电厂基本相同。

（2）变电所　变电所的功能是接受电能、变换电压和分配电能。为了实现电能的远距离输送和将电能分配到用户，需将发电机电压进行多次电压变换，这个任务由变电所完成。

变电所由电力变压器、配电装置和二次装置等构成。

①按变电所的性质和任务不同，可分为升压变电所和降压变电所，除与发电机相连的变电所为升压变电所外，其余均为降压变电所。

②按变电所的地位和作用不同，又分为枢纽变电所、地区变电所和用户变电所。

仅用于接受电能和分配电能的场所称为配电所，而仅用于将交流电流转换为直流电流或反之的电流变换场所称为换流站。

（3）电力线路　电力线路将发电厂、变电所和电能用户连接起来，完成输送电能和分配电能的任务。

①电力线路有各种不同的电压等级，通常将220kV及以上的电力线路称输电线路，110kV及以下的电力线路称为配电线路。

②配电线路又分为高压配电线路（110kV、66kV、35kV、10kV、6kV）和低压配电线路（380/220V），前者一般作为城市配电网骨架和特大型企业供电线路，或者为城市主要配网和大中型企业供电线路，后者一般为城市和企业的低压配网。

除了上述交流输电线路，还有直流输电线路。直流输电主要用于远距离输电，连接两个不同频率的电网和向大城市供电。它具有线路造价低、损耗小、调节控制迅速简便和无稳定性问题等优点，但换流站造价高。

（4）电能用户　电能用户又称电力负荷，所有消耗电能的用电设备或用电单位称为电能用户。电能用户按行业可分为工业用户、农业用户、市政商业用户和居民用户等。

与电力系统相关联还有电网，电网是指电力系统中除发电厂和电能用户外的部分，由变电所和各种不同电压等级的线路组成。

2. 供配电系统

供配电系统是电力系统的电能用户，也是电力系统的重要组成部分。它由总降变电所、高压配电所、配电线路、车间变电所或建筑物变电所和用电设备组成。如图6-3所示是供配电系统结构框图。

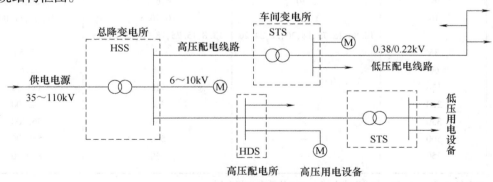

图6-3　供配电系统结构框图

1）总降变电所是企业电能供应的枢纽。它将35~110kV的外部供电电源电压降为6~10kV高压配电电压，供给高压配电所、车间变电所和高压用电设备。

2）高压配电所集中接受6~10kV电压，再分配到附近各车间变电所或建筑物变电所和高压用电设备。一般负荷分散、厂区大的大型企业设置高压配电所。

3）配电线路分为 6~10kV 厂内高压配电线路和 380/220V 厂内低压配电线路。高压配电线路将总降变电所与高压配电所、车间变电所或建筑物变电所和高压用电设备连接起来。低压配电线路将车间变电所的 380/220V 电压送各低压用电设备。

4）车间变电所或建筑物变电所将 6~10kV 电压降为 380/220V 电压，供低压用电设备用。

5）用电设备按用途可分为动力用电设备、照明用电设备、工艺用电设备、电热用电设备等。

应当指出，对于某个具体的供配电系统的组成，主要取决于电力负荷的大小和厂区的大小。通常大型企业都设总降变电所，中小型企业仅设全厂 6~10kV 变电所或配电所，某些特别重要的企业还设自备发电厂作为备用电源。当负荷容量不大于 160kVA 时，一般采用低压电源进线，因此只需设一个低压配电间。

对供配电的基本要求是：安全、可靠、优质、经济。

6.1.2　电力系统的额定电压

电力系统的电压是有等级的，电力系统的额定电压包括电力系统中各种发电、供电、用电设备的额定电压，额定电压是能使电气设备长期运行、经济效果最好的电压。我国规定的三相交流电网和电力设备的额定电压，如表 6-1 所示。下面仅讨论变压器的额定电压。

表 6-1　我国交流电网和电力设备的额定电压

分类	电网和用电设备额定电压/kV	发电机额定电压/kV	电力变压器额定电压 kV	
			一次绕组	二次绕组
低压	0.38	0.40	0.38/0.22	0.40/0.23
	0.66	0.69	0.66/0.38	0.69/0.40
高压	3	3.15	3,3.15	3.15,3.30
	6	6.30	6,6.3	6.30,6.60
	10	10.50	10,10.5	10.50,11.00
	—	13.80,15.75,18,20,22,24,26	13.8,15.75,18.20,22,24,26	—
	35	—	35	38.50
	66	—	66	72.60
	110	—	110	121.00
	220	—	220	242.00
	330	—	330	363.00
	500	—	500	550.00
	750	—	750	820.00

注：表中斜线"/"左边的数字为线电压，右边的数字为相电压

1. 电力变压器的额定电压

（1）变压器一次绕组的额定电压　变压器一次绕组接电源，相当于用电设备。与发电机直接相连的升压变压器的一次绕组的额定电压应与发电机额定电压相同。连接在线路上的降压变压器相当于用电设备，其一次绕组的额定电压应与线路的额定电压相同。

（2）变压器二次绕组的额定电压　变压器的二次绕组向负荷供电，相当于发电机。二

次绕组的额定电压应比线路的额定电压高5%，而变压器二次绕组额定电压是指空载时的电压，但在额定负荷下，变压器的电压降为5%。因此，为使正常运行时变压器二次绕组电压较线路的额定电压高5%，当线路较长（如35kV及以上高压线路），变压器二次绕组的额定电压应比相连线路的额定电压高10%；当线路较短（直接向高低压用电设备供电，如10kV及以下线路），二次绕组的额定电压应比相连线路的额定电压高5%。

2. 电压分类及高低电压的划分

按国标规定，额定电压分为三类。

第一类额定电压为100V及以下，如12V、24V、36V等，主要用于安全照明、潮湿工地建筑内部的局部照明及小容量负荷。

第二类额定电压为100V以上、1000V以下，如220V、380V、600V等，主要用于低压动力电源和照明电源。

第三类额定电压为1kV以上，有6kV、10kV、35kV、110kV、220kV、330kV、500kV、750kV等，主要用于高压用电设备、发电及输电设备。

在电力系统中，通常把1kV以下的电压称为低压，1kV以上的电压称为高压，330kV以上的电压称为超高压，1000kV以上的电压称为特高压。三相电力设备的额定电压不作特别说明时均指线电压。

6.1.3 供电系统的质量指标

1. 电压的质量要求

现行《电能质量 供电电压允许偏差》（GB12325）规定了不同电压等级的允许电压偏差：

1）35kV及以上供电电压，正、负偏差的绝对值之和不超过额定电压的10%。

2）10kV及以下三相供电电压允许偏差为±7%。

3）220V单相供电电压允许偏差为+7%、−10%。

2. 频率的要求

我国规定的额定电压频率为50Hz，大容量系统允许的频率偏差为±0.2Hz，中、小容量系统允许的频率偏差为±0.5Hz。频率的调整主要由发电厂进行。电力用户的频率指标由电力系统给予保证。

3. 供电的可靠性要求

保证供电系统的安全可靠性是电力系统运行的基本要求。所谓供电的可靠性，是指确保用户能够随时得到供电。这就要求供配电系统的每个环节都安全、可靠运行，不发生故障，以保证连续不断地向用户提供电能。

6.1.4 建筑供电系统方案选择

根据供配电系统的运行统计资料表明，系统中各个环节以电源对供电可靠性的影响最大，其次是供配电线路等其他因素。建筑供电系统应根据建设单位要求，由设计者根据工程负荷容量，区分各个负荷的级别和类别，确定供电方案，并经供电部门同意，如图6-4所示。

我国将电力负荷按其对供电可靠性的要求，及中断供电在政治上、经济上造成的损失或影响的程度，划分为三级。

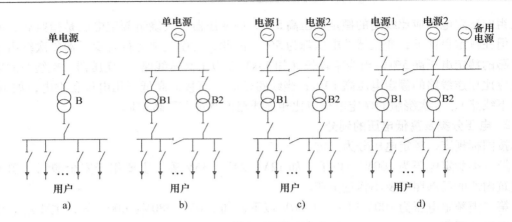

图 6-4　供电系统典型方案

a）三级负荷　b）二级负荷　c）一级负荷　d）一级负荷（特别重要）

1. 一级负荷

一级负荷为中断供电将造成以下后果的负荷：造成人身伤亡者；将在政治上、经济上造成重大损失者，如重大设备损坏、重大产品报废、用重要原料生产的产品大量报废、国民经济中重点企业的连续性生产过程被打乱而需要长时间恢复等；将影响有重大政治、经济影响的用电单位的正常工作。

1）在一级负荷中，当中断供电将发生中毒、爆炸和火灾等情况的负荷，以及特别重要场所的不允许中断供电的负荷，称为特别重要的负荷。

2）一级负荷应由两个电源供电，当一个电源发生故障时，另一个电源不应同时受到损坏；一级负荷设备容量较大或有高压用电设备时，应采用两个高压电源，负荷容量不大时，优先采用从电力系统或临近单位取得第二低压电源，亦可采用发电机组，如一级负荷仅为照明或电话站负荷时，宜采用蓄电池作为备用电源。

3）一级负荷用户变配电所内的高、低压配电系统，均宜采用单母线分段系统，母线间设联络开关，可手动或自动分合闸。

4）在一级负荷中的特别重要负荷，除上述二个独立电源外，还必须增设应急电源。为保证对特别重要负荷的供电，严禁将其他负荷接入应急供电系统。应急电源一般有：独立于正常电源的发电机组、供电网络中有效地独立于正常电源的专门馈电线路、蓄电池。根据用电负荷对停电时间的要求，确定应急电源接入方式。蓄电池组有允许短时电源中断（小于 0.1~0.2s）的应急电源装置（EPS）和不间断电源装置（UPS）两种，UPS 适用于停电时间为 10ms，适用于计算机、自控系统、数据处理系统等不能中断供电的场所，但需使用逆变器将电池组供给的直流电转换成交流电才能向负荷供电，EPS 适用于应急照明供电。

带有自动投入装置的独立于正常供电线路以外的专用馈电线路，适用于允许中断供电时间大于电源切换时间的供电。对于允许中断供电时间为 15~30s 时，可采用快速自动启动柴油发电组。

为一级负荷供电的回路中，不应接入其他级别的负荷。

2. 二级负荷

二级负荷为中断供电将造成较大影响或损失、将影响重要用电单位的正常工作或造成公共场所秩序混乱。

二级负荷应由两回线路供电，做到当电力变压器发生故障或电力线路发生常见故障时，不致中断供电或中断后能迅速恢复。在负荷较小或地区供电条件困难时，可由一回路 6kV 及以上专用架空线路或电缆供电（两根电缆，每根应能承受 100% 二级负荷）。

3. 三级负荷

三级负荷为不属于一级和二级负荷者。对一些非连续性生产的中小型企业，停电仅影响产量或造成少量产品报废的用电设备，以及一般民用建筑的用电负荷等均属三级负荷。

三级负荷对供电电源没有特殊要求，一般由单回电力线路供电。

民用建筑建筑内的电力负荷一般可分为照明、空调、动力三大类。①照明设备包括照明灯具、插座（供台灯、电脑等用）、电热设备（热水器、电磁炉、开水炉等）。②空调设备包括冷水机组、空调机、空调用泵类设备、新风机、冷却塔等。（当动力照明分开计量时，空调负荷属照明计量。）③动力设备包括升降机械（电梯、扶梯、电葫芦等）、水泵、进排风机、洗衣设备及厨房设备等。

当用电设备的总容量在 250kW 及以上、或变压器容量在 160kVA 及以上时，宜以 10（6）kV 供电；在其以下时，可由 380/220V 供电。如果供电电压为 35kV 时，也可直接降至 0.23/0.4kV 配电电压。

6.1.5　建筑低压配电系统的配电方式

建筑低压配电系统包括室外和室内两部分。室外配电系统可采用放射式、树干式或环式。室内配电系统由配电装置（配电盘）及配电线路（干线及分支线）组成，常见的低压配电方式有放射式、树干式、混合式及链式四种，如图 6-5 所示。

1. 放射式

由总配电箱直接供电给分配电箱或负载的配电方式称为放射式，如图 6-5a 所示。

放射式的优点是各个负荷独立受电，因而故障范围一般仅限于本回路。各分配箱与总配电柜（箱）之间为独立的干线连接，各干线互不干扰，当某线路发生故障需要检修时，只切断本回路而不影响其他回路，同时回路中电动机启动引起的电压的波动，对其他回路的影响也较小。缺点是所需开关和线路较多。

如图 6-6 所示是某车间低压放射式配线。由低压母线经开关设备引出若干回线路，直接供电给容量大或负荷重要的低压用电设备或配电箱。

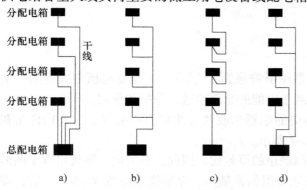

图 6-5　低压配电系统的配电方式示意图
a）放射式　b）树干式　c）链式　d）混合式

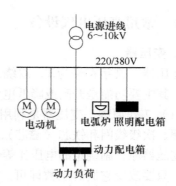

图 6-6　低压放射式接线示意图

放射式配电方式适用于设备容量大、要求集中控制的设备，要求供电可靠性高的重要设备配电回路，以及有腐蚀性介质和爆炸危险等场所的设备。

2. 树干式

树干式是从总配电柜（箱）引出一条干线，各分配电箱都从这条干线上直接接线，如图 6-5b 所示。

优点是投资省、结构简单、施工方便、易于扩展。缺点是供电可靠性较差，一旦干线任一处发生故障，都有可能影响到整条干线，故障影响的范围较大。这种配电方式常用于明敷设回路，设备容量较小，对供电可靠性要求不高的设备。

3. 链式

链式也是在一条供电干线上连接多个用电设备或分配电箱，与树干式不同的是其线路的分支点在用电设备上或分配电箱内，即后面设备的电源引自前面设备的端子，如图 6-5c 所示。

优点是线路上无分支点，适合穿管敷设或电缆线路，节省有色金属。缺点是线路或设备检修或线路发生故障时，相连设备全部停电，供电的可靠性差。

这种配电方式适用于暗敷设线路，供电可靠性要求不高的小容量设备，一般串联的设备不宜超过 3 ~ 4 台，总容量不宜超过 10kW。

4. 混合式

在实际工程中，照明配电系统不是单独采用某一种形式的低压配电方式，多数是综合形式，这种接线方式可根据负荷的重要程度、负荷的位置、容量等因素综合考虑。在一般民用住宅所采用的配电形式多数为放射式与树干式或者链式的结合，如图 6-5d 所示。

在实际工程中，总配电箱向每个楼梯间配电方式一般采用放射式，不同楼层间的配电箱为树干式或者链式配电。

对重要负荷，如消防电梯、消防泵房、消防控制室、计算机管理中心，应从配电室以放射式系统直接供电。根据照明及动力负荷的分布情况，宜分别设置独立的配电系统，消防及其他的防灾用电设施应自成配电系统。

课题 2　常用高低压电气设备

6.2.1　常用高压电气设备

1. 变压器

变压器（文字符号为 T，双绕组变压器图形符号为—⚭—）是变电所中关键的一次设备，其主要功能是升高或降低电压，以利于电能的合理输送、分配和使用。

（1）工作原理　变压器是利用电磁感应的原理来改变交流电压的装置，主要构件是初级线圈、次级线圈和铁芯（磁芯），如图 6-7 所示。

变压器原、副绕组的电压比等于原、副绕组的匝数比。因此，要使原、副绕组有不同的电压，只要改变它们的匝数即可。如，当原绕组的匝数 W_1 为副绕组匝数 W_2 的 25 倍，即 $K = 25$ 时，则该变压器是 25：1 的降压变压器。反之，为升压变压器。

（2）变压器型号含义　如图 6-8 所示。

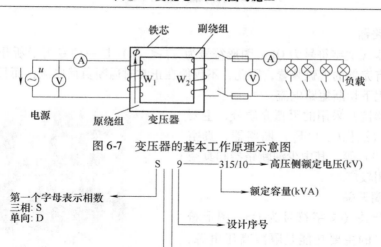

图6-7　变压器的基本工作原理示意图

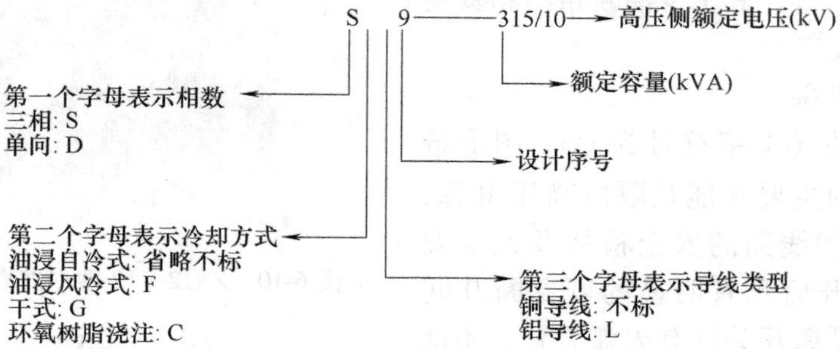

图6-8　变压器型号的含义

1）变压器的型号表示及含义如下：

如S9—1000/10表示三相铜绕组油浸式（自冷式）变压器，设计序号为9，容量为1000kVA，高压绕组额定电压为10kV。

2）变压器的分类方法比较多，①按功能分有升压变压器和降压变压器。②按相数分有单相和三相变压器。③按绕组导体的材质分有铜绕组和铝绕组变压器。④按冷却方式和绕组绝缘分有油浸式、干式两大类，其中油浸式变压器又有油浸自冷式、油浸风冷式、油浸水冷式和强迫油循环冷却式等，而干式变压器又有绕注式、开启式、充气式（SF6）等。⑤按用途分又可分为普通变压器和特种变压器。⑥安装在总降压变电所的变压器通常称为主变压器，6~10kV/0.4kV的变压器常叫做配电变压器。

3）在选择变压器时，①应选用低损耗节能型变压器，如S9系列或S10系列。高损耗变压器已被淘汰，不再采用。②在多尘或有腐蚀性气体严重影响变压器安全的场所，应选择密闭型变压器或防腐型变压器。③供电系统中没有特殊要求和民用建筑独立变电所常采用三相油浸自冷电力变压器（S9、SL9、S10—M、S11、S11—M等）。④对于高层建筑、地下建筑、发电厂、化工等单位对消防要求较高场所，宜采用干式电力变压器（SC、SCZ、SCL、SG3、SG10、SC6等）。

（3）电力变压器的结构。如图6-9所示。

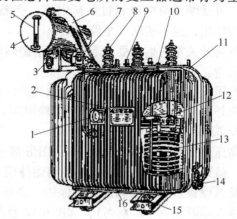

图6-9　三相油浸式电力变压器外部结构图

1—信号式温度计　2—铭牌　3—吸湿器　4—油枕　5—油表
6—安全气道　7—瓦斯继电器　8—高压套管　9—低压套管
10—分接开关　11—油箱　12—铁芯　13—绕组及绝缘
14—放油阀门　15—小车　16—接地端子

2. 高压断路器

高压断路器（文字符号为 QF，图形符号为 ⟍⟋ ）是一种专用于断开或接通电路的开关设备，它有完善的灭弧装置，因此，不仅能在正常时通断负荷电流，而且短路故障时能在保护装置作用下切断短路电流。

高压断路器按其采用的灭弧介质分，主要有油断路器、六氟化硫（SF_6）断路器、真空断路器（图6-10）等。其中少油断路器和真空断路器目前应用较广。

3. 高压隔离开关

高压隔离开关（文字符号为 QS，图形符号为 ⟋ ）的主要功能是隔离高压电源，以保证其他设备和线路的安全检修及人身安全。隔离开关断开后具有明显的可见断开间隙，绝缘可靠。隔离开关没有灭弧装置，不能带负荷拉、合闸，但可用来通断一定的小电流，如励磁电流不超过 2A 的空载变压器、电容电流不超过 5A 的空载线路以及电压互感器和避雷器电路等。高压隔离开关按安装地点分为户内式和户外式两大类。如图 6-11 所示为高压隔离开关外形图。

图 6-10　ZN12—12 型户内高压真空断路

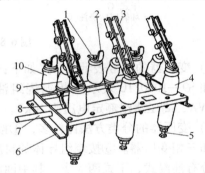

图 6-11　GN8—10 型高压隔离开关外形结构
1—上接线端子　2—静触头　3—闸刀　4—套管绝缘子
5—下接线端子　6—框架　7—转轴　8—拐臂
9—升降绝缘子　10—支柱绝缘子

4. 高压负荷开关

高压负荷开关（文字符号为 QL，图形符号为 ⟋ ）有简单的灭弧装置和明显的断开点，可通断负荷电流和过负荷电流，有隔离开关的作用，但不能断开短路电流。

负荷开关常与熔断器一起使用，借助熔断器来切除故障电流，可广泛应用于城网和农村电网改造。

高压负荷开关主要有产气式、压气式、真空式和 SF_6 等结构类型，按安装地点分有户内式和户外式两类。主要用于 10kV 等级电网。

5. 高压熔断器

高压熔断器（文字符号为 FU，图形符号为 ⟝□⟞ ），是当流过其熔体电流超过一定数值时，熔体自身产生的热量自动地将熔体熔断而断开电路的一种保护设备，其功能主要是对电路及其设备进行短路和过负荷保护。高压熔断器主要有户内限流熔断器（RN 系列）、户外跌落式熔断器（RW 系列），如图 6-12 及图 6-13 所示。

6. 互感器

互感器是电流互感器和电压互感器的合称。互感器实质上是一种特殊的变压器，其基本结构和工作原理与变压器相同。

互感器的主要功能如下。

1）将高电压变换低电压（100V），大电流变换小电流（5A 或 1A），供测量仪表及继电器的线圈。

2）可使测量仪表、继电器等二次设备与一次主电路隔离，保证测量仪表、继电器和工作人员的安全。

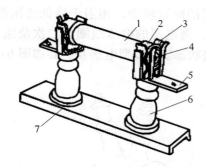

图6-12 RN1及RN2型熔断器外形

1—瓷熔管 2—金属管帽 3—弹性触座
4—熔断指示器 5—接线端子 6—瓷绝
缘子 7—底座

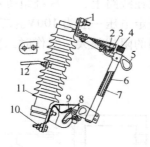

图6-13 RW4—10（G）型外形结构

1—上接线端子 2—上静触头 3—上动触头 4—管帽（带薄膜）
5—操作环 6—熔管 7—铜熔丝 8—下动触头 9—下静触头
10—下接线端子 11—绝缘瓷瓶 12—固定安装板

（1）电流互感器 电流互感器简称 CT（文字符号为 TA，单二次绕组电流互感器图形符号为 $\phi\!\!+\!\!\!+$），是变换电流的设备。

电流互感器的基本结构原理如图6-14所示，它由一次绕组、铁芯、二次绕组组成。其结构特点是：一次绕组匝数少且粗，有的型号还没有一次绕组，利用穿过其铁芯的一次电路作为一次绕组（相当于1匝）；而二次绕组匝数很多且较细。电流互感器的一次绕组串接在一次电路中，二次绕组与仪表、继电器电流线圈串联，形成闭合回路，由于这些电流线圈阻抗很小，工作时电流互感器二次回路接近短路状态。

如图6-15和图6-16所示分别为 LQZ—10 型和 LMZJ1—0.5 型电流互感器的外形图。

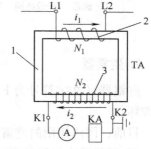

图6-14 电流互感器结构原理

1—铁芯 2—原线圈 3—副线圈

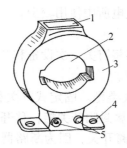

图6-15 LMZ1—0.5型电流互感器外形结构

1—铭牌 2——次母线穿孔 3—铁芯，外绕二次绕组，
树脂浇注 4—安装板 5—二次接线端子

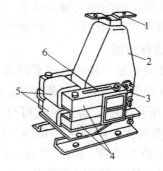

图6-16 LQZ—10型电流互感器外形结构

1——次接线端子 2——次绕组（树脂浇注）
3—二次接线端子 4—铁芯 5—二次绕组
6—警告牌（上写有"二次侧不得开路"等字样）

（2）电压互感器　电压互感器简称PT（文字符号为TV，单相式电压互感器图形符号为⊥），是变换电压的设备。

电压互感器的基本结构原理如图6-17所示，它由一次绕组、二次绕组、铁芯组成。一次绕组并联在线路上，一次绕组匝数较多，二次绕组的匝数较少，相当于降低变压器。二次绕组的额定电压一般为100V。二次回路中，仪表、继电器的电压线圈与二次绕组并联，这些线圈的阻抗很大，工作时二次绕组近似于开路状态。JDZ型电压互感器如图6-18所示。

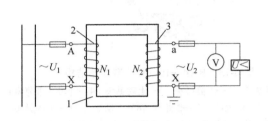
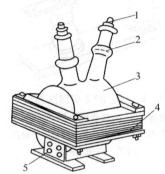

图6-17　电压互感器结构原理
1—铁芯　2—原线圈　3—副线圈

图6-18　JDZ—3、6、10型电压互感器外形结构
1——一次接线端子　2—高压绝缘套管
3——一二次绕组，环氧树脂浇注
4—铁芯（壳式）　5—二次接线端子

7. 避雷器

避雷器（文字符号为F，图形符号为⊥）就是用来防止架空线引进的雷电对变配电装置的破坏。

目前，国内使用的避雷器有保护间隙、管型避雷器、阀型避雷器（有普通阀型避雷器FS、FZ型和磁吹阀型避雷器）、氧化锌避雷器。阀形避雷器由火花间隙和可变电阻两部分组成，密封于一个瓷质套筒里面，上面出线与线路连接，下面出线与地连接。

氧化锌避雷器由于具有良好的非线性、动作迅速、残压低、通流容量大、无续流、结构简单可靠性高、耐污能力强等优点，是传统碳化硅阀型避雷器的更新换代产品，在电站及变电所中得到了广泛的应用。保护间隙、管型避雷器在工厂变电所中使用较少。

8. 高压开关柜

高压开关柜是一种高压成套设备，它按一定的线路方案将有关一次设备和二次设备组装在柜内，从而节约空间、安装方便、供电可靠、美化了环境。

1）高压开关柜按结构形式可分为固定式、移开式两大类型。固定式开关柜中，GG—1A型已基本淘汰，新产品有KGN、XGN系列箱型固定式金属封闭开关柜；移开式开关柜主要新产品有JYN系列、KYN系列。移开式开关柜中没有隔离开关，因为断路器在移开后能形成断开点，故不需要隔离开关。

2）按功能作用分主要有馈线柜、电压互感器柜、高压电容器柜（GR—1型）、电能计量柜（PJ系列）、高压环网柜（HXGN型）等。

表6-2列出了主要高压开关柜型号及含义。

表6-2 主要高压开关柜型号及含义

型 号	型 号 含 义
JYN2—10、35	J——"间"隔式金属封闭；Y——"移"开式；N——户"内"；2——设计序号；10、35——额定电压kV（下同）
GFC—7B（F）	G——"固"定式；F——"封"闭式；C——手"车"式；7B——设计序号；（F）——防误型
KYN□—10、35	K——金属"铠"装；Y——"移"开式；N——户"内"（下同）；□——（内填）设计序号（下同）
KGN—10	K——金属"铠"装；G——固定式；其他同上
XGN2—10	X——"箱"型开关柜；G——"固"定式
HXGN□—12Z	H——"环"网柜；其他含义同上；12——表示最高工作电压为12kV；Z——带真空负荷开关
GR—1	G——高压固定式开关柜；R——电"容"器；1——设计序号
PJ1	PJ——电能计量柜（全国统一设计）；1——（整体式）仪表安装方式

6.2.2 常用低压电气设备

低压电气设备是指在1000V或1200V及以下的设备，这些设备在供配电系统中一般都安装在低压开关柜或配电箱内。低压电气设备的新旧更替比较快，主要向小型化、高性能、环保、美观方向发展。本节简要介绍低压开关柜及柜内主要设备如熔断器、低压断路器等。

1. 低压开关柜

低压开关柜是按一定的线路方案将有关低压设备组装在一起的成套配电装置。其结构形式主要有固定式和抽屉式两大类。

低压抽出式开关柜，适用于额定电压380V，交流50Hz的低压配电系统中作受电、馈电、照明、电动机控制及功率因数补偿之用。目前有GCK1、GCL1、GCJ1、GCS系列。抽出式低压开关柜馈电回路多、体积小、占地少，但结构复杂、加工精度要求高。

低压固定开关柜目前国内广泛使用的主要有PGL1、PGL2、GGD系列。GGD型开关柜是九十年代产品，柜体采用通用柜的形式，柜体上、下两端均有不同数量的散热槽孔，使密封的柜体自下而上形成自然通风道，达到散热的目的。

还有一些新产品，如引进国外先进技术生产的开关柜OM1NO系列及MNS型等。

2. 刀开关

刀开关是一种简单的手动操作电器，用于非频繁接通和切断容量不大的低压供电线路，并兼做电源隔离开关。刀开关的型号一般以H字母打头，种类规格繁多，并有多种衍生产品。按工作原理和结构，刀开关可分为开启式刀开关、胶盖闸刀开关、铁壳开关等。

（1）开启式刀开关 它的最大特点是有一个刀形动触头，基本组成部分是闸刀（动触头）、刀座（静触头）和底板。①低压刀开关按操作方式分为单投和双投开关。②按极数分为单极、双极和三极开关。③按灭弧结构分为带灭弧罩和不带灭弧罩等。低压刀开关常用于不频繁地接通和切断交流和直流电路，刀开关装有灭弧罩时可以切断负荷电流，否则只能作隔离开关用。常用型号有HD和HS系列，如图6-19所示。

（2）开启式负荷开关 开启式负荷开关俗称胶盖闸刀开

图6-19 三极单投式刀开关

关，具有结构简单、价格低廉、使用维修方便等优点，主要用作照明电路的配电开关，也可用作 5.5kW 以下电动机的非频繁启动控制开关。闸刀装在瓷质底板上，每相附有保险丝、接线柱，用胶木罩壳盖住闸刀，以防止切断电源时电弧烧伤操作者。这种开关没有专门的灭弧装置，操作者应站在开关侧面，动作必须迅速果断。胶盖闸刀开关的结构如图 6-20 所示，由于开关内部装设了熔丝，所以当它控制的电路发生了短路故障时，可通过熔丝的熔断迅速切断故障电路。开启式负荷开关用于照明电路时，可选用额定电流等于或大于电路最大工作电流的二级开关；用于电动机的直接启动时，选用额定电流等于或大于 3 倍电动机额定电流的三级开关。该开关常用型号有 HK1 和 HK2 系列。

（3）封闭式负荷开关。封闭式负荷开关俗称铁壳开关。具有通断性能好、操作方便、使用安全等优点。适用于各种配电设备中，供不频繁手动接通和分断负载电路及短路保护之用。铁壳开关结构如图 6-21 所示，主要由刀开关、熔断器和铁制外壳组成。在刀闸断开处有灭弧罩，断开速度比胶盖闸刀快，灭弧能力强。其铁壳盖与操作手柄有机械连锁，只有操作手柄处于断开状态，才能打开铁壳盖；铁壳盖打开时，不能合闸，比较安全。开关的型号主要有 HH3、HH4、HH12 等系列。

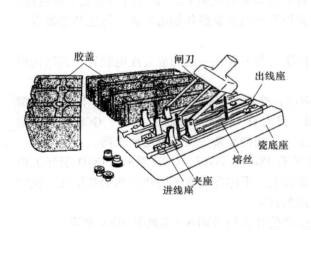

图 6-20　胶盖闸刀开关

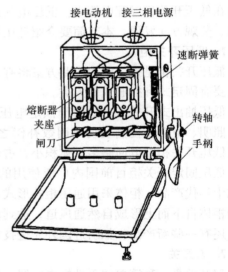

图 6-21　铁壳开关

3. 低压熔断器

低压熔断器是常用的一种简单的保护电器。与高压熔断器一样，主要作为短路保护用，在一定条件下也可能起过负荷保护的作用。熔断器工作原理同高压熔断器一样，当线路中出现故障时，通过的电流大于规定值，熔体产生过量的热而被熔断，电路由此被分断。

低压熔断器常用的有瓷插式（RC1A）、螺旋式（RL7）、无填料密闭管式（RM10）、有填料密闭管式（RT0）等多种类型。常用的低压熔断器结构如图 6-22 所示。

瓷插式灭弧能力差，只适用于故障电流较小的线路末端使用。其他几种类型的熔断器均有灭弧措施，分断电流能力比较强。无填料密闭管式结构简单，螺旋式更换熔管时比较安全，有填料密闭管式的断流能力更强。

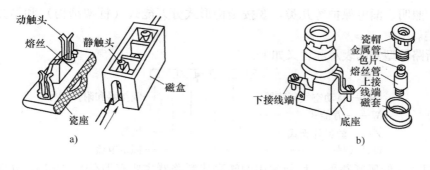

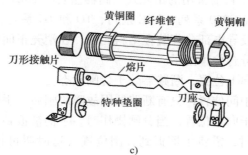

图 6-22　常用低压熔断器结构图
a) 瓷插式　b) 螺旋式　c) 无填料密闭管式

4. 低压断路器

低压断路器（文字符号和图形符号与高压断路器相同）是一种能带负荷通断电路，又能在短路、过负荷、欠压或失压的情况下自动跳闸的一种开关设备。其原理示意图如图 6-23 所示，它由触头、灭弧装置、转动机构和脱扣器等部分组成。脱扣器完成各种保护功能，具体如下。

热脱扣器。用于线路或设备长时间过载保护，当线路电流出现较长时间过载时，金属片受热变形，使断路器跳闸。

过流脱扣器。用于短路、过负荷保护，当电流大于动作电流时自动断开断路器。分瞬时短路脱扣器和过流脱扣器（又分长延时和短延时）两种。

分励脱扣器。用于远距离跳闸。远距离合闸操作可采用电磁铁或电动贮能合闸。

欠压或失压扣脱器。用于欠压或失压（零压）保护时，当电源电压低于定值时自动断开断路器。

断路器的种类很多，①按灭弧介质分有空气断路器和真空断路器。②按用途分配电、电

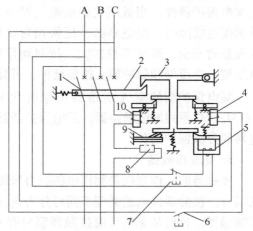

图 6-23　低压断路器原理结构接线示意图
1—主触头　2—跳钩　3—锁扣　4—分励脱扣器
5—失压脱扣器　6、7—脱扣按钮　8—加热电阻丝
9—热脱扣器　10—过流脱扣器

动机保护、照明、漏电保护等几类。③按结构形式分万能式（框架结构）和塑壳式（装置式）两大类。

低压断路器型号的表示和含义如下：

```
        □ □ □—□/□
D——自动空气断路器 ┘│  │      │  └ 脱扣器和附件代号
W——万能式          │  │      │
Z——塑料外壳式       │  │      └ 极数
设计代号 ───────────┘  └ 额定电流 A
```

（1）塑壳式低压断路器　目前常用的塑壳式断路器主要有 DZ20、DZ15、DZX10 系列及引进国外技术生产的 H 系列、S060 系列、3VE 系列、TO 和 TG 系列。

塑壳式断路器所有机构及导电部分都装在塑料壳内，在塑壳正面中央有操作手柄，手柄有三个位置，在壳面中央有分合位置指示。

①合闸位置，手柄位于向上位置，断路器处于合闸状态。

②自由脱扣位置，位于中间位置，只有断路器因故障跳闸后，手柄才会置于中间位置。

③分闸和再扣位置，位于向下位置，当分闸操作时，手柄被扳到分闸位置，如果断路器因故障使手柄置于中间位置时，需将手柄扳到分闸位置（这时叫再扣位置）时，断路器才能进行合闸操作。

（2）万能式低压断路器　万能式低压断路器主要有 DW15、DW18、DW40、CB11（DW48）、DW914 系列及引进国外技术生产的 ME 系列、AH 系列、AE 系列。其中 DW40、CB11 系列采用智能脱扣器，能实现微机保护。

万能式断路器的内部结构主要有机械操作和脱扣系统、触头及灭弧系统、过电流保护装置等三大部分。万能式断路器操作方式有手柄操作、电动机操作、电磁操作等。

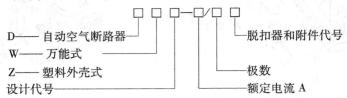

（3）漏电断路器　如图 6-24 所示，漏电断路器是在断路器上加装漏电保护器件，当低压线路或电气设备上发生人身触电、漏电和单相接地故障时，漏电断路器便快速自动切断电源，保护人身和电气设备的安全，避免事故扩大。按照动作原理，漏电断路器可分为电压型、电流型和脉冲型。按照结构，可分为电磁式和电子式。

图 6-24　带有漏电保护功能的微型断路器

漏电保护型的空气断路器在原有代号上再加上字母 L，表示是漏电保护型的。如 DZ15L—60 系列漏电断路器。漏电保护断路器的保护方式一般分为低压电网的总保护和低压电网的分级保护两种。

5. 交流接触器

接触器的工作原理是利用电磁吸力来使触头动作的开关，它可以用于需要频繁通断操作的场合。接触器按电流类型不同可分为直流接触器和交流接触器。在建筑工程中常用的是交流接触器。目前常见的交流接触器型号有 CJ12、CJ20、B、LCI—D 等系列。交流接触器外形如图 6-25 所示。

接触器的结构原理如图 6-26 所示。当线圈通电后，铁芯被磁化为电磁铁，产生吸力。当吸力大于弹簧反弹力时衔铁吸合，带动拉杆移动，将所有常开触头闭合、常闭触头打开。线圈失电后，衔铁随即释放并利用弹簧的拉力将拉杆和动触头恢复至初始状态。接触器的触头分两类，一类用于通断主电路的，称为主触头，有灭弧罩，可以通过较大电流。另一类用于控制回路中，可以通过小电流，称为辅助触头。辅助触头主要有常开和常闭两类。

a)　　　　　　　　　b)　　　　　　　　c)

图 6-25　常用交流接触器

a）LCI-D　b）CJ12　c）CJ20

（1）交流接触器的组成部分

1）电磁机构：由线圈、动铁芯（称为衔铁）、静铁芯、反力弹簧组成。

2）触头系统：包括主触头和辅助触头。

主触头用于通断大电流主电路，一般有三对或 4 对常开触头；辅助触头用于控制线路，起电气联锁或控制作用，通常有两对常开（2NO）两对常闭（2NC）触头。

3）灭弧装置：容量在 10A 以上的接触器都有灭弧装置。对于小容量的接触器，常采用双断口桥式触头以利于熄灭电弧；对于大容量的接触器，低压接触器常采用纵缝灭弧罩及栅片灭弧结构，高压接触器多采用真空灭弧。

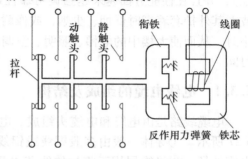

图 6-26　接触器工作原理

4）其他部件：包括反力弹簧、缓冲弹簧、触头反力弹簧、传动机构及外壳和支架等。

（2）交流接触器的主要技术参数和类型

1）额定电压：有两种，一是指主触头的额定电压（线电压），交流有 220V、380V 和 660V，在特殊场合应用的额定电压高达 1140V；二是指吸引线圈的额定电压，交流有 36V、127V、220V 和 380V。

2）额定电流：指主触头的额定工作电流。它是在一定的条件（额定电压、使用类别和操作频率等）下规定的，目前常用的电流等级为 9～800A。

3）机械寿命和电气寿命：接触器是频繁操作电器，应有较高的机械和电气寿命，该指标是产品质量的重要指标之一。

4）额定操作频率：指每小时允许的操作次数，一般为 300 次/h、600 次/h 和 1200 次/h。

5）动作值：指接触器的吸合电压和释放电压。规定接触器的吸合电压大于线圈额定电压的 85% 时应可靠吸合，释放电压不高于线圈额定电压的 70%。

6）极数：一般指的是主触头极数，有单极、三极、四极、五极。

（3）接触器的选择

1）根据负载性质选择接触器的结构形式及使用类别。

2）额定电压应大于或等于主电路工作电压。

3）额定电流应大于或等于被控电路的工作电流。对于异步电动机负载，还应根据其运行方式（有无反接制动）适当增大或减小通断电流。

4）吸引线圈的额定电压与频率要与所在控制电路的使用电压和频率相一致。

5）接触器触头数和种类应满足主电路和控制电路的要求。

课题3　常用电线电缆

导线和电缆是分配电能和传递信息的主要器件，选择的合理与否，直接影响到有色金属的消耗量与线路投资，以及电力线路的安全运行。

在人们生活中接触到的电线电缆产品，越来越强调安全性及绿色环保性。与人们休戚相关的照明电线、家用电器的电源线等都强调要通过3C认证（中国电线电缆产品强制性认证），并且在性能方面越来越强调可靠性以及绿色环保，即：电线电缆万一遇火警条件下，或者其外护套着燃时低烟、少烟，或像耐火的电线产品，在着燃条件下仍可继续使用3~4小时，从而使大楼中的电梯、照明、空调、排风机等仍可继续工作，为人的逃生赢得宝贵的时间。

6.3.1　电线电缆的组成及结构

电缆线路是由电缆和电缆头组成。电缆由导体、绝缘层和保护层三大部分组成，如图6-27所示。①导体一般由多股铜线或铝线绞合而成，便于弯曲。②线芯采用扇形，可减小电缆外径。③绝缘层用于将导体线芯之间或线芯与大地之间良好地绝缘。④保护层是用来保护绝缘层，使其密封，并保持一定的机械强度，以承受电缆在运输和敷设时所受的机械力，并且防止潮气进入。

电缆头包括电缆中间接头和电缆终端头。电缆线路的故障大部分情况发生在电缆接头处，所以电缆头是电缆线路中的薄弱环节，对电缆头的安装质量尤其要重视，要求密封性好，有足够的机械强度，耐压强度不低于电缆本身的耐压强度。

建筑内采用的配电线路及从电杆上引进户内的线路多为绝缘导线。电线结构由导体和绝缘体组成。绝缘导线的线芯材料有铝芯和铜芯两种。绝缘导线外皮的绝缘材料有塑料绝缘和橡胶绝缘。塑料绝缘的绝缘性能良好，价格低，可节约橡胶和棉纱，在室内敷设可取代橡胶绝缘线。塑料绝缘线不宜在户外使用，以免高温时软

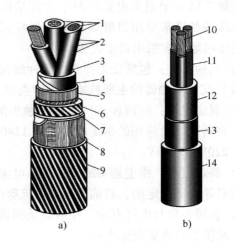

a)　　　　　　　　b)

图6-27　电力电缆

a）油浸纸绝缘电力电缆　b）交联聚乙烯电力电缆

1—铝芯（或铜芯）　2—油浸纸绝缘层　3—麻筋（填料）
4—油浸纸（统包绝缘）　5—铝名（或铅包）
6—涂沥青的纸带（内护层）　7—浸沥青的麻包（内护层）
8—钢铠（外护层）　9—麻包（外护层）　10—铝芯（或铜芯）
11—交联聚乙烯（绝缘层）　12—聚氯乙烯护套（内护层）
13—钢铠或铝铠　14—聚氯乙烯外壳

化，低温时变硬变脆。

6.3.2　常用电线、电缆

1. 油浸纸绝缘电力电缆

油浸纸绝缘电力电缆有铅、铝两种护套。①铅护套质软，韧性好，易弯曲，化学性能稳定，熔点低，便于制造及施工；但价贵质重，且膨胀系数小于浸渍纸绝缘电缆，线芯发热时电缆内部产生的应力可能使铅包变形。②铝护套重量轻，成本低，但制造及施工困难。

油浸纸绝缘电力电缆的优点是耐热能力强，允许运行温度较高，介质损耗低，耐电压强度高，使用寿命长；缺点是不能在低温场所敷设，且电缆两端水平差不宜过大，民用建筑内配电不宜采用。

2. 0.6/1kV 聚氯乙烯绝缘及护套电力电缆

本产品适用于交流额定电压 0.6/1kV 的线路中，供输、配电能用。

1）电缆导体长期允许工作温度不超过 70℃。

2）短路时（最长持续时间不超过 5 秒），电缆导体的最高温度不超过 160℃。

3）敷设电缆时的环境温度应不低于 0℃。

（1）电缆的型号、名称及适用场合　见表 6-3。

表 6-3　电缆的型号、名称及适用场合

型号		名　称	适　用　场　合
铜	铝		
VV	VLV	聚氯乙烯绝缘聚氯乙烯护套电力电缆	敷设在室内、隧道内、管道中，电缆不能承受机械外力作用
VV22	VLV22	聚氯乙烯绝缘聚氯乙烯护套钢带铠装电力电缆	敷设在地下，电缆能承受机械外力作用，但不能承受大的拉力
VV32	VLV32	聚氯乙烯绝缘聚氯乙烯护套细钢丝铠装电力电缆	敷设在地下，电缆既能承受机械外力作用，也能承受大的拉力

（2）阻燃型。

1）普通阻燃型：在原型号前加 "ZR"，如 ZR—VV

2）低烟低卤阻燃型：①在原型号前加 "DDZ"，如 DDZ—VV。②在原型号前加 "ZR"，并将型号中字母 "V" 改写为 "VD" 如 ZR—VDVD。

3）低烟无卤阻燃聚烯烃型：在原型号前加 "ZR" 并将型号中字母 "V" 改写为 "E"，如 ZR—EE。

3. 交联聚乙烯绝缘聚氯乙烯护套电力电缆

（1）用途　本产品适用于 35kV 及以下电力输配电系统中、供输配电能之用。广泛用于电力、建筑、工矿、冶金、石油、化工、交通等部门，已完全替代了油浸纸绝缘电力电缆和部分替代聚氯乙烯绝缘电力电缆。

（2）使用特性及主要技术性能

1）额定电压 U_0/U 分为 0.6/1kV、1.8/3kV、3.6/6kV、6/6kV、6/10kV、8.7/15kV、12/20kV、21/35kV、26/35kV。

2）导体长期允许的最高工作温度为 90℃，短路时（最长持续时间不超过 5s），电缆导体的最高温度不超过 250℃。

3）敷设时的环境温度不低于 0℃，低于 0℃时应先加热，最小弯曲半径不小于电缆外径的 15 倍。

4）电缆敷设不受落差限制。

（3）电缆的型号、名称及适用场合　见表 6-4。

表 6-4　电缆的型号、名称及适用场合

型　　号		名　　称	适 用 场 合
铜	铝		
YJV	YJLV	交联聚乙烯绝缘聚氯乙烯护套电力电缆	敷设在室内、隧道、电缆沟及管道中，也可埋在松散的土壤中，电缆不能承受机械外力作用
YJV22	YJLV22	交联聚乙烯绝缘聚氯乙烯护套钢带铠装电力电缆	直埋敷设在地下，电缆能承受一定机械外力作用，但不能承受大的拉力
VV23	VLV23	交联聚乙烯绝缘聚氯乙烯护套钢带铠装电力电缆	

4. 橡胶绝缘电力电缆

其优点是弯曲性能好，耐寒能力强，特别适合用于水平高差大和垂直敷设的场合，橡胶绝缘橡胶护套软电缆还可用于直接移动式电气设备。缺点是允许运行温度低，耐油性能差，价格较贵，一般室内配电使用不多。

5. 控制电缆

控制电缆适用于交流 50Hz，额定电压 450/750V、600/1000V 及以下的工矿企业、现代化高层建筑的远距离操作、控制、信号及保护测量回路。作为各类电气仪表及自动化仪表装置之间的连接线，起着传递各种电气信号、保障系统安全、可靠运行的作用。用 K 表示控制电缆类别。

6. 综合布线电缆

综合布线电缆是用于传输语言、数据、影像和其他信息的标准结构化布线系统，其主要目的是在网络技术不断升级的条件下，仍能实现高速率数据的传输要求。只要各种传输信号的速率符合综合布线电缆规定的范围，则各种通信业务都可以使用综合布线系统。综合布线系统使用的传输媒体有各种大对数铜缆和各类非屏蔽双绞线及屏蔽双绞线。大对数铜缆主要型号规格如下。

1）三类大对数铜缆 UTPCAT3.025 ~ 100（25 ~ 100 对）。

2）五类大对数铜缆 UTPCAT5.025 ~ 50（25 ~ 50 对）。

3）超五类大对数铜缆 UTPCAT51.025 ~ 50（25 ~ 50 对）。

7. 塑料绝缘电线

该电线绝缘性能好，制造方便，价格便宜，可取代橡胶绝缘电线。缺点是对气候适应性能较差，低温时易变硬发脆，高温或日光下绝缘老化加快，因此，该电线不宜在室外敷设。

8. 橡胶绝缘电线

根据玻璃丝或棉纱的货源情况配置编织层材料，现已逐步被塑料绝缘电线取代，一般不宜采用。

9. 氯丁橡胶绝缘电线

氯丁橡胶绝缘电线有取代截面在 $35mm^2$ 以下的普通橡胶绝缘电线的趋势。其优点是不易霉，不延燃，耐油性能好，对气候适应性能好，老化过程缓慢，适应在室外架空敷设。缺点是绝缘层机械强度较差，不适宜穿管敷设。

6.3.3　电线、电缆型号表示及含义

1. 配电线路常用导线型号、名称及主要应用范围

配电线路常用导线型号、名称及主要应用范围见表6-5。

表 6-5　常用绝缘导线型号、名称及主要应用范围

型　号	名　　称	主要应用范围
BV	铜芯聚氯乙烯塑料绝缘线	户内明敷或穿管敷设
BLV	铝芯聚氯乙烯塑料绝缘线	
BX	铜芯橡胶绝缘线	户内明敷或穿管敷设
BLX	铝芯橡胶绝缘线	
BVV	铜芯聚氯乙烯塑料绝缘护套线	户内明敷或穿管敷设
BLVV	铝芯聚氯乙烯塑料绝缘护套线	
BVR	铜芯聚氯乙烯塑料绝缘软线	用于要求柔软电线的地方,可明敷或穿管敷设
BLVR	铝芯聚氯乙烯塑料绝缘软线	
BVS	铜芯聚氯乙烯塑料绝缘绞型软线	用于移动式日用电器及灯头连接线
RVB	铜芯聚氯乙烯塑料绝缘平型软线	
BBX	铜芯橡胶绝缘玻璃纺织线	户内外明敷或穿管敷设
BBLX	铝芯橡胶绝缘玻璃纺织线	

2. 电力电缆型号

电力电缆型号含义见表6-6。

例如，ZQ22—10（3×70）表示油浸纸介质绝缘内铅包护套外钢带铠装铜芯电缆，耐压等级 10kV，3 芯，导线标称截面为 $70mm^2$。

VV22—1.0（$3 \times 95 + 1 \times 50$）表示聚氯乙烯绝缘与护套钢带铠装铜芯电缆，耐压等级 1kV，4 芯，相线三芯标称截面为 $95mm^2$，中性线标称截面为 $50mm^2$。

表 6-6　电力电缆型号、名称含义

类　别	导　体	内护套	特　征	外护套
Z：油浸纸绝缘 V：聚氯乙烯绝缘 YJ：交联聚乙烯绝缘 X：橡胶绝缘	L：铝芯 T：铜芯（一般不注）	Q：铅包 L：铝包 V：聚氯乙烯护套 Y：聚乙烯护套	P：滴干式 D：不滴流式 F：分相铅包式	01：纤维外被 02：聚氯乙烯套 03：聚乙烯套 20：裸钢带铠装 22：钢带铠装聚氯乙烯套 23：钢带铠装聚乙烯套 30：裸细钢丝铠装 32：细圆钢丝铠装聚氯乙烯套 33：细圆钢丝铠装聚乙烯套 41：粗圆钢丝铠装纤维外被

课题 4 变电所主接线

变电所的主接线是供电系统中用来传输和分配电能的线路，所构成的电路称为一次电路，又称为主电路或主接线。它由各种主要电气设备（变压器、隔离开关、负荷开关、断路器、熔断器、互感器、电容器等设备）按一定顺序连接而成。主接线图只表示相对电气连接关系而不表示实际位置。通常用单线来表示三相系统。凡用来控制、指示、监测和保护一次设备运行的电路，叫二次回路，也叫二次接（结）线。二次回路中所有电气设备都称为二次设备或二次元件，如仪表、继电器、操作电源等。

6.4.1 配电所主接线图

配电所的功能是接收电能和分配电能，所以其主接线比较简单，只有电源进线、母线和出线三大部分。

（1）电源进线 分为单进线和双进线。单进线一般适用于三级负荷，而对于少数二级负荷应有自备电源或邻近单位的低压联络线。双进线可适用于一、二级负荷，对于一级负荷，一般要求双进线分别来自不同的电源（电网）。

现行《电力装置的电测量仪表装置设计规范》（GBJ 63）规定，"电力用户处的电能计量装置，宜采用全国统一标准的电能计量柜"，"装置在 66kV 以下的电力用户处电能计量点的计费电能表，应设置专用的互感器"。因此，在配电所的进线端装有高压计量柜和高压开关柜，便于控制、计量和保护。

（2）母线 母线（Bus 或 Bar，文字符号 W 或 WB）又称汇流排，一般由铝排或铜排构成。它可分为单母线、单母线分段式和双母线。一般对单进线的变配电所都采用单母线；对于对线的，采用单母线分段式或双母线式。因为采用单母线分段式时，双进线就分别接在两段母线上，当有一路进线出现故障或检修时，通过隔离开关的闭合，就可使另一段母线有电，以保证供电连续性。但当另一段母线出现故障或检修时，与其相连接的配电支路就要停电，为了进一步提高供电可靠性（对于一级负荷而言），就必须采用双母线。当然，采用双母线会使开关设备的用量增加一倍左右，投资增加很大。

（3）出线 出线起到分配电能的作用，并把母线的电能通过出线的高压开关柜和输电线送到车间变电所。

采用分段单母线式，在每段上都装有避雷器和三相五心柱电压互感器，以防止雷电波袭击，电压互感器可进行电压测量和绝缘监视。出线端装有高压开关柜，每个高压开关柜上都有两个二次绕组的电流互感器，其中一个绕组接测量仪表，另一个接继电保护装置。

6.4.2 变电所主接线图

变电所的功能是变换电压和分配电能，由电源进线、电力变压器、母线和出线四大部分组成，与配电所相比，它多了一个变换电压等级。

（1）电源进线 起到接收电能的作用，根据上级变配电所传输到本所线路的长短，和上级变配电所的出线端是否安装高压开关柜，来决定在本所进线处是否需安装开关设备及其类型。一般而言，若上级变配电所装有高压开关柜，对输电线路和主变压器进行保护，那么本所可以不装或只装简单的开关设备后与主变压器连接。

对于远距离的输电线路或上级变配电所没有把主变压器的各种保护考虑在内，那么本所一般都装有高压开关柜。

（2）主变压器　把进线的电压等级变换为另一个电压等级，如车间变电所就得把 6～10kV 的电压变换为 0.38kV 的负载设备额定电压。

（3）母线　与配电所一样，变电所的母线也分为单母线、双母线和分段单母线。后两种适用于双主变压器的变电所。

（4）出线　起到分配电能的作用，它通过高压开关柜（高压变电所适用）或低压配电屏（低压变电所适用）把电能分配到各个干线上。

主接线中主要电气元件的图形符号和文字符号如表 6-7 所示。

表 6-7　主接线中主要电气元件的图形符号和文字符号

元件名称	图形符号	文字符号	元件名称	图形符号	文字符号
变压器		T	热继电器		KB
断路器		QF	电流互感器①		TA
负荷开关		QL	电压互感器②		V
隔离开关		QS	避雷器		F
熔断器		FU	移相电容器		C
接触器		QC			

①　三个符号分别表示单个二次绕组；一个铁芯、两个二次绕组；两个铁芯、两个二次绕组的电流互感器。
②　两个符号分别表示双绕组和三绕组电压互感器。

拿到一张图纸时，若看到有母线，就知道它是配电所的主电路图。然后再看看是否有电力变压器，若有电力变压器是变电所的主电路图，若无则是配电所的主电路图。但是不管是变电所的还是配电所的主电路图，它们的分析（看图）方法是一样的，都是从电源进线开始，按照电能流动的方向进行。

6.4.3　主接线实例

在绘制电气系统一次电路图时，为完善电路图的功能，即为进一步编制详细的技术文件提供依据和供安装、操作、维修时参考，在电气系统一次电路图上经常标注与电气系统有关的，如设备容量、计算容量等几个主要参数，首先搞清楚它们的含义。

（1）设备容量　指某一电气系统或某一供电线路（干线）上安装的配电设备（注意包括暂时不用的设备，但不包括备用的设备）铭牌所写的额定容量之和，用符号 P 或 S 表示，单位为 kW 或 kV·A。

（2）计算容量　某一系统或某一干线上虽然安装了许多用电设备，但这些设备在同一时刻不一定都在工作，即使同时运行也不一定同时处于满载运行状态，因为一些设备（特别是容量较大的设备）一般是短时或是间断运行的，因此，不能完全根据设备容量的大小来确定线路导线和开关设备的规格。在工厂变配电设计过程中，要确定一个假定负载，以便满足按照此负载的发热条件来选择电气设备、负载的功率或负载电流，称为计算容量，用 P_{30}、Q_{30}、S_{30} 或 P_{js}、Q_{js}、S_{js} 表示。

（3）计算电流　其计算容量对应的电流称为计算电流，用符号 I_{30} 或 I_{js} 表示。

（4）需要系数　在确定计算容量的过程中，不考虑短时出现的尖峰电流，对持续 30min 以上的最大负荷必须考虑。需要系数就是考虑了设备是否满负荷、是否同时运行以及设备工作效率等因素确定的一个综合系数，以 K 表示。

下面来读某工程供电系统主电路图。

系统构成。如图 6-28 所示可以看出，该电气系统有两个电源。1 号电源为 10kV 架空线路外电源，架空线路电路进入系统时首先经过户外跌开式熔断器 FU 加到主变压器 T。2 号电源为本工程独立的柴油发电机组自备电源。母线分段，供电可靠性高。电源进线与配线采用 1～5 号五个配电屏。成套配电屏结构紧凑，便于安装、维护和管理。

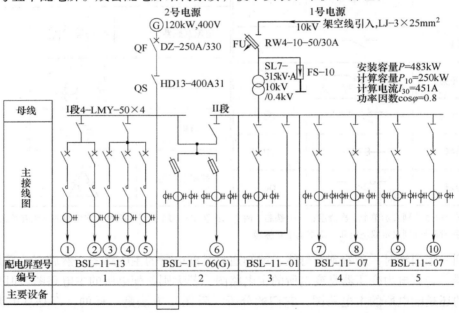

图 6-28　某工程供电系统主电路图

电能流向。母线上方为电源和进线，该系统采用两路电源进线方式，即外电源和自备电源。外电源是正常供电电源，10kV 电压通过降压变压器 T 将电压变换成 0.4kV，经 3 号配电屏送到低压 Ⅱ 段母线再经 2 号屏送到 Ⅰ 段母线上。为了保证变压器不受大气过电压的侵害，在变压器的高压侧装有 FS—10 型避雷器。自备发电机可以产生 0.4kV 电压，经 2 号配电屏送到母线上，在外电源因故障或检修中断供电时，可保证重要负荷不间断供电。

其功能特点如下。

（1）电源进线与开关设备　10kV 高压电源经降压变压器降至 400V 后，由铝排送到 3 号配电屏，然后送到母线上。3 号配电屏的型号是 BSL—11—01，通过查阅手册得知，其主要用作电源进线。配电屏内有两个和一个 DW10 型断路器（额定电流为 600A，整定动作电流为 800A），它对变压器过电流、失电压等具有保护作用。两个刀开关，一个与变压器相连，一个与母线相连，起到隔离电源的作用。配电屏内装有三只电流互感器，主要供测量仪表用。

自备发电机经一个断路器和一个刀开关送到 2 号配电屏，然后引至母线。断路器采用一个额定电流为 250A、整定动作电流为 330A 的装置式 DZ 型自动空气断路器，主要用于控制发电机正常送电和对发电机进行保护。刀开关起对带电母线的隔离作用。2 号配电屏的型号是 BSL—11—06（G），为受电或馈电兼联络用配电屏，有一路进线和一路馈线。进线是由自备发电机供电，经过三只电流互感器和一组刀熔开关，然后分为三路。其中左边一路直接与 I 段母线相连，右边一路经过隔离开关送到 II 段母线，这里的隔离开关作为两段母线的联络开关用，右边另一路接馈线电缆。

（2）母线　此系统采用的是单母线分段放射式接线方式，两段母线经上述隔离刀开关进行联络。外电源正常供电时，自备发电机不供电，联络开关闭合，母线 I 段、II 段均由 10kV 架空线路经变压器箱系统供电；外电源中断时，变压器出线开关断开，联络开关也断开，由自备发电机给 I 段母线供电，此时 II 段母线不供电，只供实验室、办公室、水泵房、宿舍等重要负荷。在一定的条件下，也可按两段母线全部带电，但要注意根据实际情况断开某些负荷，以确保发电机不超载运行。

（3）馈电线路　在电气系统一次电路图上通过图像与文字描述馈电线的参量，有线路的编号、线路的设备容量（或功率）、计算容量、计算电流、线路的长度、采用的导线或电缆的型号及截面积、线路的敷设及安装方式、线路的电压损失、控制开关机动作整定值、电流互感器、线路供电负荷的地点名称等。本系统共有 10 条回路馈电线，通过查阅技术资料可以获得其他信息。

要读懂以上电气系统图，除要了解系统的构成情况、电能流向和遵循"电源—进线—母线—馈线"的读图次序外，还要了解图形符号的含义、各种设备的型号规格含义、各类电气参数的含义。

课题 5　变配电所平、剖面图

变配电所平、剖面图是根据《建筑制图标准》的要求绘制的，它是体现变配电所的总体布置和一次设备安装位置的图纸，也是设计单位提供给施工单位进行变配电设备安装所依据的主要技术图纸。

1）变电所的平面图主要以电气平面布置为依据。所谓的变配电所平面图，是将一次回路的主要设备，如电力输送线路、高压避雷器、进线开关、开关柜、低压配电柜、低压配出线路、二次回路控制屏以及继电器屏等，进行合理详细的平面位置（包括安装尺寸）布置的图纸，称为变配电所平面图，一般是基于电气设备的实际尺寸按一定比例绘制的。

对于大多数有条件的建筑物来说，应将变电所设置在室内，这样可以有效地消除事故隐患，提高供电系统的可靠性。室内变配电所主要包括高压配电室、变压器室、低压配电室。此外，根据条件还可以建造电容器室（在有高压无功补偿要求时）、值班室及控制室等。无论采用何种布置方式的变配电所，电气设备的布置与尺寸位置都要考虑安全与维护方便，还应满足电气设备对通风防火的要求。

2）在变配电所总体布置图中，为了更好地表示电气设备的空间位置、安装方式和相互关系，通常也利用三面视图原理，在电气平面图的基础上给出变配电站的立面、剖面、局部剖面以及各种构件的详图等。

立面图、剖面图与平面图的比例是一致的。立面图一般是表示变电所的外墙面的构造、装饰材料，一般为土建施工中用图。变配电所剖面图是对其平面图的一种补充，详细地表示出各种设备的安装位置，设备的安装尺寸，电缆沟的构造以及设备基础的配制方式等。通过阅读变配电所平面图、剖面图，可以对配电所有一个完整的、立体的及总体空间概念。

在变配电所平面图上、剖面图上，经常使用指引方式将各种设备进行统一编号，然后，在图纸左下角详细列出设备表，将设备名称、规格型号、数量等与设备一一对应起来。

如图 6-29 ～图 6-32 所示的变配电室为两层框架式楼房建筑，局部三层，中间设电缆夹层。一层层高为 4.1m，内设供电局电缆分界小室，低压配电室及材料室、工具室。电缆夹层层高为 2.1m，三层净高为 3.9m，内设高压配电室、控制室及值班室。供电局电缆分界小室下设夹层，层高 2.1m。低压配电柜和变压器布置在首层，低压绝缘母线下的柜子为空柜，总共有 16 面柜，变压器为 4 台，相关型号见表。结合平面图和剖面图可知，左面有 30 根、前面有 20 根直径 150mm 的钢管，作电缆保护管，供电缆进出配电室。10kV 配电装置采用 KYN28A—12 中置式高压开关柜，采用 VS1 + -12 型真空断路器，弹簧贮能操作机构。其他相关规格型号数量可查表 6-8 ～表 6 ~ 10。

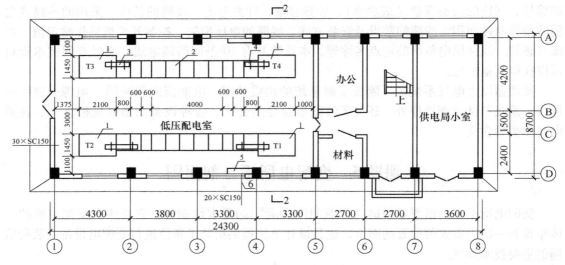

图 6-29　首层平面图 1 : 150

表 6-8　一层设备及材料表

编　号	名　　称	型号及规格	单　位	数　量	备　注
1	变压器	SCB9—1250kVA/10/0.4kV	台	4	—
2	低压配电柜	GHK	面	16	—
3	低压绝缘母线	2500A	m	8	—
4	母线吊杆	—	个	8	—
5	金属线槽	1100 × 200	m	8.6	—
6	钢管	SC150	m	250	—

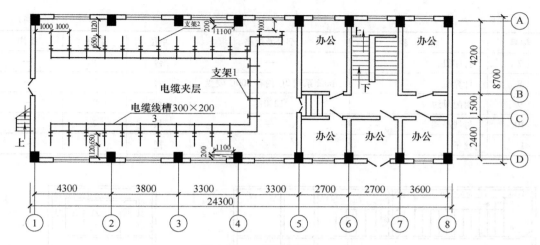

图 6-30 二层平面图 1:150

表 6-9 二层设备及材料表

编 号	名 称	型号及规格	单 位	数 量	备 注
1	电缆支架	1式	副	7	—
2	电缆支架	2式	副	24	—
3	电缆线槽	镀锌 300×200	m	40	—

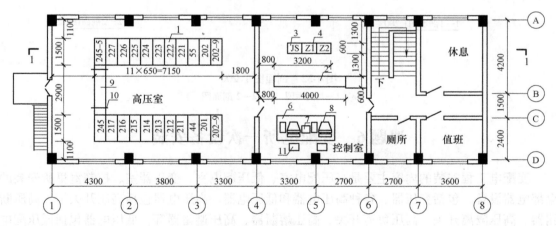

图 6-31 三层平面图 1:150

表 6-10 三层设备及材料表

编号	名 称	型号及规格	单位	数量	备注
1	高压配电柜	KYN28A—12	面	22	—
2	智能模拟屏	PK—1	面	5	—
3	交流所用电屏	PK—10	面	1	—
4	直流电源屏	100Ah/220	面	2	—
6	计算机台	—	个	1	—

（续）

编号	名　称	型号及规格	单位	数量	备注
7	打印机	—	台	1	—
8	计算机	Intel 系列 2G 内存 500G 硬盘	台	2	—
9	封闭母线	1250A	m	9	—
10	母线吊架	—	只	2	—
11	椅子	—	把	2	—

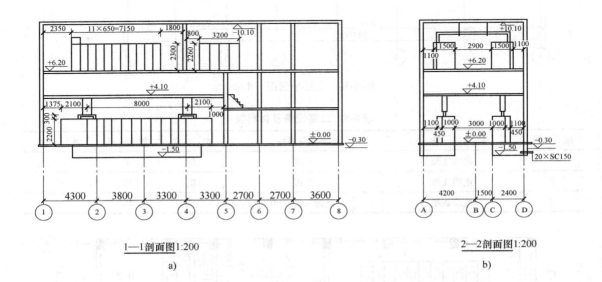

图 6-32　剖面图 1:200

a）1—1 剖面图　b）2—2 剖面图

课题 6　变配电所一次设备安装

　　变配电工程安装的内容主要是高压配电室、低压配电室、变压器室、控制室里所安装的全部电器设备，包括变压器、各种高压电器和低压电器。高压电器包括高压开关柜、高压断路器、高压隔离开关、高压负荷开关、高压熔断器、高压避雷器等；低压电器包括低压配电屏、继电器屏、直流屏、控制屏、硅整流柜等，此外还包括室内电缆、接地母线、高低压母线、室内照明等。

　　高压电器安装的基本要求如下：

　　1）安装前，建筑工程屋顶、楼板应施工完毕，不得渗漏；室内地面基层施工完毕，并在墙上标出地面标高。

　　2）在配电室内，设备底座及母线的构架安装后，做好抹光地面的工作。

　　3）配电室的门窗安装完毕；预埋件及预留孔符合设计要求，预埋件牢固；进行装饰时有可能损坏已安装的设备或设备安装后不能再进行装饰的工作应全部结束。

　　4）混凝土基础结构及构架达到允许安装的强度和刚度，设备支架焊接质量符合要求。

5）模板、施工设施及杂物清除干净，并有足够的安装用地，施工道路通畅。

6）高层构架的走道板、栏杆、平台及梯子等齐全牢固，基坑已回填夯实。

6.6.1 变压器安装

（1）外观检查 除建筑条件应满足安装需要外，变压器安装之前重点应检查变压器的混凝土基础，轨距是否与变压器的轨距相一致。要求场地平整干净，道路通畅，为变压器搬运创造条件。

1）检查变压器与图纸上的型号、规格是否相符；油箱及所有附件应齐全，无锈蚀及机械损伤，密封应良好。

2）油箱箱盖或钟罩法兰及封板的连接螺栓应齐全，坚固良好，无渗漏。浸入油中运输的附件，其油箱应无渗漏。

3）充油套管的油位应正常、无渗漏，瓷体无损伤。

4）充气运输的变压器、电抗器，油箱内应为正压，其压力为 $0.01 \sim 0.03 Pa$。

5）充氮运输的变压器器身内应为正压，压力不应低于 $0.98 \times 10^4 Pa$，装有冲击记录仪的设备应检查并记录设备在运输和装卸中的受冲击情况。

6）滚轮轮距是否与基础铁轨轨距相吻合。

（2）器身检查 变压器到达现场后应进行器身检查，器身检查可以吊罩或吊器身，或者不吊罩直接进入油箱内进行。

（3）变压器干燥 安装变压器是否需要进行干燥，应根据施工及验收规范的要求进行综合分析、判断后确定，绝缘油不符合要求则需要干燥。

（4）变压器安装

1）室外安装。变压器、电压互感器、电流互感器、避雷器、隔离开关、断路器一般都装在室外。只有测量系统及保护系统开关柜、盘、屏等安装在室内。装有继电器的变压器安装应使其顶盖沿着气体断路器气流方向以 $1\% \sim 1.5\%$ 的升高坡度（制造厂规定不需安装坡度除外）就位。设备就位后，应将滚珠用能拆卸的制动装置加以固定。

2）柱上安装。变压器容量一般都在 320kVA 以下，变压器台可根据容量大小选用杆型，有单杆台、双杆台和三杆台等。变压器安装在离地面高度为 2.5m 以上的变压器台上，台架采用槽钢制作，变压器外壳、中性点和避雷器三者合用一组接地引下线接地装置。接地极根数和土壤的电阻率有关，每组一般 2~3 根。要求变压器台及所有金属构件均作防腐处理。

3）室内安装。室内变压器安装在混凝土的变压器基础上时，基础上的构件和预埋件由土建施工用扁钢与钢筋焊接，这种安装方式适合于小容量变压器的安装。变压器安装在双层空心楼板上，这种结构使变压器室内空气流通，有助于变压器散热。变压器安装时要求变压器中性点、外壳及金属支架必须可靠接地。

6.6.2 高压开关柜安装

高压开关柜在地坪上安装。用螺栓连接固定时，槽钢与预埋底板焊接，再将扁钢焊接在槽钢上，然后在扁钢上钻孔，用螺栓连接固定。其优点是易于调换新柜，便于维修；用点焊焊接固定时，先将槽钢与预埋底板进行焊接，然后将高压开关柜点焊在槽钢上，如图 6-33 所示。此法易于施工，但更换新柜比较困难。

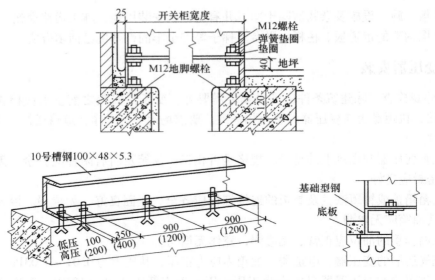

图 6-33　基础型钢的安装

6.6.3　母线安装

母线分硬母线和软母线两种。硬母线又称汇流排，软母线包括组合软母线。①按材质母线可分为铝母线、铜母线和钢母线等三种。②按形状可分为带形、槽形、管形和组合软母线等四种。③按安装方式，带形母线有每相 1 片、2 片、3 片和 4 片，组合软母线有 2 根、3 根、10 根、14 根、18 根和 36 根等。

母线安装，其支持点的距离要求如下：低压母线不得大于 900mm，高压母线不得大于 700mm。低压母线垂直安装，且支持点间距无法满足要求时，应加装母线绝缘夹板。母线的连接有焊接和螺栓连接两种。母线排列次序及涂漆的颜色，应符合表 6-11 的要求。

表 6-11　母线排列次序及涂漆的颜色

相序	涂漆颜色	排列次序			相序	涂漆颜色	排列次序		
		垂直布置	水平布置	引下线			垂直布置	水平布置	引下线
A	黄	上	内	左	C	红	下	外	右
B	绿	中	中	中	N	黑	下	最外	最右

母线的安装不包括支持绝缘子安装和母线伸缩接头的制作安装。封闭母线的搬运可用汽车吊车及桥式起重机，室内安装段使用链式起重机，室外安装使用汽车吊车，焊接采用氩弧焊。

凡是高压线穿墙敷设时，必须用穿墙套管。穿墙套管分室内和室外两种，或称户内和户外穿墙套管。安装时，先将穿墙套管的框架预先安装在土建施工预留的墙洞内。待土建工程完工后，再将穿墙套管（3 个为一组）穿入框架内的钢板孔内，用螺栓固定（每组用 6 套螺栓）。穿墙套管钢板在框架上的固定采用沿钢板四角周边焊接。

低压母线穿墙板时，先将角钢预埋在配合土建施工预留洞的四个角上，然后将角钢支架焊接在洞口的预埋件上，再将绝缘板（上、下两块）用螺栓固定在角钢支架上。

由于变压器低压套管引出的低压母线支架上的距离大都 1m 以上，超过了规范规定的 900mm 的距离，故应在母线中间加中间绝缘板。

6.6.4　低压配电柜的安装

1. 低压电器安装的工艺流程

开箱→预留预埋→摆位→画线→钻孔→固定→配线→检查→测试→通电试验。

2. 低压电器的安装要求

1）用支架或垫板固定在墙或柱子上。

2）落地安装的电器设备，其底面一般应高出地面 50～100mm。

3）操作手柄中心距离地面一般为 1200～1500mm，侧面操作的手柄距离建筑或其他设备不宜小于 200mm。

4）成排或集中安装的低压电器应排列整齐便于操作和维护。

5）紧固的螺栓规格应选配适当，电器固定要牢固，不得采用焊接。

6）电器内部不应受到额外应力。

7）有防震要求的电器要加设减震装置，紧固螺栓应有防松措施，如加装锁紧螺母、锁钉等。

3. 成排布置的配电柜

成排的配电柜长度超过 6m 时，柜后面的通道应有两个通向本室或其他房间的出口，并宜布置在通道的两端。当两个出口之间的距离超过 15m 时，其间还应增加出口。成排布置的配电柜，其柜前柜后的通道宽度，应不小于相关规定。

4. 设备满足条件及连接

选择低压配电装置时，除应满足所在网络的标称电压、频率及所在回路的计算电流外，尚应满足短路条件下的动、热稳定。对于要求断开短路电流的通、断保护电器，应能满足短路条件下的通断能力。

低压断路器和变压器低压侧与主母线之间应经过隔离开关或插头组连接。同一配电室内的两段母线，如任一段母线有一级负荷时，则母线分段处应设有防火隔断措施。供给一级负荷的两路电源线路应不敷设在同一电缆沟内。当无法分开时，该两路电源线路应采用绝缘和护套都是非延燃性材料的电缆，并且应分别设置于电缆沟两侧的支架上。

5. 配电装置的布置

应考虑设备的操作、搬动、检修和试验的方便。屋内配电装置裸露带电部分的上面应设有明敷的照明或动力线路跨越（顶部具有符合 IP4X 防护等级外壳的配电装置可例外）。

6. 裸带电体距地面高度

低压配电室通道上方裸带电体距地面高度应不低于下列数值。

1）柜前通道内为 2.5m，加护网后其高度可降低，但护网最低高度为 2.2m。

2）柜后通道内为 2.3m，否则应加遮护，遮护后的高度应不低于 1.9m。

单 元 小 结

1. 电力系统和建筑供配电系统的基本概念，高低电压的划分。

2. 建筑供电负荷的分级，电力负荷按对供电可靠性的要求分为一级负荷、二级负荷、三级负荷三类，其供电要求也各不相同。

3. 建筑低压配电系统的配电方式包括放射式、树干式、混合式、链式，以及各种配电方式的优缺点。

4. 常用的高压电气设备包括变压器、断路器、隔离开关、负荷开关、熔断器、电流互感器、电压互感器、避雷器、高压开关柜等。常用的低压电气设备包括低压配电柜、刀开关、低压熔断器、低压断路器、交流接触器。各种设备的表示符号及作用。

5. 常用电线电缆的组成、结构、用途、特点、型号表示及含义。

6. 变配电所主接线图的组成及识图。

7. 变配电所平、剖面图的识图。

8. 变配电所一次设备安装包括各种高低压设备安装，如，变压器、高压开关柜、母线、低压配电柜的安装等。

同 步 测 试

一、单项选择题

1. 对于允许中断时间为毫秒级，（　　　）为常用的应急电源。

A. 柴油发电机组　　　B. 专门馈电线路　　　　C. 干电池　　　　D. EPS

2. 对于一个大型公共建筑来说，电源的引入方式适合采用（　　　）

A. 220V　　　　B. 380V　　　　　　C. 220kV　　　　D. 10kV 或 35kV

3. BVVB 表示（　　　）。

A. 铜芯塑料绝缘导线　　　　　　　　B. 铜芯塑料绝缘扁平护套线

C. 铝芯塑料绝缘导线　　　　　　　　D. 铝芯塑料绝缘圆形护套线

4. 在实际建筑工程中，一般优先选用的电缆应为（　　　）。

A. 不滴油纸绝缘电缆　　　　　　　　B. 普通油浸纸绝缘电缆

C. PVC 铠装绝缘电缆　　　　　　　　D. 交联聚乙烯绝缘电缆

5. 施工现场需要配置混凝土，经常启动混凝土搅拌机，应该采用以（　　　）进行频繁控制。

A. 断路器　　　　B. 刀开关　　　　　C. 接触器　　　　D. 熔断器

6. 用于工厂车间防尘的刀开关是（　　　）。

A. 开启式刀开关　　B. 胶盖闸刀开关　　C. 铁壳开关　　　D. 转换开关

7. 主要用于在间接触及相线时确保人身安全，也可用于防止电气设备漏电可能引起灾害的器件是（　　　）。

A. 断路器　　　B. 剩余电流动作保护器　C. 熔断器　　　D. 隔离器

8. 接触器的主要控制对象是（　　　）。

A. 电动机　　　　B. 电焊机　　　　　C. 电容器　　　　D. 照明设备

9. 硬母线的油漆颜色应按 A、B、C 分别漆（　　　）色。

A. 黄、绿、红　　B. 绿、黄、红　　　C. 红、黄、绿　　　D. 红、绿、黄

10. 柱上安装的变压器应安装在离地面高度（　　　）以上的变压器台上。

A. 2.0m　　　　　　B. 2.2m　　　　　　C. 2.5m　　　　　　D. 3.0m

二、判断题（对的打"√"，错的打"×"）

1. 建筑供电一级负荷中的特别重要负荷供电要求为两个独立电源之外增设应急电源。
（　　）

2. 快速自动启动的柴油发电机组仅适用于允许中断供电时间为 15ms 以上的供电。
（　　）

3. 正常情况下用电设备容量大于 250kW 或需用变压器容量大于 160kVA 时，应采用高压方式供电。（　　）

4. 民用建筑的高压方式供电，一般采用的电压是 10kV。（　　）

5. 在建筑电气中，一般 1kV 以下的配电线路称低压线路。（　　）

6. 凡是低压电一定是安全电压。（　　）

7. 低压断路器又称低压自动空气开关。它既能带负荷通断正常的工作电路，又能在短路、过载及电路失压时自动跳闸，因此被广泛应用于低压配电系统中。（　　）

8. 空气开关既是控制电器也是保护电器，它的特性是自动跳闸、自动合闸。（　　）

9. 闸刀开关是一种接通或断开电路的低压电器，断开后有明显空气间隙。（　　）

10. 漏电断路器是在断路器的基础上增加了漏电保护功能。（　　）

三、简答题

1. 电力系统由哪几部分组成？各部分的作用是什么？

2. 低压配电系统的配电方式有哪些？各有什么特点？

3. 常用高压电气设备有哪些？

4. 常用低压电气设备有哪些？各有何作用？

5. YJV—1.0(3×35+1×10) 表示什么含义？

四、试识读某企业 10kV 独立变电所主接线图

如习题图 1 所示，该变电所一路电缆线路进线，装两台 S9-800kVA　10/0.4/0.23kV 变压器，选用 5 台 KGN-10 型固定式开关柜，其中进线柜、计量柜和电压互感器、避雷器柜各 1 只，馈线柜 2 只。图中标明了开关柜的编号、回路方案号及柜内设备型号规格。

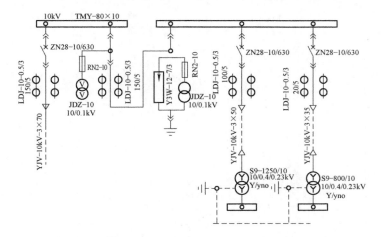

习题图 1　某企业 10kV 独立变电所主接线设计图

请回答：

1. 高压进线电缆的型号是什么？说说高压母线的型号和规格？
2. 电压互感器和电流互感器的作用是什么？说明其型号和规格？
3. 高压出线采用什么开关？说明其型号和规格？高压出线电缆的型号是什么？
4. 该变电所有几台变压器？容量分别为多少？

单元 7　照明与动力工程识图与施工

学习目标

知识目标
- 了解照明系统的基本物理量。
- 理解照明电光源的主要性能指标；照明电光源及特性；室内电气照明工程安装。
- 掌握室内配电线路的表示方法；照明的基本线路；室内电气照明工程的组成；电力平面布置图与电气照明平面图的比较。

能力目标
- 会识读照明与动力工程施工图。
- 会安装配电箱、配管配线、开关、插座及常用灯具。

课题 1　照明的基本知识

照明是人们生活和工作不可缺少的条件，良好的照明有利于人们的身心健康，保护视力，提高劳动生产率及保证生产安全。照明又能对建筑进行装饰，发挥和表现建筑环境的美感，因此照明已经成为现代建筑的重要组成部分。

照明系统由照明装置及其电气部分组成。照明装置主要指灯具及其附件，照明系统的电气部分指照明配电箱、照明线路及其照明开关等。

7.1.1　照明系统的基本物理量

1. 光

光是电磁波，可见光是人眼所能感觉到的那部分电磁辐射能，光在空间以电磁波的形式传播，它只是电磁波中很小的一部分，波长范围约在 380～780nm。

可见光在电磁波中仅是很小的一部分，波长小于 380nm 的叫紫外线；大于 780nm 的叫红外线。这两部分虽不能引起视觉，但与可见光有相似特性。

在可见光区域内不同波长呈现不同的颜色，波长从 780nm 向 380nm 变化时，光的颜色会出现红、橙、黄、绿、青、蓝、紫七种不同的颜色。

2. 光通量

光源在单位时间内，向周围空间辐射出使人眼产生光感觉的能量称为光通量，以字母 Φ 表示，单位是流明（lm）。

3. 发光强度

光源在给定方向上、单位立体角内辐射的光通量，称为在该方向上的发光强度，以字母 I 表示，单位是坎德拉（cd）。发光强度是表示光源（物体）发光强弱程度的物理量。

4. 照度

被照物体表面单位面积上接收到的光通量称为照度。以字母 E 表示，单位是勒克斯（lx）。照度只表示被照物体上光的强弱，并不表示被照物体的明暗程度。

合理的照度有利于保护人的视力，提高劳动生产率。《建筑照明设计标准》（GB 50034—2004）规定了常见民用建筑的照度标准。

5. 亮度

一个单元表面在某一方向上的光强密度称为亮度。亮度表示测量到的光的明亮程度，它是一个有方向的量。当一个物体表面被光源（比如一根蜡烛）照亮时，我们在物体表面上所能看到的就是光的亮度。在视野内由于亮度分布不均或在空间、时间上存在着极端的亮度对比，引起人的视力不舒服或视力下降的现象称为眩光。

7.1.2　照明电光源的主要性能指标

照明电光源的主要性能指标主要有：显色指数、发光效率、频闪效应、启燃时间等，这些是选择和使用光源的依据。

1）显色指数：衡量光源显现被照物体真实颜色的能力的参数，以标准光源为准，将其显色指数定为 100，其余光源的显色指数均低于 100。显色指数越高（0～100）的光源对颜色的再现越接近自然原色。显色指数用 Ra 表示。

2）发光效率：光源将电能转化为可见光的效率，即光源消耗每一瓦电能所发出的光，数值越高表示光源的效率越高，从经济方面考虑的话，光效是一个重要的参数。符号 η，单位：流明每瓦（lm/W）。

3）平均寿命：指一批灯燃点，当其中有 50% 的灯损坏不亮时所燃点的小时数。单位：小时（h）。

4）频闪效应：电感式荧光灯随着电压电流周期性变化，光通量也周期性的产生强弱变化，使人眼观察转动物体时产生不转动的错觉，称为频闪效应。频闪效应还会使人产生不舒服的感觉，降低劳动生产率。电子式荧光灯不会产生频闪效应，是"绿色照明工程"产品。

5）启燃时间：是指光源接通电源到光源达到额定光通量输出所需的时间。

6）再启燃时间：是指正常工作着的光源熄灭以后马上再点燃所需的时间。

7.1.3　电气照明的基本要求

适宜的照度水平、照度均匀、照度的稳定性、合适的亮度分布、消除频闪、限制眩光、减弱阴影、光源的显色性要好。

7.1.4　照明种类

按照明的用途分类，照明的种类包括。

（1）正常照明　正常工作时使用的照明。它一般可单独作用，也可与事故照明、值班照明同时使用，但控制线路必须分开。

（2）应急照明　因正常照明的电源失效而启用的照明，它包括备用照明、安全照明、和疏散照明三种。①备用照明是指正常照明应故障熄灭后，需确保正常工作或活动继续进行而设置的照明。②安全照明是指正常照明应故障熄灭后，需确保处于潜在危险之中的人员安全而设置的照明。③疏散照明是指正常照明应故障熄灭后，需确保疏散通道被有效地辨认和使用而设置的照明。应急照明必须采用能瞬时点亮的可靠光源，一般采用白炽灯或卤钨灯。

（3）值班照明　在非工作时间内，供值班人员观察使用的照明叫值班照明。值班照明可利用正常照明中能单独控制的一部分，或利用应急照明的一部分或全部作为值班照明。值班照明应该有独立的控制开关。

（4）警卫照明　根据警卫区域范围的要求设置的照明，例如，监狱的探照灯等。

（5）景观照明　城市中的标志性建筑、大型商业建筑、具有重要的政治文化意义的构筑物上设置的照明。

（6）障碍照明　在可能危及航行安全的建筑物或构筑物上安装的标志灯。

7.1.5　常用电光源及特性

凡可以将其他形式的能量转换成光能，从而提供光通量的设备、器具统称为光源，而其中可以将电能转换为光能，从而提供光通量的设备、器具则称为电光源。

常用的电光源有：热致发光电光源（如白炽灯、卤钨灯等），气体放电发光电光源（如荧光灯、汞灯、钠灯、金属卤化物灯等），固体发光电光源（如 LED 等）。

气体放电光源按放电的形式分为弧光放电灯和辉光放电灯（如霓虹灯）。气体放电光源一般比热辐射光源光效高、寿命长，能制成各种不同光色，在电气照明中应用日益广泛。气体放电光源一般应与相应的附件配套才能接入电源使用。热辐射光源结构简单，使用方便，显色性好，故在一般场所仍被普遍采用。常用照明电光源的主要特性比较如表 7-1 所示。

表 7-1　常用照明电光源的主要特性

光　源　名　称	普通白炽灯	卤钨灯	荧光灯	高压汞灯	管形氙灯	高压钠灯	卤化物灯
额定功率范围（W）	10 ~ 1000	500 ~ 2000	6 ~ 125	50 ~ 1000	1500 ~ 100000	250 ~ 400	400 ~ 3500
发光效率（lm/W）	6.5 ~ 19	19.5 ~ 33	25 ~ 67	30 ~ 50	20 ~ 37	90 ~ 100	60 ~ 80
平均寿命（h）	1000	1500	2000 ~ 3000	2500 ~ 5000	500 ~ 1000	3000	2000
一般显色指数（Ra）	95 ~ 99	95 ~ 99	70 ~ 80	30 ~ 40	90 ~ 94	20 ~ 25	65 ~ 85
启动稳定时间	瞬时	瞬时	1 ~ 3s	4 ~ 8min	1 ~ 2s	4 ~ 8min	4 ~ 8min
再启动时间	瞬时	瞬时	瞬时	5 ~ 15min	瞬时	10 ~ 20min	10 ~ 15min
功率因数	1	1	0.33 ~ 0.7	0.44 ~ 0.67	0.4 ~ 0.9	0.44	0.4 ~ 0.61
频闪效应	不明显	不明显	明显	明显	明显	明显	明显
表面亮度	大	大	小	较大	大	较大	大
色温（K）	2800 ~ 2900	3000 ~ 3200	2900 ~ 6500	5500	5500 ~ 6000	2000 ~ 2400	5000
感觉	暖	暖	中间	冷	冷	暖	冷

常见电光源如下。

（1）白炽灯　白炽灯是靠钨丝白炽体的高温热辐射发光，它结构简单，使用方便，显色性好。尽管白炽灯的功率因数接近于 1，但因热辐射中只有 2% ~ 3% 为可见光，故发光效率低，一般为 7 ~ 19lm/W，平均寿命约为 1000h，且不能震动。

（2）荧光灯　荧光灯是由镇流器、灯管、启动（启辉）器和灯座等组成。灯内抽真空后封入汞粒，并充入少量氩、氮、氖等气体。所以，日光灯也是一种低压的汞蒸气弧光放电灯。在最佳辐射条件下，能将 2% 的输入功率转换为可见光，60% 以上转换为紫外辐射，紫外线再激发灯管内壁荧光粉而发光。

目前常见的荧光灯有如下几种。

1）直管形荧光灯：这种荧光灯属双端荧光灯。常见标称功率有 4～125W。灯头用 G5，G13。管径较多采用 T5 和 T8。为了方便安装、降低成本和安全起见，许多直管形荧光灯的镇流器都安装在支架内，构成自镇流型荧光灯。

2）彩色直管型荧光灯：常见标称功率有 20W，30W，40W。管径用 T4，T5，T8。灯头用 G5、G13。彩色荧光灯的光通量较低，适用于商店橱窗、广告或类似场所的装饰和色彩显示。

3）环形荧光灯：除形状外，环形荧光灯与直管形荧光灯没有多大差别，常见标称功率有 22W，32W，40W，灯头用 G10q。主要提供给吸顶灯、吊灯等作配套光源，供家庭、商场等照明用。

4）单端紧凑型节能荧光灯：这种荧光灯的灯管、镇流器和灯头紧密地连成一体（镇流器放在灯头内），故被称为"紧凑型"荧光灯。整个灯通过 E27 等灯头直接与供电网连接，可方便地直接取代白炽灯。这种荧光灯大都使用稀土元素三基色荧光粉，具有节能功能。

（3）卤钨灯　卤钨灯是一种热辐射光源，在被抽成真空的玻璃壳内除充以惰性气体外，还充入少量的卤族元素如氟、氯、溴、碘。在卤钨灯点燃时，从灯丝蒸发出来的钨在汇壁区与卤元素反应形成挥发性的卤钨化合物。为了使管壁处生成的卤化物处于气态，其管壁温度很高，必须使用耐高温的石英玻璃和小尺寸泡壳，由于泡壳尺寸小，强度高，其工作气压比普通白炽灯高很多，这样使卤钨灯中钨的蒸发受到更有力的抑制。由于上述两个原因，所以卤钨灯工作温度和光效大为提高，寿命也增长。

目前广泛采用的是溴、碘两种卤素，分别叫溴钨灯和碘钨灯。碘蒸气呈现紫红色，吸收 5% 的可见光，光效比溴钨灯低 4%～5%，但寿命比溴钨灯长。碘钨灯管内充入惰性气体使发光效率提高。其寿命比白炽灯高一倍多。使用中灯管要平放，倾角不超过 4°；注意勿溅上雨水因为灯管温度高达 250℃。

（4）高压水银灯　又称"高压汞灯"，是利用高压水银蒸气放电发光的一种气体放电灯。高压水银灯按构造的不同分为两种。

1）外镇流式高压水银灯。外泡及内管中均充入惰性气体氮和氩，内管中还装有少量水银，外泡内壁里还涂有荧光粉。工作时内管中水银蒸气压力很高，通常为 101.325～1014.25kPa，所以称为高压水银灯。

镇流器的作用有两种，其一是产生高压脉冲以点燃高压水银灯，其二是稳定工作电流。补偿器的作用是改善功率因数。

高压水银灯的优点是省电、耐震、寿命长、发光强；缺点是启动慢，需 4～8min；当电压突然下降 5% 时会熄灯，再点燃时间约 5～10min；显色性差，功率因数低。

2）自镇流高压汞灯。自镇流高压汞灯省去了镇流器，代之以自镇流灯丝，没有任何附件，旋入灯座即可点燃。

自镇流高压汞灯的优点是发光效率高、省电、附件少，功率因数接近于 1。缺点是寿命短，只有大约 1000h。由于自镇流高压汞灯的光色好、显色性好、经济实用，故用于施工现场照明或工业厂房整体照明。

（5）高压钠灯　高压钠灯使用时发出金白色光。①具有发光效率高、耗电少、寿命长、透雾能力强和不诱虫等优点，广泛应用于道路、高速公路、机场、码头、车站、广场、街道交汇处、工矿企业、公园、庭院照明及植物栽培。②高显色高压钠灯主要应用于体育馆、展览厅、娱乐场、百货商店和宾馆等场所照明。③结构简单，坚固耐用，平均寿命长。④钠灯显色性差，但紫外线少，不招飞虫。⑤电压变化对高压钠灯的光输出影响较为显著，若电压突然下降 5% 以上，则可能自灭，再启动需要 10～15min 才能再燃。⑥钠灯黄色光谱透雾性能好，最适于交通照明。⑦耐震性能好。⑧受环境温度变化影响小，适用于室外。⑨功率因数低。

（6）金属卤化物灯　金属卤化物灯是气体放电灯中的一种，其结构和高压汞灯相似，是在高压汞灯的基础上发展起来的，所不同的是在石英内管中除了充有汞、氩之外，还有能发光的金属卤化物（以碘化物为主）。

金属卤化物灯应用有：钠-铊-铟灯（JZG 或 NTY）、管形镝灯（DDG）等。主要用在要求高照度的场所、繁华街道及要求显色性好的大面积照明的地方。

金属卤化物灯的特点如下。

1）发光效率高，平均可达 70～100lm/W，光色接近自然光。

2）显色性好，即能让人真实地看到被照物体的本色。

3）紫外线向外辐射少，但无外壳的金属卤化物灯则紫外线辐射较强，应增加玻璃外罩，或悬挂高度不低于 5m。

4）平均寿命比高压汞灯短。

5）电压变化影响光效和光色的变化，电压突降会自灭，所以电压变化不宜超过额定值的 ±5%。

6）在应用中除了要配专用变压器外，1kW 的钠-铊-铟灯还应配专用的触发器才能点燃。

（7）氙灯。采用高压氙气放电产生很强白光的光源，和太阳光相似，故显色性很好，发光效率高，功率大，有"小太阳"的美称，它适于广场、公园、体育场、大型建筑工地、露天煤矿、机场等地方的大面积照明。

氙灯可分为长弧氙灯和短弧氙灯两种。①在建筑施工现场使用的是长弧氙灯，功率甚高，用触发器启动。②大功率长弧氙灯能瞬时点燃，工作稳定。③耐低温也耐高温，耐震。④氙灯的缺点是平均寿命短，约 500～1000h，价格较高。⑤由于氙灯工作温度高，其灯座和灯具的引入线应耐高温。⑥氙灯是在高频高压下点燃，所以高压端配线对地要有良好的绝缘性能，绝缘强度不小于 30kV。⑦氙灯在工作中辐射的紫外线较多，人不宜靠得太近。

（8）低压钠灯　低压钠灯是利用低压钠蒸气放电发光的电光源，在它的玻璃外壳内涂有红外线反射膜，低压钠灯的发光效率可达 200lm/W 是电光源中光效最高的一种光源，寿命也最长，还具有不眩目的特点。

钠灯光谱在人眼中不产生色差，分辨率高，对比度好，特别适合于高速公路、交通道路、市政道路、公园、庭院照明。低压钠灯也是替代高压汞灯节约用电的一种高效灯种，应用场所也在不断扩大。

（9）发光二极管（LED）　是电致发光的固体半导体高亮度点光源，可辐射各种色光和白光、0～100% 光输出（电子调光）。具有寿命长、耐冲击和防震动、无紫外和红外辐射、低电压下工作安全等特点。但 LED 缺点有：单个 LED 功率低，为了获得大功率，需要多个并联使用，并且单个大功率 LED 价格很贵。显色指数低，在 LED 照射下显示的颜色没有白炽灯真实。

课题 2　照明工程施工图识图

室内电气照明工程，一般是由：进户装置、配电箱、线路、插座、开关和灯具等组成。

7.2.1　室内配电线路的表示方法

1. 电气照明线路在平面图中的表示

电气照明线路在平面图中采用线条和文字标注相结合的方法，表示出线路的走向、用途、编号、导线的型号、根数、规格及线路的敷设方式和敷设部位。

2. 线路配线方式及代号

线路的配线方式分为两大类：明敷和暗敷。配线方式的文字符号标注如表 7-2 所示。

表 7-2　线路配线方式及代号

中文名称	英文名称	旧符号	新符号	备注
暗敷	Concealed	A	C	
明敷	Exposed	M	E	
铝皮线卡配线	Aluminum clip	QD	AL	
电缆桥架配线	Cable tray		CT	
金属软管配线	Flexible metallic conduit		F	
水煤气管配线	Gas tube (pipe)	G	G	
瓷夹配线	Porcelain insulator (knob)	CP	K	
钢索配线	Supported by messenger wire	S	M	
金属线槽配线	Metallic raceway	GC	MP	
电线管配线	Electrical metallic tubing	DG	T	
塑料管配线	Plastic conduit	SG	P	
塑料夹配线	Plastic clip		PL	含尼龙夹
塑料线槽配线	Plastic raceway	XC	PR	
钢管配线	Steel conduit	GG	S	
槽板配线	—		CB	

3. 线路敷设部位及代号 （见表 7-3）

表 7-3　线路敷设部位及代号

中文名称	英文名称	旧符号	新符号	中文名称	英文名称	旧符号	新符号
梁	Beam	L	B	构架	Rack		R
顶棚	Ceiling	P	C	吊顶	Suspended ceiling	P	SC
柱	Column	Z	CL	墙	Wall	Q	W
地面（板）	Floor	D	F				

4. 导线的类型及代号（见表 7-4）

表 7-4　常用绝缘导线型号、名称及主要应用范围

型　　号	名　　　称	主要应用范围
BV	铜芯聚氯乙烯塑料绝缘线	户内明敷或穿管敷设 B（L）V-105 用于温度较高的场合
BLV	铝芯聚氯乙烯塑料绝缘线	
B（L）V-105	耐热 105°C 铜（铝）芯聚氯乙烯绝缘线	
BX	铜芯橡胶绝缘线	户内明敷或穿管敷设
BLX	铝芯橡胶绝缘线	
BVV	铜芯聚氯乙烯塑料绝缘与护套线	户内明敷或穿管敷设
BLVV	铝芯聚氯乙烯塑料绝缘与护套线	
BVR	铜芯聚氯乙烯塑料绝缘软线	用于要求柔软电线的地方,可明敷或穿管敷设
BLVR	铝芯聚氯乙烯塑料绝缘软线	
BVS	铜芯聚氯乙烯塑料绝缘绞型软线	用于移动式日用电器及灯头连接线
RVB	铜芯聚氯乙烯塑料绝缘平型软线	
BB（L）X	铜（铝）芯橡胶绝缘玻璃纺织线	户内外明敷或穿管敷设
B（L）XF	铜（铝）芯氯丁橡皮绝缘线	固定明、暗敷设,尤其适用于户外

5. 导线根数的表示方法

只要走向相同,无论导线的根数多少,都可以用一根图线表示一束导线,同时在图线上打上短斜线表示根数;也可以画一根短斜线,在旁边标注数字表示根数,所标注的数字不小于 3,对于 2 根导线,可用一条图线表示,不必标注根数。

6. 导线的标注格式

$$a—b—c×d—e—f$$

其中,a 表示线路编号;b 表示导线型号;c 表示导线根数;d 表示导线截面;e 表示敷设管径;f 表示敷设部位。例如,N1—BV—2×2.5+PE2.5—S20—WC,其中,N1 表示导线的回路编号;BV 表示导线为聚氯乙烯绝缘铜芯线;2 表示导线的根数为 2;2.5 表示导线的截面面积为 2.5mm^2;PE2.5 表示 1 根接零保护线,截面为 2.5mm^2;S20 表示穿管为直径为 20mm 的钢管;WC 表示线路沿墙敷设、暗埋。

7.2.2　照明电器的表示方法

照明电器由光源和灯具组成。

灯具在平面图中采用图形符号表示。在图形符号旁标注文字,说明灯具的名称和功能。

1. 光源的类型及代号（见表 7-5）

表 7-5　光源的类型及代号

光源的类型	（新标准）英文	光源的类型	（新标准）英文
白炽灯	IN	氙灯	Xe
荧光灯	FL	氖灯	Ne
碘钨灯	I	电弧灯（弧光灯）	ARC
汞灯	Hg	红外线灯	IR
钠灯	Na	紫外线灯	UV

2. 灯具的类型及代号（见表7-6）

表7-6　灯具的类型及代号

灯具类型	代号（拼音）	灯具类型	代号（拼音）
普通吊灯	P	投光灯	T
壁灯	B	工厂灯（隔爆灯）	G
花灯	H	荧光灯	Y
吸顶灯	D	防水、防尘灯	F
柱灯	Z	陶瓷伞罩灯	S
卤钨探照灯	L		

3. 照明电器安装方式及代号（见表7-7）

表7-7　照明电器的安装方式及代号

安装方式	拼音代号	英文代号	安装方式	拼音代号	英文代号
线吊式	X	CP	嵌入式（不可进入）	R	R
链吊式	L	CH	吸顶嵌入式（可进入）	DR	CR
管吊式	G	P	墙壁嵌入式	BR	WR
壁装式	B	W	柱上安装式	Z	CL
吸顶式	D	C			

7.2.3　电力及照明设备的表示方法

电力及照明设备在平面图中采用图形符号表示，并在图形符号旁标注文字，说明设备的名称、规格、数量、安装方式、离开高度等，如表7-8所示。

表7-8　电力及照明设备的表示方法

序　号	类　别	标注方法
1	用电设备 a——设备编号 b——额定功率，kW c——线路首端熔断片或自动释放器的电流，A d——标高，m	$\dfrac{a}{b}$ 或 $\dfrac{a}{b}+\dfrac{c}{d}$
2	电力和照明设备 （1）一般标注方法 （2）当需要标注引入线的规格时 a——设备编号 b——额定功率，kW c——线路首端熔断片或自动释放器的电流，A d——标高，m e——导线根数 f——导线截面面积，mm^2 g——导线敷设方式及部位	（1）$a\,\dfrac{b}{c}$ 或 $a-b-c$ （2）$a-\dfrac{b-c}{d(e\times f)-g}$

（续）

序　号	类　　别	标注方法
3	开关和熔断器 （1）一般标注方法 （2）当需要标注引入线的规格时 a——设备编号 b——设备型号 c——额定电流，A i——整定电流，A d——导线型号 e——导线根数 f——导线截面面积，mm^2 g——导线敷设方式及部位	（1）$a\dfrac{b}{c/i}$ 或 $a-b-c/i$ （2）$a\dfrac{b-c/i}{d(e\times f)-g}$
4	照明灯具（灯具吸顶安装） a——灯数 b——型号或编号 c——每盏照明灯具的灯泡数 d——灯泡容量，W e——灯泡安装高度，m f——安装方式 L——光源种类	$a-b\dfrac{c\times d\times L}{e}f$
5	照明变压器 a——一次电压，V b——二次电压，V c——额定容量，VA	$a/b-c$
6	照明照度 最低照度（示出 15lx）	⑮

7.2.4　照明基本线路

（1）一个开关控制一盏灯或多盏等　这是一种最常用、最基本的照明控制线路，其平面图和原理图如图 7-1 所示。到开关和到灯具的线路都是 2 根线（2 根线不需要标准），相线（L）经开关控制后到灯具，以保证断电后灯头无电，零线（N）直接到灯具，一只开关控制多盏灯时，几盏灯均应并联接线，图中 G 表示开关线。

（2）多个开关控制多盏灯　当一个空间有多盏灯需要多个开关单独控制时，可以适当把控制开关集中安装，相线可以公用接到各个开关，卡箍控制后分别连接到各个灯具，零线直接到各个灯具，如图 7-2 所示。

（3）两个开关控制一盏灯　用两个双控开关在两处控制一盏灯，通常用于楼上楼下分别控制楼梯灯，或走廊两端分别控制走廊灯。其原理图和剖面图如图 7-3 所示。在图示开关位置时，灯处于关闭状态，无论扳动哪个开关，灯都会亮。

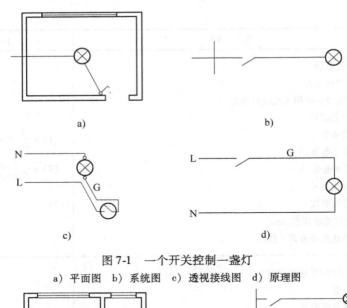

图 7-1　一个开关控制一盏灯

a）平面图　b）系统图　c）透视接线图　d）原理图

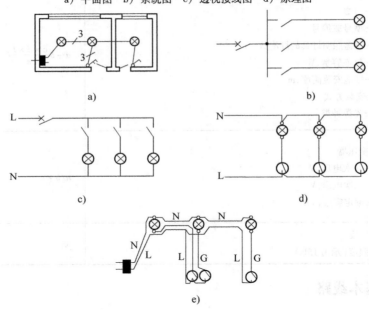

图 7-2　多个开关控制多盏灯

a）平面图　b）系统图　c）原理图　d）原理接图　e）透视接线图

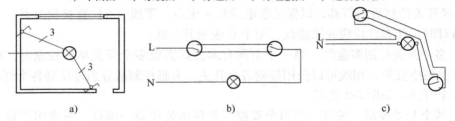

图 7-3　两个开关控制一盏灯

a）平面图　b）原理图　c）透视接线图

7.2.5　电气照明工程识图举例

1. 土建工程概况

本工程为一临街商住楼，共四层，其中一层为商场，二～四层为住宅，住宅部分共分三个单元，每单元为一梯两户，两户的平面布置是对称的。建筑物主体结构为底层框架结构，二层及以上为砖混结构，楼板为现浇混凝土楼板。建筑物底层层高为 4.5m，二～四层层高为 3.0m。

2. 电气设计说明

1）本工程电源采用三相四线制（380V/220V）供电，系统接地形式采用 TN—C—S 系统。进户线采用 VV22—1.0（3×35＋1×16）电力电缆，穿焊接钢管 SC80 埋地引入至总电表箱 AW，室外埋深 0.7m。进户电缆暂按长 20m 考虑。

2）在电源进户处设置重复接地装置一组，接地极采用镀锌角钢∟ 50×50×5，接地母线采用镀锌扁钢 -40×4，接地电阻不大于 4Ω。

3）室内配电干线，电表箱 AW 至各层用户配电箱 AL 均采用 BV—2×16＋PE16 导线，AW 箱至底层 AL1—1、AL1—2 箱穿焊接钢管 SC32 保护，AW 箱至其他楼层 AL 箱穿 PC40 保护。

由用户箱引出至用电设备的配电支线，空调插座回路采用 BV—2×4＋PE4 导线穿 PC25 保护；其他插座回路采用 BV—2×2.5＋PE2.5 导线穿 PC20 保护；照明回路采用 BV—2×2.5 导线穿 PC 保护，其中 2 根线用 PC16，3 根线用 PC20，4～6 根线用 PC25。楼道照明由 AW 箱单独引出一回路供电。

4）设备距楼地面安装高度：AW 总电表箱底边 1.4m，AL 用户配电箱底边 1.8m；链吊式荧光灯具 3.0m，软线吊灯 2.8m；灯具开关、吊扇调速开关 1.3m；空调插座 1.8m，厨房、卫生间插座 1.5m，普通插座 0.3m。

3. 主要设备材料表

主要设备材料表如表 7-9 所示，表中的主要设备材料为该商住楼一个单元的数量，其余单元均相同，表中的管线数量需按施工图纸统计计算。

表 7-9　主要设备材料表（一个单元）

序号	图例	名称	规格	单位	数量	备注
1	▬▬	电表箱	JLFX—9，950×900×200	台	1	底边距地 1.4m
2	▬▬	配电箱	XRM101，450×450×105	台	8	底边距地 1.8m
3	⊢─┤	成套型链吊式双管荧光灯	YG2—2，2×40W	套	24	距地 3.0m
4	⊘	组合方形吸顶灯	XD117，4×40W	套	12	吸顶安装
5	◖	半圆球吸顶灯	JXD5—1，1×40W	套	18	吸顶安装

（续）

序号	图　例	名　　称	规　　格	单位	数量	备　注
6	①	无罩软线吊灯	250V/6A,1×40W	套	30	距地2.8m
7	②	瓷质座灯头	250V/6A,1×40W	套	18	吸顶安装
8	●	声控圆球吸顶灯	250V/6A,1×40W	套	4	吸顶安装
9		暗装单联单控开关	L1E1K/1	套	36	距地1.3m
10		暗装双联单控开	L1E2K/1	套	24	距地1.3m
11		暗装三联单控开关	L1E3K/1	套	4	距地1.3m
12		暗装二、三孔单相插座	L1E2US/P	套	154	距地0.3m
13	K	暗装空调专用插座	L1E1s/16P	套	28	距地1.8m
14	A	暗装防溅三孔插座（插座内置带开关）	L1E2SK/16P + L1E1F	套	18	距地1.5m
15	B	暗装二、Z: FL 单相插座（带保护门）	L1E1S/P + L1E1F	套	30	距地1.5m
16	▷◁	吊风扇	ϕ1200	台	8	吸顶安装
17		吊风扇调速开关		个	8	距地1.3m
18		电力电缆	VV22—1000～3×35+1×16	m	20	
19		钢管	SC80	m	按实	
20		钢管	SC32	m	按实	
21		硬塑料管	PC40	m	按实	
22		硬塑料管	PC25	m	按实	
23		硬塑料管	PC20	m	按实	
24		硬塑料管	PC16	m	按实	
25		导线	BV—16	m	按实	
26		导线	BV—4	m	按实	
27		导线	BV—2.5	m	按实	
28		接地极	∟50×50×5	m	按实	
29		接地母线	—40×4	m	按实	

4. 电气系统图

如图 7-4、图 7-5、图 7-6、图 7-7 是该商住楼一个单元的电气系统图，其余单元均相同。电气系统图由配电干线图、电表箱系统图和用户配电箱系统图组成。

（1）配电干线图 配电干线图表明了该单元电能的接受和分配情况，同时也反映出了该单元内电表箱、配电箱的数量关系，如图 7-4 所示。

安装在底层的电表箱其文字符号为 AW，它也是该单元的总配电箱，底层还设有两个用户配电箱 AL1—1、AL1—2；二至四层每层均有两台用户配电箱，它们的文字符号分别为 AL2—1 ~ AL4—2。

进线电源引至表电表箱 AW 经计量后，由 AW 箱引出的配电干线采用"放射式"连接方式，即由 AW 箱向每一楼层的每一台用户箱 AL 单独引出一路干线供电，配电干线回路的编号为 WLM1 ~ WLM8。

（2）电表箱系统图 电表箱系统图如图 7-5 所示，该图表明了该单元电源引入线的型号规格，电源引入线采用铜芯塑料低压电力电缆，进入建筑物穿钢管 SC80 保护。电表箱内共装设了 8 个单相电度表，每个电表由一个低压断路器保护。电表引出的导线即为室内低压配电干线，每一回路均由三根 16mm^2 的铜芯塑料线组成，并穿线管保护，其中至一层 AL1—1、AL1—2 箱的用钢管 SC32，至其余楼层的用硬塑料管 PC40。电表箱还引出了一回路楼道公共照明支线，它采用两根 2.5mm^2 的铜芯塑料线，穿硬塑料管 PC16 沿墙或天棚暗敷设。

（3）用户配电箱系统图 用户配电箱系统图如图 7-6、图 7-7 所示，表明了引至箱内的配电干线型号规格、箱内的开关电器型号规格以及由箱内引出的配电支线的型号规格。

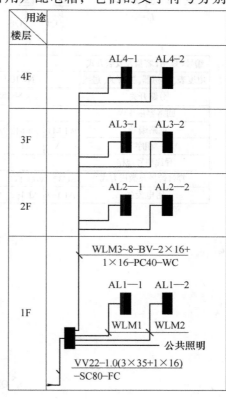

图 7-4 配电干线图

由系统图可了解到 AL1—1、AL1—2 箱引出 6 回路支线，其中两回路照明支线 M1、M2，穿硬塑料管 PC16 保护；两回路普通插座支线 C1、C2，穿硬塑料管 PC20 保护；两回路空调插座支线 K1、K2，穿硬塑料管 PC25 保护。

AL2—1 ~ AL4—2 箱引出 5 回路支线，其中一回路照明支线 M1，穿硬塑料管 PC16 保护；三回路插座支线，普通插座支线 C1、卫生间插座 C2 和厨房插座 C3，均穿硬塑料管 PC20 保护；一回路空调插座支线 K1，穿硬塑料管 PC25 保护。

5. 电气平面图

底层电气平面图如图 7-8 所示，标准层电气平面图图 7-9 所示。

因为该商住楼底层为商店，二 ~ 四层为住宅，而每一单元的平面布置是相同的，并且每一单元内每层分为两户，两户的建筑布局和配电布置对称相同，所以在看图时只需弄清楚一个单元中底层和标准层一户的电气安装就可以了。

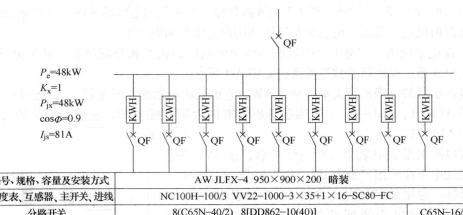

$P_e=48kW$
$K_x=1$
$P_{jx}=48kW$
$cos\phi=0.9$
$I_{js}=81A$

编号、规格、容量及安装方式	AW JLFX-4　950×900×200　暗装								
电度表、互感器、主开关、进线	NC100H-100/3　VV22-1000-3×35+1×16-SC80-FC								
分路开关	8(C65N-40/2)　8[DD862-10(40)]								C65N-16/1
回路容量/kW	6								
回路编号	WLM1	WLM2	WLM3	WLM4	WLM5	WLM6	WLM7	WLM8	WLM9
相序	A	B	C	C	B	A	A	B	C
导线型号规格	BV-2×16+PE16								BV-2×2.5
穿管管径及敷设方式	SC32　WC　FC	PC40　WC　FC							PC16　WC CC
用电设备	AL1-1	AL1-2	AL2-1	AL2-2	AL3-1	AL3-2	AL4-1	AL4-2	公共照明

图 7-5　电表箱系统图

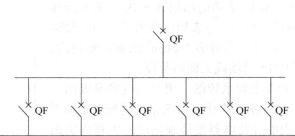

编号、规格、容量及安装方式	AL1、2 XM(R)23-3-15　450×450×105　6kW装					
电度表、互感器、主开关、进线	C65N-40/2　BV-2×16+PE16-SC25-WC、FC					
分路开关	C65N-16/1	2(C65N-16/1+Vigi)		2(C65N-20/1)		C65N-16/1
回路容量/kW						
回路编号	M1	C1	C2	K1	K2	M2
相序						
导线型号规格	BV-2×2.5	BV-2×2.5+PE2.5		BV-2×4+PE4		BV-2×2.5
穿管管径及敷设方式	PC16 WC CC	PC20 WC FC		PC25 WC CC		PC16 WC CC
用电设备	照明	普通插座		空调插座		照明

图 7-6　1 层配电箱 AL1—1、AL1—2 系统图

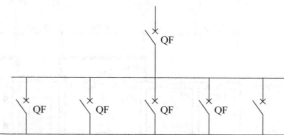

编号、规格、容量及安装方式	AL2~4-1~2　XM(R)23-3-15　450×450×105　6kW　暗装				
电度表、互感器、主开关、进线	C65N-40/2　BV-2×16+PE16-PC40-WC、CC				
分路开关	C65N-16/1	3(C65N-16/1+Vigi)			C65N-16/1
回路容量/kW					
回路编号	M1	C1	C2	C3	K1
相序					
导线型号规格	BV-2×2.5	BV-2×2.5+PE2.5			BV-2×4+PE4
穿管管径及敷设方式	PC16　WC　CC	PC20　WC　F-C	PC20　WC　CC		PC25　WC　CC
用电设备	照　明	普通插座	卫生间插座	厨房插座	空调插座

图 7-7　2~4 层配电箱 AL2—1、AL4—2 系统图

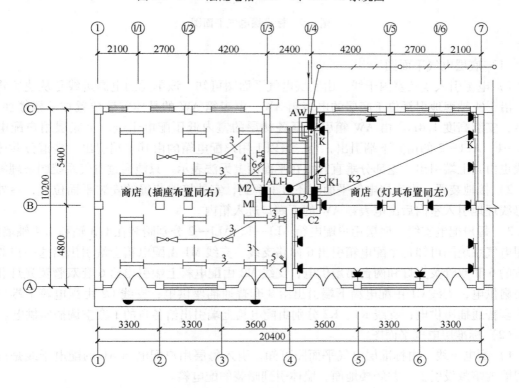

图 7-8　底层电气平面图

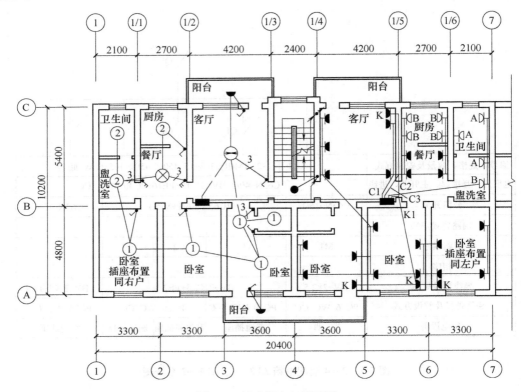

图 7-9　标准层电气平面图

（1）底层电气平面图

1）电源引入线及室内干线。由底层电气平面图可知，该单元的电源进线是从建筑物北面，沿 1/4 轴埋地引至位于底层的电表箱 AW，电表箱 AW 的具体安装位置在一楼楼梯口，暗装，安装高度 1.4m。由 AW 箱引出至各楼层的室内低压配电干线，至底层用户配电箱 AL1—1、AL1—2 的由其下端引出，至二层以上用户配电箱的由其上端引出，楼道公共照明支线也由其上端引出。这部分垂直管线在平面图上无法表示，只能通过电气系统图来理解。

2）接地装置。由底层电气平面图还可了解到，室外接地装置的安装平面位置，室外接地母线埋地引入室内后由电表箱 AW 的下端口进入箱内。

3）每户配电支线。底层用户配电箱 AL1—1、AL1—2 分别暗装在 1/3 轴和 1/4 轴墙内，对照电气系统图可知每个配电箱引出 6 回路支线，支线 M1 由配电箱上端引出给这一户⑩轴下方的 6 套双管荧光灯和两台吊扇供电；支线 M2 由配电箱上端引出给 6 套双管荧光灯和两台吊扇供电；支线 C1 由配电箱下端引出给 8 套普通插座供电；支线 C2 由配电箱下端引出给 9 套普通插座供电；支线 K1、K2 分别由配电箱上端引出给各自的 1 套空调插座供电。

（2）标准层电气平面图

1）配电干线。由标准层电气平面图可知，引入每层用户配电箱 AL 的配电干线是由楼梯间墙内暗敷设引上，并经楼地面、墙体引到暗装的配电箱。

2）每户配电支线对照电气系统图可知每一个用户配电箱引出 5 回路支线，支线 M1 由配电箱上端引出给这一户所有的照明灯具供电，它的具体走向是出箱后先到客厅，然后到北阳台、南卧室、卫生间、厨房，由于该支线较长，所以看图时应注意每根图线代表的导线根数以及穿管管径；支线 C1 由配电箱下端引出给所有的普通插座供电，它的具体走向是出箱后先到客厅，然后到南面的各卧室；支线 C2 由配电箱上端引出给餐厅、厨房插座供电，它的具体走向是出箱后先到餐厅，然后到厨房；支线 C3 由配电箱上端引出给盥洗室、卫生间插座供电，它的具体走向是出箱后先到盥洗室，然后到卫生间；支线 K1 由配电箱上端引出给所有的空调插座供电（这样布置实际上不太合理），它的具体走向是出箱后先到箱上方的分线盒，再由分线盒分出两路线，一路至客厅空调插座，另一路至南面卧室各空调插座。

课题 3　室内电气照明工程安装

室内电气照明工程，一般是由进户装置、配电箱、线路、插座、开关和灯具等组成。

7.3.1　进户装置安装

室内电源是从室外低压供电线路上接入户的，室外引入电源有单相二线制、三相三线制、和三相四线制。进户装置包括横档（钢制或木制）、瓷瓶、引下线（从室外电线杆引下至横档的电线）和进户线（从横档通过进户管至配电箱的电线）、进户管（保护过墙进户线的管子）。

低压引入线从支持绝缘子起至地面的距离不小于 2.5m；建筑物本身低于 2.5m 的情况，应将引入线横担加高。引入线应采用"倒人字"做法。多股导线禁止采用吊挂式接头做法。在接保护中性线系统中，引入线的中性线在进户处应做好重复接地。其接地电阻应大于 10Ω。

架空导线进入建筑物，如图 7-10 所示，需注意以下几点。

1）凡引入线直接与电度表接线者，由防水弯头"倒人字"起至配电盘间的一段导线，均用 500V 铜芯橡胶绝缘电线；如有电流互感器时，二次线应用铜线。

2）角钢支架燕尾螺栓一律随砌墙埋入，图中 L_1 为 300mm。

3）引入线进口点的安装高度，距地面不应低于 2.7m。

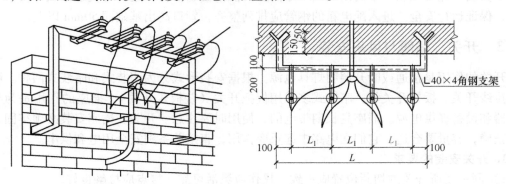

图 7-10　架空线进入建筑物

7.3.2　照明配电箱安装

在配电箱内有各种控制开关和保护电器。进户后设置的配电箱为总配电箱，控制分支电源的配电箱为分配电箱。配电箱按用途分为动力配电箱和照明配电箱。

照明配电箱有标准和非标准型两种。照明配电箱的安装方式有明装和嵌入式暗装两种。

1. 照明配电箱安装的技术要求

1）在配电箱内，有交、直流或不同电压时，应有明显的标志或分设在单独的板面上。

2）导线引出板面，均应套设绝缘管。

3）配电箱安装垂直偏差不应大于 3mm。暗设时，其面板四周边缘应紧贴墙面，箱体与建筑物接触的部分应刷防腐漆。

4）照明配电箱安装高度，底边距地面一般为 1.5m；配电板安装高度，底边距地面不应小于 1.8m。

5）三相四线制供电的照明工程，其各相负荷应均匀分配。

6）配电箱内装设的螺旋式熔断器（RL1），其电源线应接在中间触点的端子上，负荷线接在螺纹的端子上。

7）配电箱上应标明用电回路名称。

2. 悬挂式配电箱的安装

可安装在墙上或柱子上。直接安装在墙上时，应先埋设固定螺栓，固定螺栓的规格和间距应根据配电箱的型号和重量以及安装尺寸决定。

施工时，先量好配电箱安装孔尺寸，在墙上画好孔位，然后打洞，埋设螺栓（或用金属膨胀螺栓）。待填充的混凝土牢固后，即可安装配电箱。安装配电箱时，要用水平尺校正其水平度，同时要校正其安装的垂直度。

3. 嵌入式暗装配电箱的安装

通常是按设计指定的位置，在土建砌墙时先把与配电箱尺寸和厚度相等的木框架嵌在墙内，使墙上留出配电箱安装的孔洞，待土建结束，配线管预埋工作结束，敲去木框架将配电箱嵌入墙内，校正垂直和水平，垫好垫片将配电箱固定好，并做好线管与箱体的连接固定，然后在箱体四周填入水泥砂浆。

4. 配电箱的落地式安装

在安装前先要预制一个高出地面一定高度的混凝土空心台，这样可使进出线方便，不易进水，保证运行安全。进入配电箱的钢管应排列整齐，管口高出基础面 50mm 以上。

7.3.3　开关、插座与风扇安装

开关的作用是接通或断开照明灯具电源。根据安装形式分为明装式和暗装式两种。明装式有拉线开关、扳把开关等；暗装式多采用扳把开关（跷板式开关）。插座的作用是为移动式电器和设备提供电源。插座是长期带电的，使用时要注意。开关、插座安装必须牢固、接线要正确，容量要合适。它们在电路中起重要作用，直接关系到安全用电和供电。

1. 开关安装的要求

1）同一场所开关的切断位置应一致，操作应灵活可靠，接点应接触良好。

2）开关安装位置应便于操作，安装高度应符合下列要求：拉线开关距地面一般为 2～3m，距门框为 0.15～0.2m；其他各种开关距地面一般为 1.3～1.5m，距门框为 0.15～0.2m。

3）成排安装的开关高度应一致，高低差不大于 2mm；拉线开关相邻间距一般不小于

20mm。

4）电器、灯具的相线应经开关控制，民用住宅禁止装设床头开关。

5）跷板开关的盖板应端正严密，紧贴墙面。

6）在多尘、潮湿场所和户外应用防水拉线开关或加装保护箱。

7）在易燃、易爆场所，开关一般应装在其他场所控制，或采用防爆型开关。

8）明装开关应安装在符合规格的圆木或方木上。

2. 插座安装要求

1）交、直流或不同电压的插座应分别采用不同的形式，并有明显标志，且其插头与插座均不能互相插入。

2）单相电源一般应用单相三极三孔插座，三相电源应用三相四极四孔插座，在室内不导电地面可用两孔或三孔插座，禁止使用等边的圆孔插座。

3）插座的安装高度应符合下列要求：明装插座，安装标高距地 1.8m；暗装插座，安装标高距地 0.3m 或 1.8m。住宅内应采用安全型插座。同一室内安装的插座高低差不应大于5mm，成排安装的不应大于 2mm。

4）单相二孔插座接线时，面对插座左孔接工作零线，右孔接相线；单相三孔插座接线时，面对插座左孔接工作零线，右孔接相线，上孔接保护零线或接地线，严禁将上孔与左孔用导线相连接；三相四孔插座接线时，面对插座左、下、右三孔分别接 A、B、C 相线，上孔接保护零线或接地线。

5）舞台上的落地插座应有保护盖板。

6）在特别潮湿，有易燃、易爆气体和粉尘较多的场所，不应装设插座。

7）明装插座应安装在符合规格的圆木或方木上。

8）插座的额定容量应与用电负荷相适应。

9）明装插座的相线上容量较大时，一般应串接熔断器。

10）暗装的插座应有专用盒，盖板应端正，紧贴墙面。

3. 开关和插座的安装

明装时，应先在定位处预埋木榫或膨胀螺栓以固定木台（方木或圆木），然后在木台上安装开关或插座。暗装时，应设有专用接线盒，一般是先行预埋，再用水泥砂浆填充抹平，接线盒口应与墙面粉刷层平齐，等穿线完毕后再安装开关或插座，其盖板或面板应端正，紧贴墙面。

开关、插座应对各支路绝缘进行测试，合格后进行通电试验，应符合如下要求。

1）开关应反复试验，通断灵活、接触可靠。

2）插座应全部用插座三相检测仪检测接线是否正确及漏电开关动作情况，并用漏电检测仪检测插座的所有漏电开关动作时间，不合格的必须更换。

4. 风扇安装规定

1）吊扇开关应控制有序不错位，吊扇安装高度不得低于 2.5m。

2）吊扇挂钩应安装牢固，挂钩的直径不应小于吊扇悬挂销钉的直径，且不得小于8mm。

3）吊扇安装时，吊杆上的悬挂销钉必须装设防震橡皮垫及防松装置。扇叶距地面高度不应低于 2.5m。

4）壁扇安装高度，下侧边缘距地面不小于1.8m，且接地、接零牢固。

5）壁扇底座采用尼龙塞或膨胀螺栓固定，数量不得少于2个，且直径不应小于8mm。壁扇防护罩扣紧，固定可靠。

6）风扇安装完毕后，应对各支路绝缘进行测试，合格后进行通电试验。通电运转时，吊扇扇叶无明显颤动和异常声响；壁扇扇叶和防护罩无明显颤动和异常声响。如图7-11所示为开关、插座和吊扇进线穿钢管暗敷设。

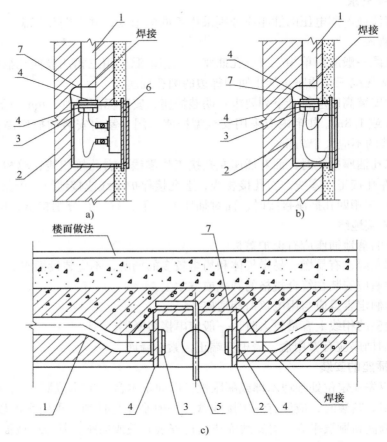

图7-11　开关、插座和吊扇进线穿钢管暗敷设

a）开关　b）插座　c）吊扇

1—钢管　2—接线盒　3—护圈帽　4—锁母　5—吊钩　6—调整板　7—接地线

7.3.4　照明灯具安装

1. 安装要求

1）安装的灯具应配件齐全，灯罩无损坏。

2）螺口灯头接线必须将相线接在中心端子上，零线接在螺纹的端子上；灯头外壳不能有破损和漏电。

3）照明灯具使用的导线最小线芯截面面积应符合有关的规定。

4）灯具安装高度：室内一般不低于2.5m，室外不低于3m。

5）地下建筑内的照明装置，应有防潮措施，灯具低于 2.0m 时，灯具应安装在人不易碰到的地方，否则应采用 36V 及以下的安全电压。

6）嵌入顶棚内的装饰灯具应固定在专设的框架上，电源线不应贴近灯具外壳，灯线应留有余量，固定灯罩的框架边缘应紧贴在顶棚上，嵌入式日光灯管组合的开启式灯具、灯管应排列整齐，金属间隔片不应有弯曲扭斜等缺陷。

7）配电盘及母线的正上方不得安装灯具。

8）事故照明灯具应有特殊标志。

2. 吊灯安装

安装吊灯需要吊线盒和木台两种配件。木台规格根据吊线盒或灯具法兰大小选择，否则影响美观。

木台固定好后，在木台上装吊线盒，从吊线盒的接线螺栓上引出软线。软线的另一端接到灯座上。

软线吊灯重量限于 1kg 以下，灯具重量超过 1kg 时，应采用吊链或钢管吊灯具。

3. 吸顶灯安装

吸顶灯安装一般可直接将木台固定在顶棚的预埋木砖上或用预埋的螺栓固定，然后再把灯具固定在木台上。若灯泡和木台距离太近（如半扁灯罩），应在灯泡与木台间放置隔热层（石棉板或石棉布等）。

4. 壁灯安装

壁灯可以安装在墙上或柱子上。当安装在墙上时，一般在砌墙时预埋木砖，禁止用木楔代替木砖；当安装在柱子上时，一般应在柱子上预埋金属构件或用抱箍将金属构件固定在柱子上，然后固定灯具。

5. 荧光灯安装

荧光灯（日光灯）的安装方式有吸顶、吊链和吊管三种。安装时应按电路图正确接线，如图 7-12 所示。开关应装在镇流器侧，镇流器安装在相线，可提高启动电压，有利于启动；镇流器、启辉器、电容器要相互匹配，灯具要固定牢固。

6. 高压汞灯安装

高压汞灯安装要按产品要求进行，要注意分清带镇流器还是不带镇流器。带镇流器的接线图如图 7-13 所示。不带镇流器的高压汞灯，一定要使镇流器与灯泡相匹配，否则，会烧坏灯泡。安装方式一般为垂直安装。

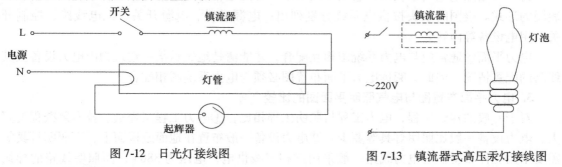

图 7-12　日光灯接线图　　　　　　图 7-13　镇流器式高压汞灯接线图

7. 碘钨灯的安装

碘钨灯的安装，必须使灯具保持水平位置，倾斜角一般不能大于 4°，否则将影响灯的寿命。碘钨灯正常工作时，管壁温度很高，所以应安装在不与易燃物接近处。碘钨灯耐震性差，不能安装在振动大的场所，更不能作为移动光源使用。

碘钨灯安装时应按产品要求及电路图正确接线和安装。

课题4　动力工程施工图识图与内线施工

7.4.1　动力工程施工图识图

在工业企业中，有许多用电设备，例如，照明用电设备，动力用电设备，工艺用电设备（如，电解、冶炼、电焊、电火花、电热处理），电热用电设备（如，加温、取暖、烘干、空调），试验用电设备（如，试验、检测、校验）等。

在电气设计中，一般将电气照明和小型日用电器划归为电气照明设计，而将其他用电设备划归为电力设计。与之相对应，将电气平面布置图分为电气照明平面布置图和电力平面布置图。因此，电力平面布置图说明的主要对象是动力、工艺、电热、试验等用电设备。

由于工厂中的各种工作机械绝大部分都是以电动机为原动力的，因此，电力平面布置图主要表示工厂中各种电动机及其供电线路和其他附属设备的平面布置。

常用电动机是三相交流异步电动机，主要类型是：鼠笼式异步电动机和绕线式异步电动机，其基本型号为 Y 和 YR。Y 系列电动机是按国际上通用的 IEC 标准制造的新型节能异步电动机，应用十分广泛。

1. 电力平面图表示的主要内容

电力平面图是用图形符号和文字符号表示某一建筑物内各种电力设备平面布置的，主要内容是：电力设备的安装位置、安装标高、型号、规格；电力设备电源供电线路的敷设路径、敷设方法、导线根数、导线规格、穿线管类型及规格；电力配电箱安装位置、配电箱类型、配电箱电气主接线等。

2. 电力平面图与电力系统图的配合

电力系统图有两种类型：

一种是电气系统图，它只概略表示整幢建筑物供电系统的基本组成，各分配电箱的相互关系及其主要特征。

另一种是配电电气系统图，它主要表示某一分配电箱的配电情况。这种系统图通常采用表图的形式。表图的表头按供电系统分别列出：电源进线、电源开关、配电线路、控制开关、用电设备等内容。

电力平面图通常应与电力系统图相互配合，才能清楚地表示某一建筑物内电力设备及其线路的配置情况。因此，阅读电力平面布置图必须与电力系统图相配合。

3. 电力平面布置图与电气照明平面图的比较

对于一般的建筑工程，电力工程与照明工程相比，①电力工程工程量、技术复杂程度要大，电力设备一般比照明灯具等要少。②电力设备一般布置在地面或楼面上，而照明灯具等需要采用立体布置。③电力线路一般采用三相三线供电，电压为 380V，而照明线路的导线根数一般很多。④电力线路采用穿管配线的方式多，而照明线路配线方式多种多样。

另外，电力设备的传动控制比照明设备的控制复杂，电力传动控制图具有一定的特点，已不属于平面图的范畴。

如图 7-14 所示为某机械加工车间（一角）的动力电气平面布置图。

动力配电箱的规格为 XL-14，引入线的型号规格和敷设方式为 BBLX—500—（3×25＋1×16）—SC40—FC，表示采用三根 25mm² （作相线）、一根 16mm² （作中性线）的铝芯绝缘线穿内径为 40mm² 的钢管沿地板暗敷。

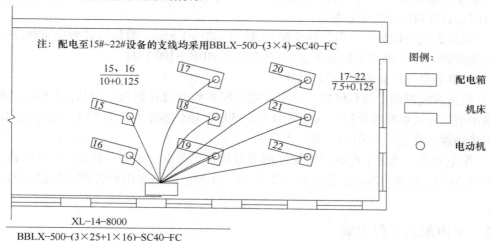

图 7-14　机械加工车间（一角）的动力电气平面布置

4. 某电力配电系统图的识读实例

为了详细说明图中内容，通常采用表图的说明方式。如图 7-15 所示，它采用图形与表格相结合的方法表示，这种图层次分明，是电力系统图最常见的一种形式。

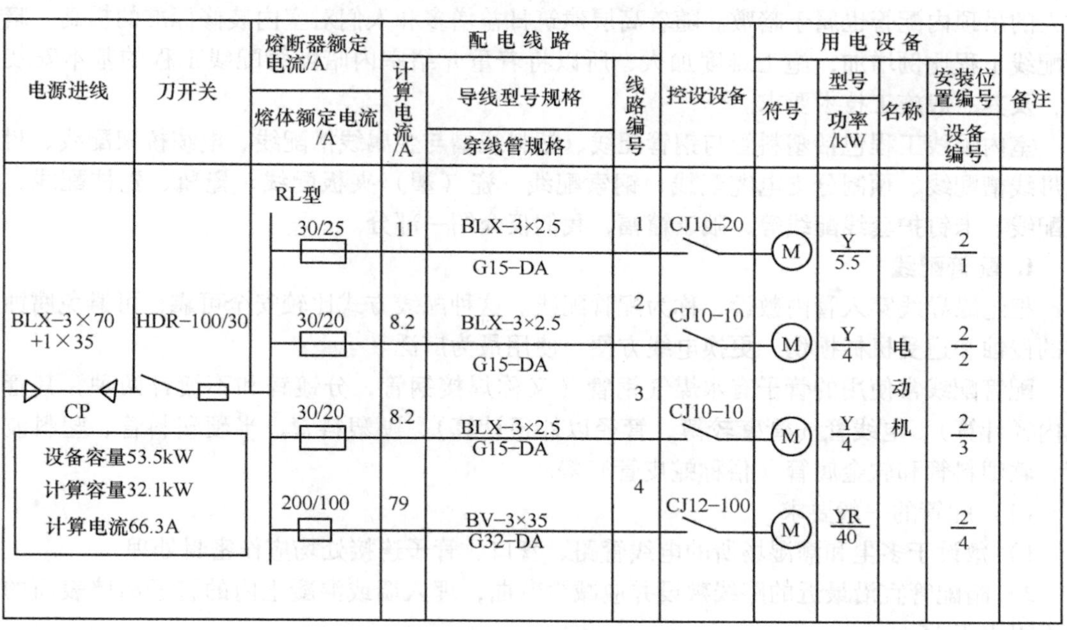

电源进线	刀开关	熔断器额定电流/A	配电线路		线路编号	控设设备	用电设备				备注
		熔体额定电流/A	计算电流/A	导线型号规格 穿线管规格			符号	型号 功率/kW	名称	安装位置编号 设备编号	
BLX-3×70 +1×35　CP　设备容量53.5kW 计算容量32.1kW 计算电流66.3A	HDR-100/30	RL型 30/25	11	BLX-3×2.5 G15-DA	1	CJ10-20	Ⓜ	Y 5.5	电动机	2/1	
		30/20	8.2	BLX-3×2.5 G15-DA	2	CJ10-10	Ⓜ	Y 4		2/2	
		30/20	8.2	BLX-3×2.5 G15-DA	3	CJ10-10	Ⓜ	Y 4		2/3	
		200/100	79	BV-3×35 G32-DA	4	CJ12-100	Ⓜ	YR 40		2/4	

图 7-15　某车间 1 号配电箱供电系统图

图中，①按电能输送关系，画出四个主要部分：电源进线及母线、配电线路、启动控制设备、受电设备。②对线路，标注了导线的型号规格、敷设方式及穿线管的规格。③对开关、熔断器等控制保护设备，标注了设备的型号规格、开关和热元件的整定电流、熔断器中熔体的额定电流。④对受电设备标注了设备的型号、功率、名称及其编号。上述内容与相应的电力系统平面图是一一对应的。除此之外，在系统图上，还标注了整个系统的计算容量等，有时还标注线路的电压损失。

1）电源进线及控制　采用的导线是 BLX—3×70+1×35，敷设方式为瓷瓶敷设 CP。电源控制采用刀开关（带熔断器），其型号是 HDR—100A/31。

2）计算容量　计算容量为 32.1kW。

3）设备和线路的控制和保护　主要采用熔断器和交流接触器。例如，1号电动机的供电线路采用螺旋式熔断器保护，其型号为 RL—30A，熔丝额定电流为 25A，电动机的控制采用交流接触器，其型号为 CJ10—20。

4）配电线路　描述了配电线路导线的型号规格、敷设方式等。例如，1号线路，导线采用 BLX 型铝芯橡皮绝缘线，截面积为 2.5mm²，3 根。线路采用钢管埋地敷设，钢管管径 15mm。

7.4.2　室内配线工程安装

室内配线也称为内线工程，主要包括室内照明配线和室内动力配线，此外还有火灾自动报警、电缆电视、程控电话、综合布线等弱电系统配线工程。按线路敷设方式分有明配和暗配两种。凡是管线沿建筑结构表面敷设为明敷，如管线沿墙壁、天花板、桁架等表面敷设为明配线（明敷设），在可进人的吊顶内配管也属于明敷。凡是管线在建筑结构内部敷设为暗敷，如管线埋设在顶棚内、墙体内、梁内、柱内、地坪内等均为暗配线（暗敷设），在不可进人的吊顶内配管也属于暗敷。随着高层建筑日益增多和人们对室内装修标准的提高，暗配管配线工程比例增加，施工难度加大，所以将着重介绍室内暗配管配线工程的基本安装方法，及其一般施工技术要求。

室内配线工程包括塑料管与钢管配线、塑料线槽与金属线槽配线、电缆桥架配线、封闭式母线槽配线、预制分支电缆配线、钢索配线、瓷（塑）夹板配线、瓷瓶、瓷柱配线、槽板配线、卡钉护套线配线等，限于篇幅，我们仅介绍一部分。

1. 配管配线

把绝缘导线穿入管内敷设，称为配管配线。这种配线方式比较安全可靠，可避免腐蚀气体的侵蚀和遭受机械损伤，更换电线方便。使用最为广泛。

配管配线常使用的管子有水煤气钢管（又称焊接钢管，分镀锌和不镀锌两种，其管径以内径计算）、电线管（管壁较薄、管径以外径计算）、硬塑料管、半硬塑料管、塑料波纹管、软塑料管和软金属管（俗称蛇皮管）等。

（1）配管的一般要求

1）敷设于多尘和潮湿场所的电线管路、管口、管子连接处均应作密封处理。

2）暗配管宜沿最近的路线敷设并应减少弯曲，埋入墙或混凝土内的管子离墙表面的净距不得小于 15mm。

3）进入落地式配电箱的管路排列应整齐，管口高出基础面不应小于 50mm。

4）埋于地下的管路不宜穿过设备基础。穿过建筑物时，应加保护管保护。

5）明配钢管不允许焊接，只可用管箍丝接。在防火区域属防爆等级配管、管箍、接线盒的连接处必须焊接地过桥。

6）钢管（镀锌钢管除外）内、外壁均应刷防腐漆，但埋于混凝土的管路外壁不刷，埋入土层内的钢管应刷两道沥青。

7）穿电线的管子不允许焊接。如需要焊接（用于暗配）可采用套管连接，套管长度为连接管外径的1.5～3倍，连接管的对口应在套管的中心，焊接牢固、严密。

8）钢管与设备的连接，应将钢管敷设到设备内部。如不能直接进入时，应采取如下措施：①在干燥房屋内，可从管口起，加保护软管引入设备内。②在潮湿处，可在管口处增设防水弯头，由防水弯头引出的导线应套绝缘保护软管，弯成防水弧度后引入设备。③金属软管引入设备时，软管与钢管或设备应用软管接头连接，不得利用金属软管作为接地导线。

（2）管子的选择

1）电线管：管壁较薄，适用于干燥场所的明、暗配。

2）焊接钢管：管壁较厚，适用于潮湿、有机械外力、有轻微腐蚀气体场所的明、暗配。

3）硬塑料管：耐腐蚀性较好，易变形老化，机械强度次于钢管，适用于腐蚀性较大的场所的明、暗配。

4）半硬塑料管：刚柔结合、易于施工，劳动强度较低，质轻，运输较为方便，已被广泛应用于民用建筑暗配管。

（3）管子的加工

1）管子在使用前应去毛刺、除锈、刷防腐漆。

2）管子的切割有钢锯切割、切管机切割、砂轮机切割。砂轮机切割是目前先进、有效的方法，切割速度快、功效高、质量好。切割后应打磨管口，使之光滑。禁止使用气焊切割。

3）管子套螺纹的方法与管工套螺纹相同。

4）管子煨弯，其方法有冷煨弯和热煨弯两种。冷煨弯用弯管器（只适用于DN25即25.4mm以下的钢管）。用电动弯管机煨弯，一般可弯制ϕ70mm以下的管子，ϕ70mm以上的管子采用热煨。热煨管煨弯角度不应小于90°。弯曲半径：明设管允许小到管径的4倍；暗配管不应小于管子外径的6倍；埋设于地下混凝土楼板内时不应小于外径的10倍。穿电缆管的弯曲半径应满足电缆弯曲半径的要求（电缆弯曲半径为电缆外径的8倍、10倍、15倍等）。所有的管子经弯曲后不得有裂纹、裂缝，其突出度和椭圆度均不应超过管径的±10%。

5）管子的内、外壁应进行防腐处理。埋入混凝土墙内的管子，外表可以不防腐。

（4）管子的连接

1）管与管的连接采用螺纹连接，禁止采用电焊或气焊对焊连接。用螺纹连接时，要加焊跨接地线。

2）管子与配电箱、盘、开关盒、灯头盒、插座盒等的连接应套螺纹、加锁母。

3）管子与电动机一般用蛇皮管连接，管口距地面高为200mm。

（5）管子的安装

1）明配管的安装。主要内容是测位、画线、打眼、埋螺栓、锯管、套螺纹、煨弯、配管、接地、刷漆。安装时管子的排列应整齐，间距要相等，转弯部分应按同心圆弧的形式进行排列。管子不允许焊接在支架或设备上。成排管并列时，接地、接零线和跨接线应使用圆钢或扁钢进行焊接，不允许在管缝间隙直接焊接。电气管一般应敷设在热水管或蒸汽管下面。

明配管的敷设分一般钢管和防爆钢管配管。一般都是将管子用管卡卡住，再将管卡用螺栓固定在角钢支架上或固定在预埋于墙内的木桩上。目前采用冲击电钻打眼、膨胀螺栓固定，或用射钉枪埋螺栓。卡子的形式有螺栓管卡、单边螺栓管卡、鞍形管卡、单边管卡、环形管卡、2 ~ 4mm 厚薄钢板卡板。

单根管敷设宜用马鞍形管卡卡于墙上或角钢架上，用木螺栓或螺栓固定。先将角钢预埋在墙内，然后用单边螺栓管卡将管子卡于角钢支架上。或用木砖预埋在墙内，用马鞍形管卡卡住，再用木螺栓将卡子固定于木砖上。

2）暗配管的安装。主要内容为测位、画线、锯管、套螺纹、煨弯、配管、接地、刷漆。在混凝土内暗设管子时，管子不得穿越基础和伸缩缝。如必须穿过时应改为明配，并用金属软管做补偿。配合土建施工做好预埋的工作，埋入混凝土地面内的管子应尽量不入深土层中，出地管口高度（设计有规定者除外）不宜低于 200mm。金属软管适用于电气设备与管路之间的连接，或温差较大的塔区平台管与管之间的连接，并且必须是明配管的连接，不得穿墙或穿过楼板，更不得用于暗配。

电线管路平行敷设超过下列长度时，中间应加接线盒：管子长度每超过 40m、无弯曲时；管子长度超过 30m、有 1 个弯时；管子长度超过 20m、有 2 个弯时；管子长度超过 10m、有 3 个弯时。

在垂直敷设管路时，装设接线盒或拉线盒的距离应符合下列要求：导线截面 50mm² 及以下时，为 30m；导线截面 70 ~ 95mm² 时，为 20m；导线截面 120 ~ 240mm² 时，为 18m。

（6）穿管配线

1）穿线前应当用破布或空气压缩机将管内的杂物、水分清除干净。

2）电线接头必须放在接线盒内，不允许在管内有接头和纽结，并有足够的余留长度。

3）管内穿线应在土建施工喷浆粉刷之后进行。

4）穿在管内的绝缘导线的额定电压不应低于 500V。

5）不同回路、不同电压和交流与直流的导线，不得穿入同一管子内，但下列几种情况除外：①电压为 65V 以下的回路。②同一设备的电机回路和无抗干扰要求的控制回路。③照明花灯的所有回路。④同类照明的几个回路，管内导线不得超过 8 根。⑤同一交流回路的导线必须穿于同一管内。⑥管内导线的截面总和不应超过管子截面积的 40%。⑦导线穿入钢管后，在管子出口处应装护线套保护导线，在不进入盒内的垂直管口，穿入导线后，应将管子作密封处理。

2. 线槽配线

采用塑料线槽和金属线槽配线适用于：预制墙板无法安装暗配线、需要便于维修和更换线路等场所，线槽规格不宜大于 200mm × 100mm。①同一配电回路所有相导体和中性线导体应敷设在同一线槽内。②线槽内电线和电缆的总截面面积（包括外护层）不应超过线槽内截面面积的 20%，载流导体不宜超过 30 根。③控制和信号线路不应超过线槽内截面面积的 50%，根数不限。④强电与弱电线路在一起，可用屏蔽电缆或用金属隔板隔离。⑤线槽内的导线和电缆不应有接头，接头应在分线盒内或出线口进行。金属线槽悬吊式交错安装如图 7-16 所示。

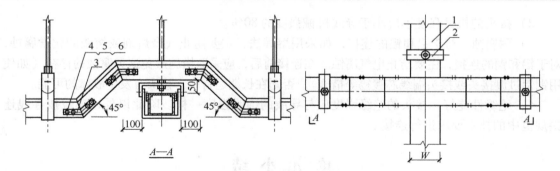

图 7-16　金属线槽悬吊式交错安装

1—线槽　2—线槽吊具　3—连接板　4—螺钉　5—螺母　6—垫圈

3. 电缆桥架敷设

电缆敷设在电缆桥架内，电缆桥架装置是由支架、盖板、托臂和线槽等组成，如图 7-17 所示为电缆桥架安装示意图。电缆桥架的采用，克服了电缆沟敷设电缆时存在的积水、积灰、易损坏电缆等多种弊病，改善了运行条件，且具有占用空间少、投资省、建设周期短、便于采用全塑电缆和工厂系列化生产等优点，因此在国外已被广泛应用，近年来国内也正在推广采用。

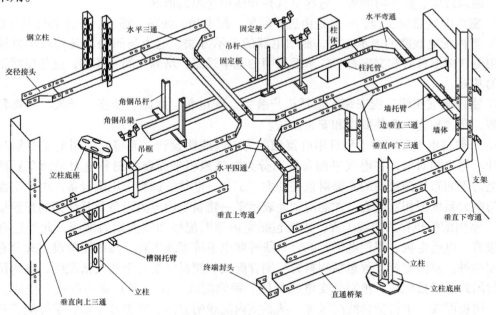

图 7-17　电缆桥架安装示意图

4. 导线的连接

导线连接的方法很多，有绞接、焊接、压接和螺栓连接等。各种连接方法适用于不同导线及不同的工作地点。导线连接是一道非常重要的工序，安装线路能否安全可靠地运行，在很大程度上取决于导线质量。对导线连接的基本要求如下。

1）连接可靠，接头电阻小，稳定性好，接头电阻不应大于相同长度导线的电阻。

2）接头的机械强度不应小于导线机械强度的 80%。

3）耐腐蚀。对于铝和铝的连接，如采用熔焊法，主要防止残余熔剂或熔渣的化学腐蚀，对于铝和铜的连接，主要防止电气腐蚀。在连接前后，应采取措施避免这类腐蚀的存在（如使用铜铝过渡接头或接头端线芯镀锡等措施），否则在长期运行中，接头有发生故障的可能。

4）绝缘性能好，接头的绝缘强度应与导线的绝缘强度一样。除此以外，还应按导线连接规范中的技术要求进行连接。

单 元 小 结

1. 照明系统的基本物理量，包括光通量、发光强度、照度和亮度。应注意照度和亮度的区别。

2. 电气照明的基本要求：适宜的照度水平、照度均匀、照度的稳定性、合适的亮度分布、消除频闪、限制眩光、减弱阴影、光源的显色性要好。

3. 根据照明用途分，照明的种类包括：正常照明、应急照明、值班照明、警卫照明、景观照明和障碍照明。应急照明又包括备用照明、安全照明、疏散照明。

4. 熟悉常用电光源的主要特性。照明电光源的主要性能指标主要有：显色指数、发光效率、频闪效应、启燃时间等，这些是选择和使用光源的依据。

5. 室内电气照明工程，一般是由进户装置、配电箱、线路、插座、开关和灯具等组成。

6. 室内配电线路的表示方法、照明电器的表示方法、电力与照明设备的表示方法。熟悉常用电气图形符号和文字符号，掌握照明的基本线路，培养空间立体感，这是照明工程图识图的基础。

7. 室内电气照明工程安装，包括进户装置、配电箱、线路、插座、开关、灯具和风扇的安装，熟悉相应的安装要求和安装方法。

8. 一般将电气照明和小型日用电器划归为电气照明设计，而将其他用电设备划归为电力设计。与之相对应，将电气平面布置图分为电气照明平面布置图和电力平面布置图。因此，电力平面布置图说明的主要对象是动力、工艺、电热、试验等用电设备。电力平面图通常应与电力系统图相互配合，才能清楚地表示某一建筑物内电力设备及其线路的配置情况。

9. 室内配线也称为内线工程，主要包括室内照明配线和室内动力配线，此外还有火灾自动报警、电缆电视、程控电话、综合布线等弱电系统配线工程。按线路敷设方式分有明配和暗配两种。室内配线工程包括塑料管与钢管配线、塑料线槽与金属线槽配线、电缆桥架配线、封闭式母线槽配线、预制分支电缆配线、钢索配线、瓷（塑）夹板配线、瓷瓶、瓷柱配线、槽板配线、卡钉护套线配线等。熟悉室内配线的方法、种类及要求，掌握配管及管内穿线的施工工艺。了解其他配线方法的工艺过程，了解绝缘导线的连接方法及工艺。

同 步 测 试

一、单项选择题

1. 380/220V 低压架空电力线路接户线，在进线处与地面距离不应小于（　　）m。

A. 1.5　　　　　　B. 2.0　　　　　　C. 2.5　　　　　　D. 3.0

2. 在照明线路中，为防止断开后灯头带电，开关必须接在（　　）线上。

A. 火线　　　　　　B. 零线　　　　　　C. 地线　　　　　　D. 导线

3. 在配管配线工程中，PR 表示（　　）。

A. 塑料管敷设　　　B. 塑料线槽敷设　　C. 钢管敷设　　　　D. 金属线槽敷设

4. 线管布线时应考虑配管的截面积。一般要求管内导线的总面积（包括绝缘层），不超过线管内径内截面积的（　　）。

A. 20%　　　　　　B. 30%　　　　　　C. 40%　　　　　　D. 50%

5. 40W 的荧光灯比 40W 的白炽灯显得亮，是因为（　　）。

A. 荧光灯的显色性好　　　　　　　　　B. 荧光灯的发光效率高

C. 荧光灯的价格贵　　　　　　　　　　D. 荧光灯是气体放电光源

二、判断题（对的打"√"，错的打"×"）

1. 为了用电安全应在三相四线制电路的中性线上安装熔断器。（　　）

2. 单相三孔插座与三相四孔插座最上孔接火线。（　　）

3. 应急照明包括：备用照明、疏散照明和安全照明。（　　）

4. LED 灯寿命长，无红外线和紫外线辐射，属于环保节能灯具。（　　）

5. 开关的安装高度一般为 0.3m。（　　）

三、试识读某锅炉房动力配电系统图

ANX1 和 ANX2 内部安装有操作按钮，称为按钮箱。B9、B25 为接触器、T25 为热继电器，如习题图 1 所示。

1. 该锅炉房电源是如何引进的？进线采用电缆还是导线？

2. 锅炉房内有几台配电箱？配电箱之间的连接采用什么方式？配电箱内总控开关属于几级开关？额定电流分别为多少？

3. 接触器前为什么要安装空气开关？接触器与空气开关有什么区别？

4. 热继电器有什么作用？按钮有什么作用？各配电箱到各动力设备线路是如何敷设的？

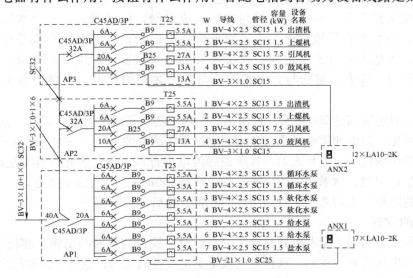

习题图1

单元8 防雷接地工程识图与施工

学 习 目 标

知识目标
- 了解雷电的形成及危害。
- 理解建筑物防雷装置的安装工艺；各种接地的种类及作用，TN-C、TN-S、TN-C-S 系统的区别。
- 掌握建筑防雷和接地装置的分类组成；防雷接地施工图的识图方法。

能力目标
- 能够根据实际情况，选择接地系统的种类。
- 能够正确识读建筑物防雷接地系统施工图，解决工程中具体问题。

课题 1 雷电危害及防雷措施

雷电是一种自然现象，但是目前人们尚未掌握和利用它，还处于防范它造成危害的阶段。

8.1.1 雷电的形成及其危害

1. 雷电的形成

雷电的形成过程可以分为气流上升、电荷分离和放电三个阶段。在雷雨季节，地面上的水分受热变蒸汽上升，与冷空气相遇之后凝成水滴，形成积云。云中水滴受强气流摩擦产生电荷，小水滴容易被气流带走，形成带负电的云，较大水滴形成带正电的云。由于静电感应，大地表面与云层之间、云层与云层之间会感应产生异性电荷，当电场强度达到一定的值时，即发生雷云与大地或雷云与雷云之间的放电。典型的雷击发展过程如图 8-1 所示。

由于放电时温度高达 20000℃，致使空气受热急剧膨胀而发出震耳轰鸣，这就是闪电和雷鸣。由此可见，闪电和雷鸣是雷云急剧放电过程中的物理现象。一方面是发光的效应，同时也伴随着发声的效应，也是人们平常所说的闪电和打雷。闪电的光，有时呈曲折的条形、带形，有时呈珠串型、球形等。因为声音的速度是 330m/s，而光的速度是 3×10^8 m/s，所以在雷电发生的时候，人们总是先看到闪电的光芒，然后才听到雷声。

2. 雷电的危害

在雷云很低，周围又没有带异性电荷的雷云时，就会在地面凸出物上感应出异性电荷，造成与地面凸出物之间的放电。这种放电就是通常所说的雷击，这种对地面凸出物的直接雷击叫做直击雷。

除直击雷以外，还有雷电感应（或称感应雷），雷电感应分为静电感应和电磁感应两种。静电感应是由于雷云放电前在地面凸出物的顶部感应的大量异性电荷所致；电磁感应是由于雷击后，巨大的雷电流在周围空间产生迅速变化的强大电磁场所致，这种电磁场能在附近的金属导体上感应出很高的电压。

（1）直击雷的破坏作用

1）雷电流的热效应。雷电流的数值是很大的，巨大的雷电流通过导体时，会在极短的时间内，转换成大量的热能，可能造成金属熔化、飞溅而引起火灾或爆炸。如果雷击在可燃物上，更容易引起巨大的火灾。

2）雷电流的机械效应。雷电的机械破坏力是很大的，它可以分为电动力和非电动机械力两种。

①电动力。是由于雷电流的电磁作用所产生的冲击性机械力。在导线的弯曲部分的电动力特别大。②非电动机械力。有些雷击现象，如树木被劈裂，烟囱和墙壁被劈倒等等，属于非电动机械力的破坏作用。非电动机械力的破坏作用包括两种情况：一种是当雷电直接击中树木、烟囱或建筑物时，由于流过强大的雷电流，在瞬时释放出相当多的能量，内部水分受

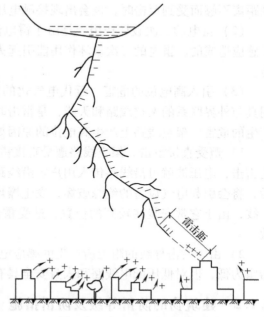

图 8-1　雷云对地放电示意图

热汽化，或者分解成氢气、氧气，产生巨大的爆破能力；另一种是当雷电不是直接击中对象，而是在它们邻近的地方产生时，它们就会遭受由于雷电通道所形成的"冲击波"的破坏。

3）防雷装置上的高电位对建筑物设备的反击。根据运用防雷装置的经验，凡是设计正确并合理地安装了防雷装置的建筑物，都很少发生雷击事故。但是那些不合理的防雷装置，不但不能保护建筑物，有时甚至使建筑物更容易招致雷害事故。

防雷装置接受雷击时，在接闪器、引下线和接地体上都产生很高的电位。如果防雷装置与建筑物外的电气设备、电线或其他金属管线的绝缘距离不够，它们之间就会发生放电现象，称为反击。反击的发生，可能引起电气设备的绝缘被破坏、金属管道被烧穿，甚至火灾、爆炸及人身事故。

4）跨步电压与接触电压的危害。跨步电压和接触电压是容易造成人畜伤亡的两种雷害因素。①跨步电压的危害。当雷电流经地面雷击点或接地体流散入周围土壤时，在它的周围形成了电压降落，构成了一定的电位分布。这时，如果有人站在接地体附近，由于两脚所处的电位不同，跨接一定的电位差，因而就有电流流过人体，通常称距离 0.8m 时的地面电位差为跨步电压。影响跨步电压的因素很多，如接地体附近的土壤结构、土壤电阻率、电流波形和大小等。在土壤电阻率大的地方，电位分布曲线的陡度比较大，因而跨步电压的数值也比较大。但不管哪一种情况，跨步电压对人都是有危险的。如果防雷接地体不得已埋设在人员活动频繁的地点，就应当着重考虑防止跨步电压的问题。②接触电压的危害。当雷电流流经引下线和接地装置时，由于引下线本身和接地装置都有电阻和电抗，因而会产生较高的电

压降，这种电压降有时高达几万伏，甚至几十万伏。这时如果有人或牲畜接触引下线或接地装置，就会发生触电事故，称这一电压为接触电压。必须注意，不仅仅是在引下线和接地装置上才发生接触电压，当某些金属导体和防雷装置连通，或者这些金属导体与防雷装置的绝缘距离不够而受到反击时，也会出现接触电压的危害。

（2）雷电的二次破坏作用　是由于雷电流的强大电场和磁场变化产生的静电感应和电磁感应造成的。雷电的二次破坏作用能引起火花放电，因此，对易燃和易爆炸的环境特别危险。

（3）引入高电位的危害　近代电气化的发展，各类现代化设备已被广泛地应用。这些用具与外界联系的架空线路和天线，是雷击时引入高电位的媒介，因此应注意引入高电位所产生的危害。架空线路上产生高电位的原因如下。

1）遭受直接雷击。架空线路遭受直接雷击的机会是很多的，因为它分布极广，一处遭受雷击，电压波就可沿线路传入用户。沿线路传入屋内的电压极高，这种高电压进入建筑物后，将会引起电气设备的绝缘破坏，发生爆炸和火灾，也可能会伤人。收音机和电视机用的天线，由于它常安装在较高的位置，遭受雷击也是经常发生的，而且往往引起人身伤亡事故。

2）由于雷击导线的附近所产生的感应电压较直击雷更为频繁。感应电压的数值虽较直击雷为低，但对低压配电线路和人身安全具有同样的危害性。

8.1.2　建筑物的防雷等级及防雷措施

防雷包括电力系统的防雷和建筑物、构筑物的防雷两部分。电力系统的防雷主要包括发电机、变配电装置的防雷和电力线路的防雷。建筑物和构筑物的防雷分工业与民用两大类，工业与民用又各按其危险程度、设施的重要性分别分成几个类型，不同类型的建筑物和构筑物对防雷的要求稍有出入。

1. 建筑物的防雷等级

根据其重要性、使用性质、发生雷电事故的可能性和后果，将建筑物的防雷等级分为三类。防雷要求：第一类防雷建筑物 > 第二类防雷建筑物 > 第三类防雷建筑物。民用建筑主要为第二类、第三类防雷建筑物。

2. 建筑物防雷措施

对于第一类、第二类民用建筑，应有防直接雷击和防雷电波侵入的措施；对于第三类民用建筑，应有防止雷电波沿低压架空线路侵入的措施，至于是否需要防止直接雷击，应根据建筑物所处的环境特性，建筑物的高度以及面积来判断。

避雷针、避雷线、避雷网、避雷带、避雷器都是为防止雷击而采用的防雷装置。一个完整的防雷装置包括接闪器、引下线和接地装置，如图8-2所示。上述针、线、网、带都是接闪器，而避雷器是一种专门的防雷设备。

（1）防直击雷的措施　民用建筑的防雷措施，原则上是以防直击雷为主要目的，防止直击雷的装置一般由接闪器、引下线和接地装置三部分组成。

由接闪器、引下线和接地装置组成的防雷装置，如图8-2所示，能有效防止直击雷的危害。其作用原理是：接闪器接受雷电流后通过引下线进行传输，最后经接地装置使雷电流入大地，从而保护建筑物免遭雷击。由于防雷装置避免了雷电对建筑物的危害，所以把各种防雷装置和设备称为避雷装置和避雷设备，如避雷针、避雷带、避雷器等。应该指出，就其本质而言，避雷针并不是"避雷"，而是"引雷"。利用其高耸空中的有利地位，把雷电引向自身来承受雷击，并把雷电流引入大地，从而保护其他设备不受雷击。单只避雷针保护范围的立体空间，可以近似地看成一个尖顶帐篷所围成的空间。可利用"滚球法"进行确定。

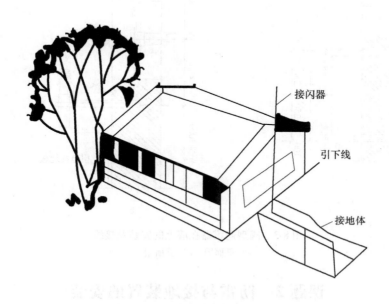

图 8-2　防雷系统的组成示意图

（2）防雷电波入侵的措施　凡进入建筑物的各种线路及金属管道采用全线埋地引入的方式，并在入户处将其有关部分与接地装置相连接。当低压线全线埋地有困难时，可采用一段长度不小于 50m 的铠装电缆直接埋地引入，并在入户端将电缆的金属外皮与接地装置相连接。当低压线采用架空线直接入户时，应在入户处装设阀型避雷器，该避雷器的接地引下线应与进户线的绝缘子铁脚、电气设备的接地装置连在一起。避雷器有阀型避雷器、管型避雷器和保护间隙之分，主要用来保护电力设备，也用作防止高电压侵入室内的安全措施。避雷器装设在被保护物的引入端，其上端接在线路上，下端接地。正常时，避雷器的间隙保持绝缘状态，不影响系统的运行；当因雷击，有高压波沿线路袭来时，避雷器间隙击穿而接地，从而强行切断冲击波；当雷电流通过以后，避雷器间隙又恢复绝缘状态，以便系统正常运行。阀型避雷器的安装如图 8-3 所示。

（3）防雷电反击的措施　防止雷电流流经引下线产生的高电位对附近金属物体的反击。防止雷电反击的措施有两种：

1）将建筑物的金属物体（含钢筋）与防雷装置的接闪器、引下线分隔开，并且保持一定的距离。

2）在施工中如果防雷装置与建筑物内的钢筋、金属管道分隔开有一定的难度，可将建筑物内的金属管道系统的主干管道与靠近的防雷装置相连接，有条件时宜将建筑物内每层的钢筋与所有的防雷引下线连接。

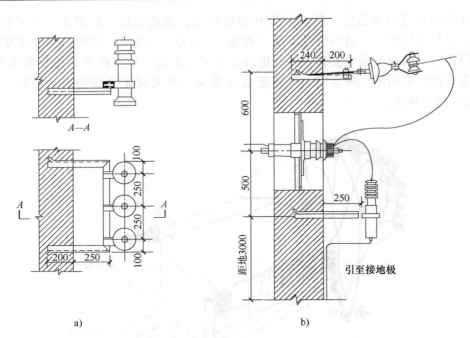

图 8-3　阀型避雷器在墙上的安装及接线

a）平面图　b）立面图

课题 2　防雷与接地装置的安装

8.2.1　接闪器的安装

接闪器就是专门用来接受雷云放电的金属物体。接闪器的类型主要有避雷针、避雷线、避雷带、避雷网。

所有接闪器都必须经过引下线与接地装置相连。接闪器利用其金属特性，当雷云先导接近时，它与雷云之间的电场强度最大，因而可将雷云"诱导"到接闪器本身，并经引下线和接地装置将雷电流安全地泄放到大地中去，从而保护物体免受雷击。避雷针接闪器最小直径如表 8-1 所示。

表 8-1　避雷针接闪器最小直径

	圆钢/mm	钢管/mm
针长 1m 以下	12	20
针长 1～2m	16	25
烟囱顶上的针	20	40

（1）避雷针　避雷针通常采用镀锌圆钢（针长 1～2m，直径不小于 16mm）、镀锌钢管（长 1～2m，内径不小于 25mm）或不锈钢钢管制成，可以安装在建筑物上、构架或电杆上、下端经引下线与接地装置焊接连接，将其顶端磨尖，以利于尖端放电。避雷针的安装如图 8-4 所示。避雷针的保护范围，以它对直击雷所保护的空间来表示，可利用"滚球法"进行确定。

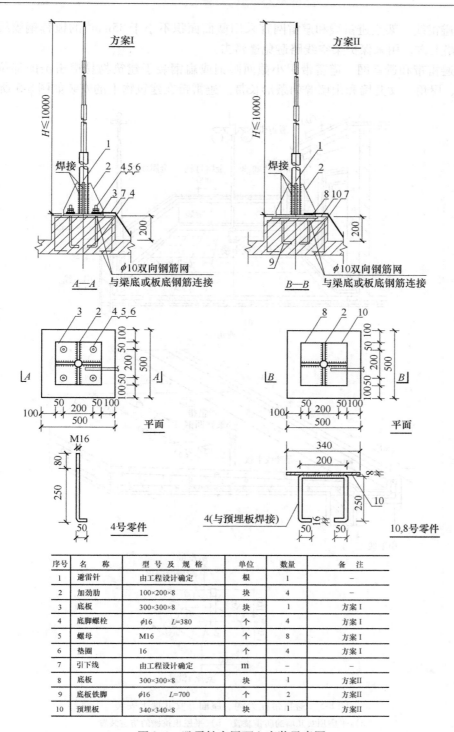

图 8-4　避雷针在屋面上安装示意图

序号	名　　称	型 号 及 规 格	单位	数量	备　注
1	避雷针	由工程设计确定	根	1	—
2	加劲肋	100×200×8	块	4	—
3	底板	300×300×8	块	1	方案Ⅰ
4	底脚螺栓	φ16　　L=380	个	4	方案Ⅰ
5	螺母	M16	个	8	方案Ⅰ
6	垫圈	16	个	4	方案Ⅰ
7	引下线	由工程设计确定	m	—	—
8	底板	300×300×8	块	1	方案Ⅱ
9	底板铁脚	φ16　　L=700	个	2	方案Ⅱ
10	预埋板	340×340×8	块	1	方案Ⅱ

注：1. 方案Ⅰ：底脚螺栓预埋在支座内，最少应有 2 个与支座钢筋焊接，支座与屋面板同时捣制。

　　2. 方案Ⅱ：预埋板与底板铁脚预埋在支座内，最少应有 2 个与支座钢筋焊接，支座与屋面板同时捣制。

　　3. 支座应在墙或梁上，否则应对支撑强度进行校验。

（2）避雷线　架空避雷线和避雷网宜采用截面面积不小于 $35mm^2$ 的镀锌钢绞线，架设在架空线路上方，用来保护架空线路避免遭雷击。

（3）避雷带和避雷网　避雷带用小截面圆钢或扁钢装于建筑物易遭雷击的部位，如屋脊、屋檐、屋角、女儿墙和山墙等的条形长带。避雷带在建筑物上的安装如图 8-5 所示。

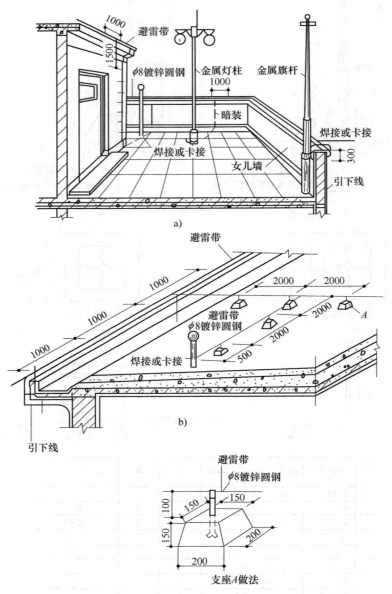

图 8-5　避雷带在天沟、屋面、女儿墙上安装
a）平屋顶女儿墙的防雷装置　b）平屋顶挑檐的防雷装置

避雷网是纵横交错的避雷带叠加在一起，形成多个网孔，它既是接闪器，又是防感应雷的装置，因此是接近全部保护的方法，一般用于重要的建筑物。

避雷带、避雷网可以采用镀锌圆钢或扁钢，圆钢直径不应小于 8mm；扁钢截面积不应

小于 48mm^2，其厚度不得小于 4mm；装设在烟囱顶端的避雷环，其圆钢直径不应小于 12mm；扁钢截面积不得小于 100mm^2，其厚度不得小于 4mm。

避雷网也可以做成笼式避雷网，简称为避雷笼。避雷笼是用来笼罩整个建筑物的金属笼。对雷电起到均压和屏蔽的作用，任凭接闪时笼网上出现多高的电压，笼内空间的电场强度为零，笼内各处电位相等，形成一个等电位体，因此笼内人身和设备都是安全的。

我国高层建筑的防雷设计多采用避雷笼。如图 8-6 所示。笼的特点是把整个建筑物的梁、柱、板、基础等主要结构钢筋连成一体，因此是最安全可靠的防雷措施。

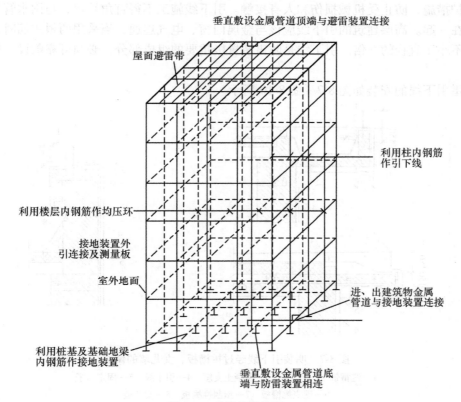

图 8-6　避雷笼结构图

高层建筑暗装避雷网的安装：利用建筑物屋面板内钢筋作为接闪装置。

8.2.2　防雷引下线的安装

引下线是连接接闪器和接地装置的金属导体。采用圆钢时，直径应不小于 8mm。采用扁钢时，其截面不应小于 48mm^2，厚度不小于 4mm。烟囱上安装的引下线，圆钢直径不应小于 12mm。扁钢截面不应小于 100mm^2，厚度不应小于 4mm。

引下线应沿建筑物外墙明敷，并经最短路径接地；建筑装饰要求较高者可暗敷，但其圆钢直径不应小于 10mm，扁钢截面不应小于 80mm^2。明敷的引下线应镀锌，焊接处应涂防腐漆。

引下线还可利用混凝土内钢筋、钢柱等作自然引下线。

防雷引下线的数量多少影响到反击电压大小及雷电流引下的可靠性，所以引下线及其布置应按不同防雷等级确定，一般不得少于2根。

为了便于测量接地电阻和检查引下线与接地装置的连接情况，人工敷设的引下线宜在引下线距地面 0.3 ~ 1.8m 之间设置断接卡子。当利用混凝土内钢筋、钢柱作为自然引下线并同时采用基础接地时，不设断接卡。但利用钢筋做引下线时应在室内或室外的适当地点设置若干连接板，该连接板可供测量、接人工接地体和作等电位连接用。当仅利用钢筋作引下线并采用埋于土壤中的人工接地体时，应在每根引下线上距地面不低于 0.3m 处设接地体连接板。明敷的引下线应镀锌，焊接处应涂防腐漆。地面上约 1.7m 至地下 0.3m 的一段引下线，应有保护措施，防止受机械损伤和人身接触。引下线施工不得直角转弯，与雨水管接近时可以焊接在一起。高层建筑的引下线应该与金属门窗、电气连通，当采用两根主筋时，其焊接长度应不小于直径的 6 倍。引下线是防雷装置极重要的组成部分，必须可靠敷设，以保证防雷效果。

防雷引下线的安装如图 8-7 ~ 图 8-10 所示。

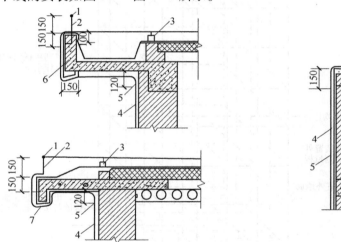

图 8-7　明装引下线经过挑檐板、女儿墙的做法
1—避雷带　2—支架　3—混凝土支座　4—引下线　5—固定卡子
6—现浇挑檐板　7—预制挑檐板　8—女儿墙

8.2.3　接地装置的安装

（1）接地的概念　接地就是将电力系统或建筑物中电气装置、设施的某些导电部分，经接地线连接至接地极。

埋入土壤或特定的导电介质中，与大地有电接触的可导电部分称为接地极（也称接地体）。连接设备接地部位与接地极的金属导体以及接地极之间的连接线，称为接地线。由若干接地体在大地中相互用接地线连接起来的一个整体，称为接地网。

接地装置是接地极和接地线的合称，它的作用是把引下线引下的雷电流迅速流散到大地土壤中去。

1）接地极。①兼作接地极用的直接与大地接触的各种金属构件（如建筑物的钢结构、行车钢轨）、金属井管、钢筋混凝土建（构）筑物的基础、金属管道（可燃液体和可燃气体管道除外）和设备等称为自然接地极。②人工接地极即直接打入地下专作接地用的经加工的各种型钢或钢管等。按其敷设方式可分为垂直接地极和水平接地极。埋入土壤中的人工垂直接地极宜采用角钢、钢管或圆钢。埋入土壤中的人工水平接地极宜采用扁钢或圆钢。圆钢直径不应小于 10mm；扁钢截面积不应小于 $100mm^2$，其厚度不应小于 4mm；角钢厚度不应小于 4mm；钢管壁厚不应小于 3.5mm。人工垂直接地极的长度宜为 2.5m。人工垂直接地极间的距离及人工水平接地极间的距离宜为 5m，当受地方限制可适当减小。人工接地极在土壤中的埋设深度不应小于 0.5m。

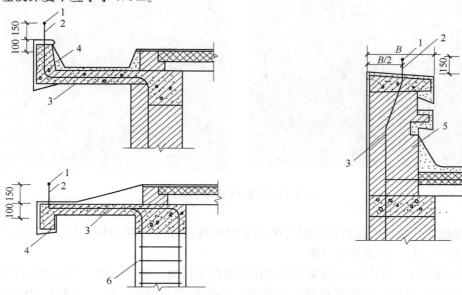

图 8-8　明装引下线经过挑檐板、女儿墙做法
1—避雷带　2—支架　3—引下线　4—挑檐板　5—女儿墙　6—柱主筋

图 8-9　明敷引下线与断接卡

图 8-10　暗敷引下线与断接卡

2）接地线。接地线是从引下线断接卡或测试点至接地体的连接导体，或从接地端子、等电位连接带至接地体的连接导体。

必须说明的是，不仅仅是防雷装置的接闪器需要接地，电气工程中的很多电气设备为了正常工作和安全运行，其中性点或金属构架、外壳都必须接地，即必须配备相应的接地装置，这种接地装置的组成与防雷装置一样。

3）接地电流、流散电阻和接地电阻。凡从带电体流入地下的电流即属于接地电流。如图 8-11 所示，接地电流流入地下以后，就通过接地体向大地作半球形散开，这一接地电流就叫做流散电流。流散电流在土壤中遇到的全部电阻叫做流散电阻。接地电阻是接地体的流散电阻与接地线的电阻之和。接地线电阻一般很小，可以忽略不计。因此，可以认为流散电阻就是接地电阻。

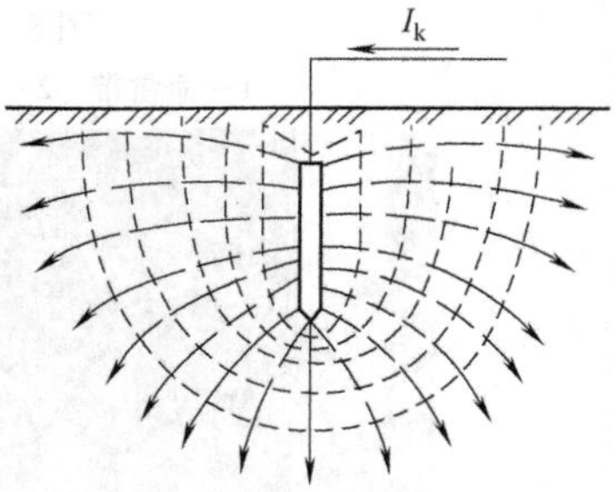

图 8-11　流散电流

按通过接地体流入土壤中的工频电流求得的电阻，称为工频接地电阻，简称接地电阻；按通过接地体流入土壤中的冲击电流（如雷电流）求得的电阻，称为冲击接地电阻。

4）对地电压。电流通过接地体向大地作半球形流散。在距接地体越远的地方球面越大，所以流散电阻越小。一般认为在距离接地体 20m 以上，电流就不再产生电压降了。或者说，至距离接地体 20m 处，电压已降为零。电工上通常所说"地"就是这里的地。通常所说的对地电压，即带电体同大地之间的电位差。也是指离接地体 20m 以外的大地而言的。简单说，对地电压就是带电体与电位为零的大地之间的电位差。显然对地电压等于接地电流与接地电阻的乘积。如果接地体由多根钢管组成，则当电流自接地体流散时，至电位为零处的距离可能超过 20m。

5）接触电压和跨步电压。接触电压是指设备绝缘损坏时，在身体可同时触及的两部分之间出现的电位差。如人在发生接地故障的设备旁边，手触及设备的金属外壳，则人手与脚之间所呈现的电位差，即为接触电压，接触电压通常按人体离开设备 0.8m 考虑。如图 8-12 所示，a 的接触电压为 U_c，故障设备对地电压为 U_d。

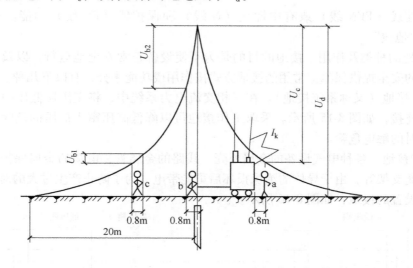

图 8-12　接触电压和跨步电压

跨步电压是指地面上水平距离为 0.8m（人的跨距）的两点之间的电位差。是指人站立在流过电流的大地上，加于人的两脚之间的电压，如图 8-12 中的 U_b、U_{b2}。人的跨步一般按 0.8m 考虑。紧靠接地体位置，承受的跨步电压最大；离开了接地体，承受的跨步电压小一些。对于垂直埋设的单一接地体，离开接地体 20m 以外，跨步电压接近于零。考虑人脚底下的流散电阻，实际跨步电压应降低一些。

6）中性点、零点和中性线、零线。发电机、变压器、电动机等电器的绕组中以及串联电源回路中有一点，它与外部各接线端间的电压绝对值相等，这一点就称为中性点或中点。

当中性点接地时，该点则称为零点。由中性点引出的导线，称为中性线；由零点引出的导线，则称为零线，如图 8-13 及图 8-14 所示。

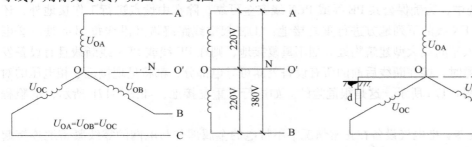

图 8-13　中性点与中性线示意图　　　　　图 8-14　零点与零线示意图

7）接地线。一般有中性线（代号 N）、保护线（代号 PE）或保护中性线（代号 PEN）。中性线（N 线）的功能，一是用来接用额定电压为相电压的单相用电设备，二是用来传导三相系统中的不平衡电流和单相电流，三是用来减小负荷中性点的电位偏移。

保护线（PE 线）的功能，是为保障人身安全、防止发生触电事故用的接地线。系统中所有设备的外露可导电部分通过保护线（PE 线）接地，可在设备发生接地故障时减小触电危险。

保护中性线（PEN 线）兼有中性线（N 线）和保护线（PE 线）功能。通称为"零线"，俗称"地线"。

（2）接地的种类及作用　接地的目的是为了使设备正常安全地运行，以及为建筑物和人身、设备的安全提供保障。常用的接地方式按作用或功能来分，有以下几种。

1）工作接地（又称系统接地）。在三相交流电力系统中，将变压器低压中性点与大地进行适当的连接，如图 8-15 所示。采取工作接地可以降低高压窜入低压的危险，降低低压某一相接地时的触电危险。

2）保护接地。各种电气设备的金属外壳、线路的金属管、电缆的金属保护层、安装电气设备的金属支架等，由于导体的绝缘损坏后可能带电，为了防止产生过大的对地电压危及人身安全而设置的接地，如图 8-16 所示。

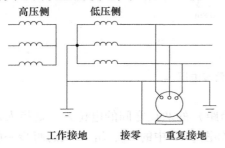

图 8-15　工作接地、重复接地
和保护接零示意图

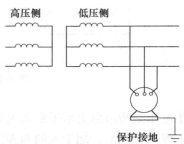

图 8-16　保护接地示意图

保护接地是中性点不接地低压系统的主要安全措施，在一般低压系统中，保护接地电阻应小于 4Ω。

3）重复接地。三相四线制的零线（或中性点）一处或多处经接地装置与大地再次可靠连接，称为重复接地。

在 TN 系统中，为确保公共 PE 线或 PEN 线安全可靠，除在中性点进行工作接地外，还应在 PE 线或 PEN 线的下列地方进行重复接地：①在架空线路终端及沿线每 1km 处。②电缆和架空线引入车间或大型建筑物处。如不重复接地，则在 PE 线或 PEN 线断线且有设备发生单相接地故障时，接在断线后面的所有设备外露可导电部分，都将呈现接近于相电压的对地电压，即如图 8-17a 所示，这是很危险的。如进行了重复接地，如图 8-17b 所示，危险程度大大降低。

4）保护接零。把电气设备在正常情况下不带电的金属部分与电网的零线紧密地连接起来称为保护接零，如图 8-15 所示。

5）防雷接地。为了防止电气设备和建筑物因遭受雷击而受损，将避雷针、避雷线、避雷器等防雷设备进行接地。

6）屏蔽接地。一方面为了防止外来电磁波的干扰和侵入，造成电子设备的误动作或通信质量的下降，另一方面为了防止电子设备产生的高频能量向外部泄放，而将线路的滤波器、变压器的静电屏蔽层、电缆的金属屏蔽等进行的接地。

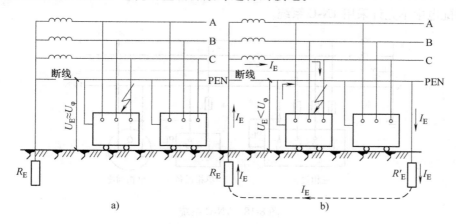

图 8-17 重复接地的作用说明

a）没有重复接地的系统中，PE 或 PEN 线断线时 b）采取重复接地的系统中，PE 线或 PEN 线断线时

为减少高层建筑竖井内垂直管道受雷电流感应所产生的感应电势，而将竖井混凝土壁内的钢筋予以接地，也属于屏蔽接地。

7）防静电接地。为防止静电产生事故而影响电子设备的正常工作，需要有将静电荷向大地泄放的接地。

8）等电位接地。高层建筑中为了减少雷电流造成的电位差，将每层的钢筋网及大型金属物体连接在一起并接地，是一种等电位接地。如医院的某些特殊的检查室、治疗室、手术室和病房中，病人所能接触到的金属部分（如床架、床灯、医疗电器等），不应有危险的电位差存在，因此要把这些金属部分相互连接起来成为等电位体并予以接地，也是一种等电位接地。

现代建筑物是综合体功能，如住宅、办公、商场等，强弱电工程包含多行业多系统的设备、设施、线路。电气系统（供配电，照明，动力，特种设备），电子系统（楼宇自动化，电信，有线电视，宽带网络，集控 BA 等）。防雷接地系统设计必须综合考虑，一般采用联合共用接地系统，要求接地电阻不大于 1Ω。

（3）低压配电系统的接地方式 根据现行的国家标准《低压配电设计规范》，低压配电系统有三种接地形式，即 IT 系统、TT 系统、TN 系统。其中：

TN 系统节省材料、工时，广泛得到应用。TN 系统即电源中性点直接接地、设备外露可导电部分与电源中性点直接电气连接的系统。

TN 系统主要是靠单相碰壳故障变成单相短路故障，并通过短路保护切断电源来实施电击防护的。从电击防护的角度来说，单相短路电流大或过电流保护器动作电流值小，对电击防护都是有利的。

TN 方式供电系统中，根据其保护零线是否与工作零线分开，而划分为 TN-S 系统、TN-C 系统、TN-C-S 系统三种形式。

1）TN-C 系统，如图 8-18 所示。TN-C 系统将 PE 线和 N 线的功能综合起来，由一根称为 PEN 线的导体同时承担两者的功能。在用电设备处，PEN 线既连接到负荷中性点上，又连接到设备外露的可导电部分。由于它所固有的技术上的种种弊端，现在已很少采用，尤其是在民用配电中不允许采用 TN-C 系统。

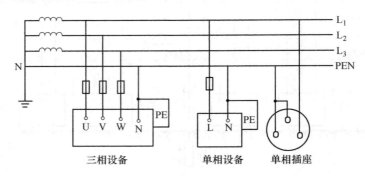

图 8-18　TN-C 系统

2）TN-S 系统，如图 8-19 所示。TN-S 系统中性线 N 与 TT 系统相同。与 TT 系统不同的是，用电设备外露可导电部分通过 PE 线连接到电源中性点，与系统中性点共用接地体，而不是连接到自己专用的接地体，中性线（N 线）和保护线（PE 线）是分开的。TN-S 系统的最大特征是 N 线与 PE 线在系统中性点分开后，不能再有任何电气连接，这一条件一旦破坏，TN-S 系统便不再成立。

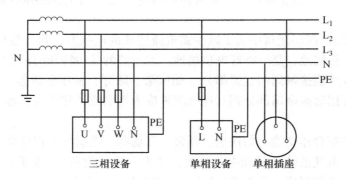

图 8-19　TN-S 系统

TN-S 供电系统的特点如下。

①系统正常运行时，专用保护线上无电流，只是工作零线上有不平衡电流。PE 线对地没有电压，所以电气设备金属外壳接零保护是接在专用的保护线 PE 上，安全可靠。

②工作零线只用作单相照明负载回路。

③专用保护线 PE 不许断线，也不许进入漏电开关。

④干线上使用漏电保护器，工作零线不得有重复接地，而 PE 线有重复接地，但是不经过漏电保护器，所以 TN-S 系统供电干线上也可以安装漏电保护器。

⑤TN-S 方式供电系统安全可靠，适用于工业与民用建筑等低压供电系统。

3）TN-C-S 系统，如图 8-20 所示。是 TN-C 系统和 TN-S 系统的结合形式，在 TN-C-S 系统中，从电源出来的那一段采用 TN-C 系统，因为在这一段中无用电设备，只起电能的传输作用，到用电负荷附近某一点处，将 EN 线分开形成单独的 N 线和 PE 线。从这一点开始，系统相当于 TN-S 系统。

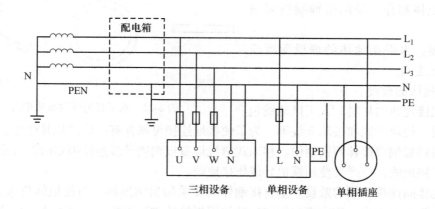

图 8-20　TN-C-S 系统

（4）接地装置的安装

1）接地体安装。安装人工接地体时，应按设计施工图进行。接地体的材料均应采用镀锌钢材，并应充分考虑材料的机械强度和耐腐蚀性能。

①垂直接地体。

a. 布置形式：如图 8-21 所示，其每根接地极的水平间距应大于或等于 5m。

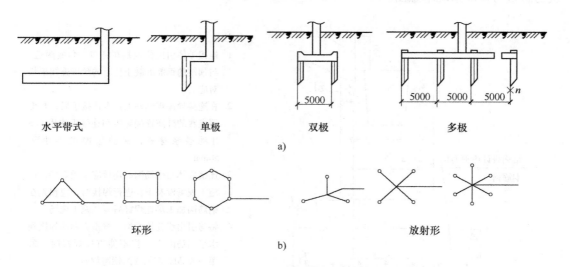

图 8-21　垂直接地体的布置形式

a）剖面图　b）平面图

b. 接地体制作：采用镀锌角钢或圆钢。

c. 安装：要先挖地沟，再采用打桩法将接地体打入地沟以下，接地体的有效深度不应小于 2m；按要求打桩完毕后，连接引线和回填土接地体。

②水平接地体。

a. 布置形式：分为带形、环形、放射形三种，如图 8-22 所示。

b. 接地体制作：采用镀锌圆钢或扁钢。

c. 安装：水平接地体的埋设深度应在 0.7～1m 之间。

带形　　　　　环形　　　　　放射形

图 8-22　水平接地体的布置形式

2）接地线的敷设。

①人工接地线的材料。人工接地线包括接地引线、接地干线和接地支线等。为了使接地连接可靠并有一定的机械强度，人工接地线均采用镀锌扁钢或镀锌圆钢制作。移动式电气设备或钢质导线连接困难时，可采用有色金属作为人工接地线，但严禁使用裸铝导线作接地线。

②接地体间连接扁钢的敷设。垂直接地体间多采用扁钢连接。当接地体打入土壤中后，即可将扁钢侧放于沟内，依次将扁钢与接地体用焊接的方法连接，经过检查，确认符合要求后将沟填平。

③接地干线与支线的敷设。接地干线与支线的敷设分为室外和室内两种。室外的接地干线和支线供室外电气设备接地用，敷设在沟内；室内的接地干线和支线供室内的电气设备接地用，采用明敷，敷设在墙上、母线架上、电缆桥架上。

如图 8-23 所示，为利用钢筋混凝土基础中的钢筋作接地极安装，图中 1 为连接导体，采用圆钢或钢筋，$D \geq 10$mm；如图 8-24 所示为箱形基础防雷装置做法；如图 8-25 所示为建筑物防雷与接地系统示意图。

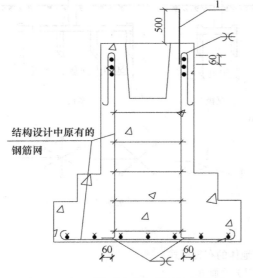

结构设计中原有的钢筋网

杯口型有垂直和水平钢筋网的基础

注：

1. 连接导体引出位置是在杯口一角的附近，与预制的钢筋混凝土柱上的预埋连接板相对应。

2. 在连接导体焊到柱上预埋连接板后，与土壤接触的外露连接导体和连接板均用 1:3 水泥砂浆保护，保护层厚度不小于 50mm。

3. 连接导体与钢筋网的连接应采用焊接；在施工现场没有条件进行焊接时，应预先在钢筋网加工场地焊好后运往施工现场。

4. 将与引出线连接的那一根垂直钢筋焊接到水平钢筋网上（当不能直接焊接时，采用一段 φ10 钢筋或圆钢跨焊）。

5. 当基础底有桩基时，将每一桩基的一根主筋同承台钢筋焊接；当不能直接焊接时可采用卡夹器连接。

图 8-23　利用钢筋混凝土基础中的钢筋作接地极安装

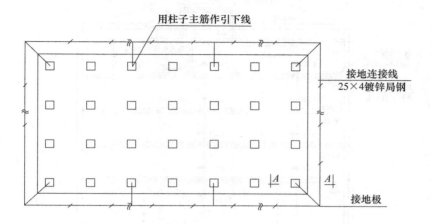

有防水层底板避雷接地极平面图

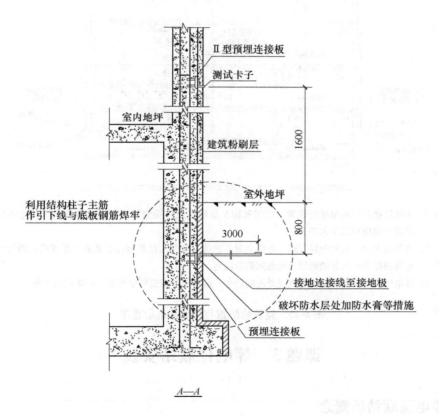

A—A

图 8-24　箱形基础防雷装置做法

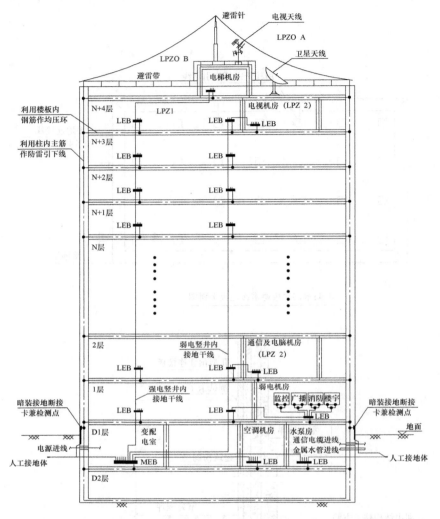

注：1. 本建筑物采用共用接触装置，利用基础及桩内钢筋作接地体（需要时敷设人工接地体），
　　　　接地电阻值要求不大于 1Ω。
　　2. 所用进出建筑物的金属管道、电缆金属外护层，应在入口处与接地装置可靠连接；燃气管
　　　　道应根据要求加装绝缘段及放电间隙后接地。
　　3. 各电气系统功能房间，电气竖井内的设备、金属构件应按照要求接至各接地端子板。

图 8-25　建筑物防雷与接地系统示意图

课题 3　等电位联结安装

8.3.1　等电位联结的概念

1. 总等电位联结（简称 MEB）

总等电位联结作用于全建筑物，它在一定程度上可降低建筑物内间接接触电击的接触电
压和不同金属部件间电位差，并消除自建筑物外经电气线路和各种金属管道引入的危险故障

电压的危害。它通过进线配电箱近旁的接地母排（总等电位联结端子板）将下列可导电部分互相连通。

1）进线配电箱的 PE（PEN）母排。

2）公用设施的金属管道，如上下水、热力、燃气等管道。

3）建筑物金属结构。

4）如果设置有人工接地，也包括其接地极引线。

各个总等电位联结的接地母排应互相连通。

2. 辅助等电位联结（简称 SEB）

在导电部分间，用导线直接连通，使其电位相等或接近。

3. 局部等电位联结（简称 LEB）

在一局部场所范围内将各可导电部分连通，称作局部等电位联结。它可通过局部等电位联结端子板将下列部分互相连通。

1）PE 母线或 PE 干线。

2）公用设施的金属管。

3）建筑物金属结构。

下列情况下需做局部等电位联结。

1）电源网络阻抗过大，使自动切断电源时间过长，不能满足防电击要求时。

2）TN 系统内自同一配电箱供电给固定式和移动式两种电气设备，而固定式设备保护电器切断电源时间不能满足移动式设备防电击要求时。

3）为满足浴室、游泳池、医院手术室、农牧业等场所对防电击的特殊要求时。

4）为满足防雷和信息系统抗干扰的要求时。

4. 辅助等电位联结和局部等电位联结

在建筑物做了总等电位联结之后，在伸臂范围内的某些外露可导电部分与装置外壳导电部分之间，再用导线附加连接，以使其间的电位相等或更接近，称为辅助等电位联结。局部等电位联结可看作在一局部场所范围内的多个辅助等电位联结。

8.3.2　联结线和辅助等电位连接端子板的选用

1. 端子板的选用

联结线和辅助等电位连接端子板宜采用铜质材料，等电位连接端子板应满足机械强度要求。

2. 联结线

一般等电位联结线的截面：总等电位联结线最小值为 $6mm^2$ 铜线，局部和辅助等电位联结接线最小值为 $2.5mm^2$ 铜线或 $4mm^2$ 铜线（无机械保护时），如采用铝线或钢线则应加大截面。

8.3.3　接地与等电位联结的区别

等电位联结不一定需要接地，接地是在地球上的等电位联结。接地与等电位联结的区别如图 8-27 所示。

8.3.4　等电位联结的安装要求

1）给水系统的水表需加跨接线，保证水管的等电位联结和接地的有效。

2）装有金属外壳排风机、空调器的金属门、窗框或靠近电源插座的金属门、窗框以及距外露可导电部分伸臂范围内的金属栏杆、吊顶龙骨等金属体需做等电位联结。

3）等电位联结内的各联结导体间的连接可采用焊接和压接。在腐蚀性场所应采取防腐措施，如热镀锌或加大导线截面等。

4）等电位联结端子板应采取螺栓连接，以便拆卸，进行定期检测。

5）等电位联结线应有黄绿相间的色标，在等电位联结端子板上应刷黄色底漆并标以黑色的记号，其符号为▽。

6）对每个电源进线的处理：每个电源进线都需做各自的总等电位联结，所有总等电位联结系统之间应就近互相连通，使整个建筑物电气装置处于同一电位水平上。

7）关于浴室的局部等电位联结：如果浴室内无 PE 线，浴室内的局部等电位联结不得与浴室外的 PE 线相连，因 PE 线有可能因别处的故障而带电位。如果浴室内有 PE 线，浴室内的局部等电位联结必须与该 PE 线相连。

8）对于暗敷的等电位联结线及连接处，电气施工人员应做隐检记录及检测报告。对于隐蔽部分的等电位联结线及连接处，应在竣工图上注明其实际走向和部位。

9）为保证等电位联结的顺利施工和安全运行，电气、土建、水、暖等施工和管理人员需密切配合。管道检修时，应在断开管道前预先接通跨接线，以保证等电位联结的始终导通。

等电位联结示意图如图 8-26 所示，总等电位平面图如图 8-27 所示。

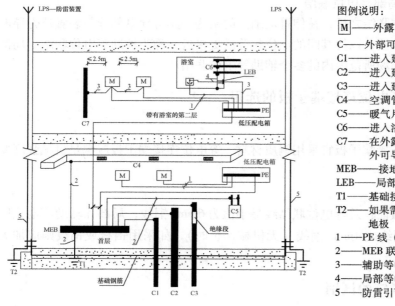

图例说明：

M——外露可导电部分
C——外部可导电部分
C1——进入建筑物的金属给水或排水管
C2——进入建筑物的金属暖气管
C3——进入建筑物带有绝缘段的金属燃气管
C4——空调管
C5——暖气片
C6——进入浴室的金属管道
C7——在外露可导电部分伸臂范围内的装置外可导电部分
MEB——接地母排（总等电位联结端子板）
LEB——局部等电位联结端子板
T1——基础接地极
T2——如果需要，为防雷及防静电所做的接地极
1——PE 线（与供电线路共管敷设）
2——MEB 联结线
3——辅助等电位联结线
4——局部等电位联结线
5——防雷引下线

图 8-26　等电位联结示意图

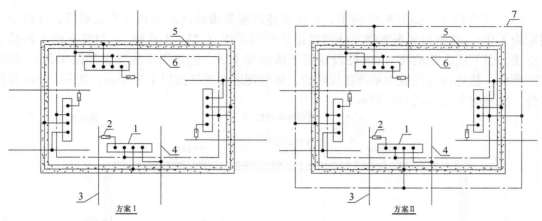

注：1. 方案Ⅰ、Ⅱ均适用于多处电源进线，采用室内
环形导体将总等电位联结端子板互相连通。
　2. 对于方案Ⅱ，如有室外水平环形接地极，等电
位联结端子板应就近与其连通。
　3. 图中室外环形接地体可采用40×4镀锌扁钢。
室内环形导体可采用40×4镀锌扁钢或铜带，
室内环形导体宜明敷，在支撑点处或过墙处为
了防腐应有绝缘防护。

4. 图中文字说明：
　1—MEB端子板
　2—SPD（选型及安装见具体工程设计）
　3—电力线或信息线路
　4—进出建筑物导电体，如金属水管、燃气管等
　5—基础钢筋
　6—内部环形导体
　7—环形接地体

图8-27　总等电位联结平面图示例（多出电源进线）

课题4　建筑防雷接地工程图实例

建筑物防雷接地工程图一般包括防雷工程图和接地工程图两部分。如图8-28和图8-29
所示为某住宅建筑防雷平面图和立面图，如图8-30所示为该住宅建筑的接地平面图。

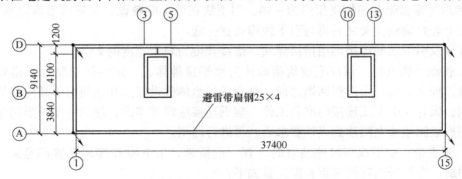

图8-28　住宅建筑防雷平面图

施工说明：

①避雷带、引下线均采用-25×4扁钢，镀锌或作防腐处理。

②引下线在地面上1.7m至地面下0.3m一段，用φ50硬塑料管保护。

③本工程采用-25×4扁钢作水平接地体，围建筑物一周埋设，其接地电阻不大于10Ω。
施工后达不到要求时，可增设接地极。

④施工采用国家标准图集《建筑物防雷设施安装》《接地装置安装》，并应与土建密切
配合。

（1）工程概况　如图 8-29 所示，该住宅建筑避雷带沿屋面四周女儿墙敷设，支持卡子间距为 1.0m。在西面和东面墙上分别敷设 2 根引下线（-25 × 4 扁钢），与埋于地下的接地体连接，引下线在距地面 1.8m 处设置引下线断接卡子。固定引下线支架间距 1.5m。如图 8-30 所示，接地体沿建筑物基础四周埋设，埋设深度在地平面以下 1.65m，在 − 0.68m 开始向外，距基础中心距离为 0.65m。

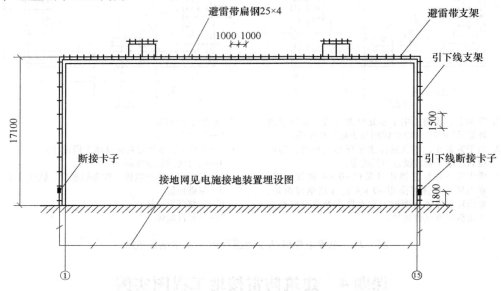

图 8-29　住宅建筑防雷立面图

（2）避雷带及引下线的敷设　首先在女儿墙上埋设支架，间距为 1.0m，转角处为 0.5m，然后将避雷带与扁钢支架焊为一体，引下线在墙上明敷设，与避雷带敷设基本相同，也是在墙上埋好扁钢支架之后再与引下线焊接在一起。

避雷带及引下线的连接均用搭接焊接，搭接长度为扁钢宽度的 2 倍。

（3）接地装置安装　该住宅建筑接地体为水平接地体，一定要注意配合土建施工，在土建基础工程完工后，未进行回填之前，将扁钢接地体敷设好。并在与引下线连接处，引出一根扁钢，做好与引下线连接的准备工作。扁钢连接应焊接牢固，形成一个环形闭合的电气通路，用摇表测接地电阻达到设计要求后，再进行回填。

（4）避雷带、引下线和接地装置的计算　避雷带、引下线和接地装置都是采用 25 × 4 的扁钢制成，它们所消耗的扁钢长度计算如下：

1）避雷带。由女儿墙上的避雷带和楼梯间屋面阁楼上的避雷带组成，①女儿墙上的避雷带的长度为：（37.4m + 9.14m）× 2 = 93.08m。②楼梯间阁楼屋面上的避雷带沿其顶面敷设一周，并用 25 × 4 的扁钢与屋面避雷带连接。因楼梯间阁楼屋面尺寸没有标注齐全，实际尺寸为宽 4.1m、长 2.6m、高 2.8m。屋面上的避雷带的长度为：（4.1m + 2.6m）× 2 = 13.4m，共 13.4m × 2 = 26.8m。

因女儿墙的高度为 1m，阁楼上的避雷带要与女儿墙的避雷带连接，阁楼距女儿墙最近的距离为 1.2m。连接线长度为：1m + 1.2m + 2.8m = 5m，两条连接线共 10m。

因此，屋面上的避雷带总长度为：93.08m + 26.8m + 10m = 129.88m。

2）引下线。引下线共 4 根，分别沿建筑物四周敷设，在地面以上 1.8m 处用断接卡子与接地装置连接，引下线的长度为：$(17.1m+1m-1.8m)\times4=65.2m$。

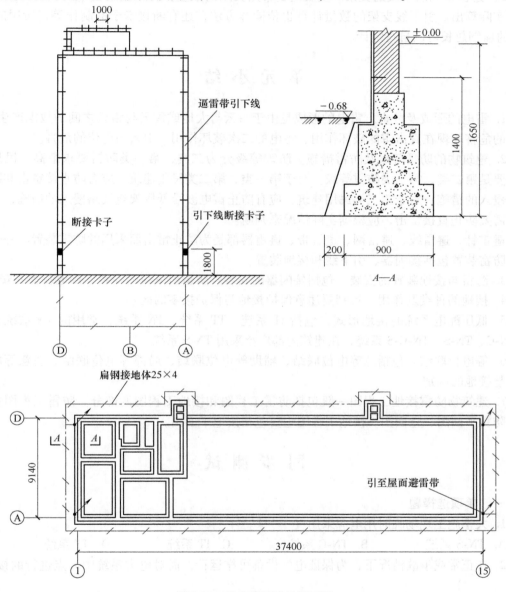

图 8-30　住宅建筑接地平面图

3）接地装置。接地装置由水平接地体和接地线组成，水平接地体沿建筑物一周埋设，距基础中心线为 0.65m，其长度为：$[(37.4m+0.65m\times2)+(9.14m+0.65m\times2)]\times2=98.28m$。因为该建筑物建有垃圾道，向外突出 1m，又增加 $2\times2\times1m=4m$，水平接地体的长度为：$98.28m+4m=102.28m$。

接地线是连接水平接地体和引下线的导体，不考虑地基基础的坡度时，其长度约为：$(0.65m+1.65m+1.8m)\times4=16.4m$。考虑地基基础的坡度时，另计算，此处略。

4）引下线的保护管。引下线保护管采用硬塑料管制成，其长度为：$(1.7m+0.3m)\times4=$

8m。

5）避雷带和引下线的支架。安装避雷带用支架的数量，可根据避雷带的长度和支架间距按实际算出。引下线支架的数量计算也依同样方法，还有断接卡子的制作等，所用的-25×4 的扁钢总长可以自行统计。

单 元 小 结

1. 雷电的形成及危害。雷电的形成是由于雷云与大地或雷云与雷云之间的放电产生的。雷电的危害表现在直击雷的破坏作用、雷电的二次破坏作用、引入高电位的危害。

2. 建筑物的防雷等级及防雷措施。防雷等级分为三类，第一类防雷要求最高，民用建筑主要是第二类、第三类防雷等级。对于第一类、第二类民用建筑，应有防直接雷击和防雷电波侵入的措施；对于第三类民用建筑，应有防止雷电波沿低压架空线路侵入的措施，至于是否需要防止直接雷击，应根据实际情况来判断。

避雷针、避雷线、避雷网、避雷带、避雷器都是为防止雷击而采用的防雷装置。一个完整的防雷装置包括接闪器、引下线和接地装置。

3. 防雷与接地装置的安装。包括接闪器的安装、防雷引下线的安装、接地装置的安装。

4. 接地的种类及作用。特别要注意保护接地与保护接零的区别。

5. 低压配电系统的接地形式，包括 IT 系统、TT 系统、TN 系统，常用的 TN 系统又包括 TN-C、TN-S、TN-C-S 系统，在建筑内部广泛采用 TN-S 系统。

6. 等电位联结。包括总等电位联结、辅助等电位联结、局部等电位联结。注意等电位联结与接地的区别。

7. 建筑物防雷接地工程图一般包括防雷工程图和接地工程图两部分。防雷工程图主要包括防雷平面图、立面图。接地工程图主要包括接地平面图。

同 步 测 试

一、单项选择题

1. 大型施工现场临时用电应采用（　　　）。

A. TN-S 系统　　　　B. TN-C 系统　　　　C. IT 系统　　　　D. TT 系统

2. 在正常或事故情况下，为保证电气设备可靠运行，而对电力系统中性点进行的接地，称为（　　）

A. 保护接地　　　　B. 工作接地　　　　C. 重复接地　　　　D. 防雷接地

3. 防雷装置不包括（　　　）。

A. 绝缘装置　　　　B. 接闪器　　　　C. 引下线　　　　D. 接地装置

二、判断题（对打"√"，错打"×"）

1. 重复接地的电阻为 30Ω。（　　　）

2. TN-S 系统中中性线与保护线有一部分是共同的，有一部分是分开的。（　　　）

3. 避雷针、避雷线、避雷带和避雷网都是接闪器。（　　　）

4. PE 线和 PEN 线上不允许设开关或熔断器。（　　　）

5. 等电位联结需要接地。（　　　）

三、简答题

1. 简述防雷装置的组成及作用。

2. 何谓人工接地体和自然接地体？

3. 接地的种类有哪些？为什么家用电器不采用保护接地？

4. 如何识读防雷接地施工图？

四、以下为第六单元中的变配电所防雷接地施工图，请识读并回答以下问题。

1. 接地母线离开建筑物外墙距离为多少？采用什么材料？

2. 该图中是否设置了人工接地极？接地极采用什么材料？相邻两根相距多少米？

3. 作为防雷引下线的柱子有几根？构造上有何要求？

4. 为什么建筑物周边要敷设80mm厚沥青层？

5. MEB和LEB表示什么含义？分别在什么地方？

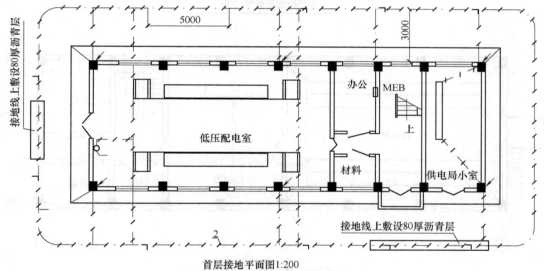

首层接地平面图1:200

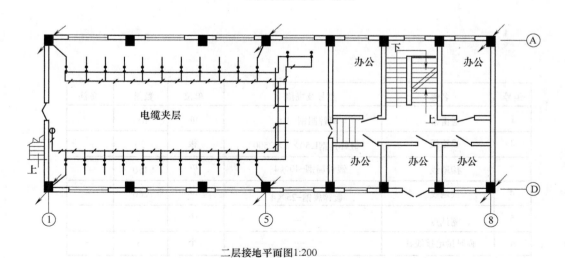

二层接地平面图1:200

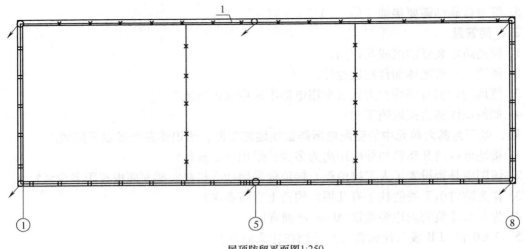

屋顶防雷平面图1:250

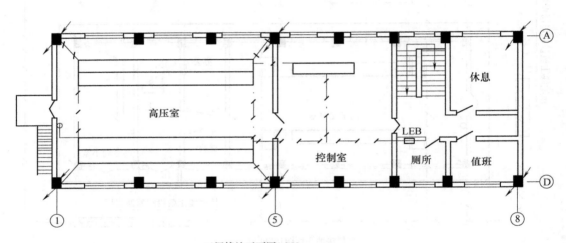

三层接地平面图1:250

编号	名称	型号及规格	单位	数量	备注
1	避雷带	镀锌圆钢 10	m	100	—
2	接地极	镀锌角钢L50×5×2500	根	20	—
3	接地线	镀锌扁钢-40×4	m	150	—
4	接地线	镀锌扁钢-25×4	m	260	—
5	测试点	—	个	2	—
6	临时接地接线柱	—	个	3	—

说明:

1. 本建筑防雷等级为二类防雷等级,接地网接地电阻小于 0.5Ω。

2. 接地网中接地线为-40×4 镀锌扁钢,接地极为∟50×5 镀锌角钢,接地极顶部埋深不小于 0.5m。

3. 临时接地接线柱距室内地坪 0.3m。

4. 避雷引下线距地 0.5m 处做测量接地电阻用的测试点。

5. 接地引下线利用柱筋,四根钢筋周围用直径 10mm 箍筋焊接,柱筋引出屋顶 100mm 焊接后再与避雷带焊接,柱筋每隔 3m 采用直径 10mm 箍筋周圈焊接。

6. 室内接地线及临时接地接线柱均暗设。

7. 钢窗、钢门及室内所有金属构件做等电位联结后与接地线可靠焊接。

8. 变压器中性点通过单芯 185mm² 电缆与室外接地网可靠连接。

9. 供电局电缆小室夹层支架均与接地线可靠连接。

单元 9 建筑弱电系统概述

学 习 目 标

知识目标

● 了解电话通信系统、有线电视系统的组成及作用；其他安全防范系统的组成。

● 理解计算机网络系统、楼宇对讲系统的组成；消防联动控制系统的组成；楼宇自控系统的功能。

● 掌握火灾自动报警系统的组成及作用。

能力目标

● 能识读电话通讯系统、有线电视系统、计算机网络系统、楼宇对讲系统工程图。

● 能识读火灾自动报警与联动控制系统工程图。

建筑中的弱电主要有两类，一类是国家规定的安全电压等级及控制电压等低电压电能，有交流与直流之分，交流 36V 以下，直流 24V 以下，如 24V 直流控制电源，或应急照明灯备用电源。另一类是载有语音、图像、数据等信息的信息源，如电话、电视、计算机的信息。人们习惯把弱电方面的技术称之为弱电技术。它主要包括：①综合布线工程，主要用于计算机网络。②通信工程，包括电话；电视信号工程，如电视监控系统，有线电视。③智能工程，如楼宇自动控制系统，智能消防系统，安全防范系统。随着计算机技术的飞速发展，软硬件功能的迅速强大，各种弱电系统工程和计算机技术的完美结合，使以往的各种分类不再像以前那么清晰。各类工程的相互融合，逐步形成一套完善的系统。弱电工程在整个电气工程中所占比例逐步攀升，而且要求越来越高。

课题 1 电话通信系统与计算机网络系统

9.1.1 电话通信系统的组成

建筑电话通信系统的基本目标是：实现某一地区内任意两个终端用户之间的通话。因此电话通信系统必须具备三个基本要素：①发送和接收话音信号。②传输话音信号。③话音信号的交换。这三个要素分别由用户终端设备、传输系统和电话交换设备来实现。一个完整的电话通信系统是由用户终端设备、传输系统和电话交换设备三大部分组成，如图 9-1 所示。

图 9-1　电话通信系统示意图

1. 用户终端设备

常见的用户终端设备有：电话机、传真机等，随着通信技术与交换技术的发展，又出现了各种新的终端设备，如数字电话机、计算机终端等。

2. 电话传输系统

在电话通信网中，传输线路主要是指用户线和中继线。在如图9-2所示的电话网中，A、B、C为其中的三个电话交换局，局内装有交换机，交换可能在一个交换局的两个用户之间进行；也可能在不同的交换局的两个用户之间进行，两个交换局用户之间的通信有时还需要经过第三个交换局进行转接。常见的电话传输媒体有市话电线电缆、双绞线和光缆。

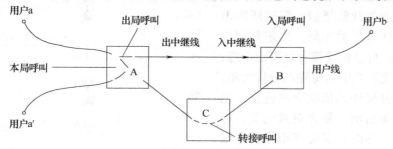

图 9-2　电话传输示意图

3. 电话交换设备

电话交换设备是电话通信系统的核心。电话通信最初是在两点之间通过原始的受话器和导线的连接由电的传导来进行，如果仅需要在两部电话之间进行通话，只要用一对导线将两部电话机连接起来就可以实现。但如果有成千上万部电话机之间需要互相通话，则不可能采用个个相连的办法。这就需要有电话交换设备，即电话交换机，将每一部电话机（用户终端）连接到电话交换机上，通过线路在交换机上的接续转换，就可以实现任意两部电话机之间的通话。

目前主要使用的电话交换设备是程控交换机。程控是指控制方式，即存储程序控制，其英文名称是 StoredProgramControl，简称为 SPC，它是把电子计算机的存储程序控制技术引入到电话交换设备中来。这种控制方式是预先把电话交换的功能编制成相应的程序（或称软件），并把这些程序和相关的数据都存入到存储器内。当用户呼叫时，由处理机根据程序所发出的指令来控制交换机的操作，以完成接续功能。

在现代化建筑大厦中的程控用户交换机，除了基本的线路接续功能之外，还可以完成建筑物内部用户与用户之间的信息交换，以及内部用户通过公用电话网或专用数据网与外部用户之间的话音及图文数据传输。程控用户交换机通过控制机配备的各种不同功能的模块化接口，可组成通信能力强大的综合数据业务网（ISDN）。

9.1.2　建筑物电话通信系统的组成

建筑物电话通信系统从进户管线一直到用户出线盒，由以下部分组成。

1）引入（进户）电缆管路。它又分为地下进户和外墙进户两种方式。

2）总配线设备或交接设备。它是引入电缆进屋后的终端设备，有设置和不设置用户交换机两种情况。如设置用户交换机，采用总配线架或总配电箱；如不设置用户交换机，采用交接箱或交接间。交接设备宜装在建筑的一、二层，如有地下室，且较干燥、通风，也可考虑设置在地下室。

3）上升电缆管路。它有上升管路、上升房和竖井三种建筑类型。

4）配线设备。如电缆接头箱、分线盒、过路箱、用户出线盒等，是通信线路分支、中间检查及终端用设备。

5）楼层电缆管路。

9.1.3　建筑电话通信系统工程图

建筑电话通信系统工程图由系统图和平面图组成，是指导具体安装的依据。电话通信系统通常是通过总配线架和市话网连接。在建筑物内部一般按建筑层数、每层所需电话门数以及这些电话的布局，决定每层设几个分接线箱。自总配线箱分别引出电缆，以放射式的布线形式引向每层的分接线箱，由总配线箱与分接线箱依次交接连接。也可以由总配线架引出一路大对数电缆，进入一层交接箱，再由一层交接箱除供本层电话用户外，引出几路具有一定芯线的电缆，分别供上面几层交接箱。

常用图形符号如下：⊞代表总配线架，⊞代表中间配线架，◪代表交接箱，⊓代表电话插座，⊤代表室内分线盒，⌂代表电话机。

如图9-3所示为某建筑电话通信系统图，该电话通信系统是采用HYA—50（2×0.5）SC50WCFC自电信局埋地引入建筑物，埋设深度为0.8m。再由一层电话分接线箱HX1引出三条电缆，一条供本楼层电话使用；一条引至二、三层电话分接线箱；一条供给四、五层电话分接线箱。分接线箱引出的支线采用RVB—2×0.5型绞线穿塑料PC管敷设。其平面图如图9-9所示。

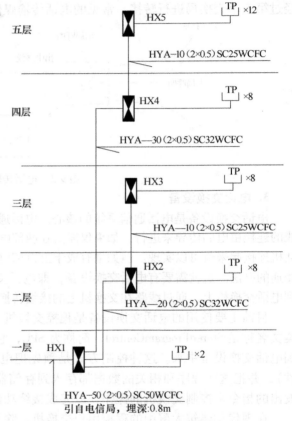

支线采用RVB—2×0.5，穿线规格：
1～2根穿PC16，3～4根穿PC20，
电话分线箱HX1尺寸：380×260×120
其余电话分线箱尺寸：280×200×120

图9-3　某建筑电话通信系统

9.1.4　计算机网络系统

1. 计算机网络的构成

计算机网络的定义：利用通信设备和通信线路，将地理位置分散的、具有独立功能的多个计算机系统互连起来，通过网络软件实现网络中资源共享和数据通信的系统。

在智能建筑中，网络系统是"通信网络"、"办公自动化网络"和"建筑设备自动化控制网络"的总称，是智能建筑的基础。网络系统对于智能建筑来说，犹如神经系统对于人一样重要，它分布于智能建筑的各个角落，是采集、传输智能建筑内外有关信息的通道。

　　智能楼宇的计算机网络系统可以分为内网和外网两部分，原则上，内网和外网是彼此分开的，物理上不应该有相互联系，这是出于安全上的考虑。无论内网或外网，都可以划分为三个部分：用于连接各局域网的骨干网部分、智能楼宇内部的局域网部分、连接 Internet 网络的部分。

　　（1）用于连接各局域网的骨干网部分　骨干网是通过桥接器与路由器把不同的子网或LAN 连接起来形成单个总线或环型拓扑结构，这种网通常采用光纤做骨干传输。骨干网是构建企业网的一个重要的结构元素。它为不同局域网或子网间的信息交换提供了传输路径。骨干网可将同一座建筑物、不同建筑物或不同网络连接在一起。通常情况下，骨干网的容量要大于与之相连的网络的容量。

　　骨干网是属于一种大型的传输网路，它用于连接小型传输网络，并传送数据。智能楼宇内的骨干网仅局限于一座建筑物内部，它的作用就是完成将楼宇中的多个网络链接在一起，也完成将广域网的链接与本建筑物内的局域网络连接到一起。

　　（2）智能楼宇内部的局域网部分　楼层局域网分布在一个或几个楼层内，这样，对局域网的类型、容量大小、具体配置的选择要根据实际情况来决定。例如，流量的大小、工作站的点数的设置、覆盖范围、可能对服务器的访问的频度等。目前，大部分局域网采用的网络结构为总线型的以太网络、令牌环 TokenRing 为主，传输介质以双绞线、同轴电缆为主，也可采用光纤。

　　（3）连接 Internet 网络的部分　智能楼宇与外界的连接，主要借助于公用网络，例如公用电话网络系统、数据专线 DDN、接入服务 XDSL、ATM、X.25 公用分组交换网等。如果楼宇处于特殊地理位置，例如较偏远地区，或者由于与外界联络的特殊需要，也可以架设微波卫星通信网络，但对于这种接入，由于国家的通信规范的要求，需要根据当地城市管理的制度，并且履行特别的手续才能架设。

2. 计算机网络设备

　　（1）服务器　在计算机网络中作为中心的计算机称为服务器，服务器上装有网络操作系统。服务器可以对整个网络进行管理，并与外界进行互联。

　　（2）工作站　计算机网络中除服务器以外的计算机称工作站。

　　（3）网卡　计算机要接入网络，需要在计算机内安装一块网卡。网卡也叫网络适配器，它承担网络与计算机之间交换数据的任务。网卡与外界连接有两个标准接口：RJ45 型接口和 AUI 型接口。通过 RJ45 型接口和双绞线，将工作站与服务器连接起来。AUI 型接口用来接粗同轴电缆。

　　（4）集线器（HUB）　集线器是计算机网络中连接多台计算机或其他设备的连接设备。它把从一个端口接收的信号向与其连接的所有端口分发出去。

　　（5）交换机　交换机具有线路交换能力和网络分段能力。用集线器组成的网络称为共享式网络，而用交换机组成的网络称为交换式网络，交换机提供给每个用户专用的信息通道，能提高网络的整体速度。

　　（6）网关　网关是连接两个协议差别很大的计算机网络时使用的设备。它可以将具有不同结构体系的计算机网络连接在一起。可以用一台计算机作网关，也可以用服务器兼网关功能。在 TCP/IP 网络中，网关所指的就是路由器。

　　（7）网桥　网桥能将一个较大的局域网分割为多个网段，或将两个以上的局域网互连为一个逻辑局域网。可以用一台计算机作网桥。

（8）路由器 路由器是网络间连接的设备，它能够利用一种或几种网络协议将本地或远程的一些独立的网络连接起来，每个网络都有自己的逻辑标识。路由器是一台专用计算机，简单的路由器可由服务器兼任。

3. 宽带网络系统图实例

如图 9-4 所示为宽带网络系统图。有关设计说明如下。

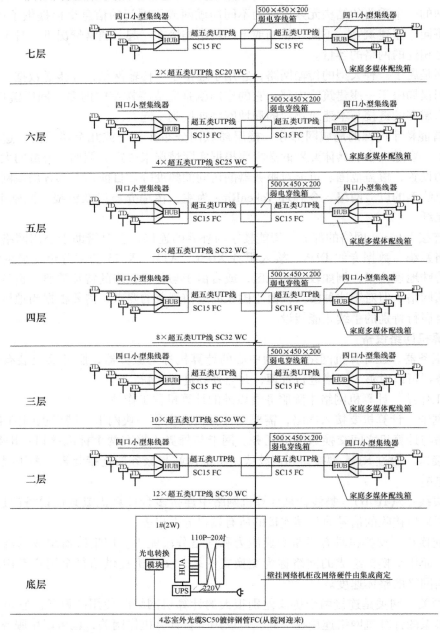

注：1. 本系统图为一个梯间单元的宽带网络系统图。

2. 施工时只按图预埋钢管，网络机柜，家庭综合布线箱的集线器及超五类 UTP 线由网络集成商安装，调试、开通。

图9-4 宽带网络系统图

1）本工程宽带接入网拟采用 FTTB + LAN 千兆以太网络系统，实现光纤到楼，即1000Mbps 进小区。100Mbps 进大楼，10Mbps 到户的带宽。并可利用以太网络平台运行小区智能管理软件，实现智能化小区。因此四芯光缆穿 φ50 镀锌钢管埋地从小区中心物业管理机房，引接至一层弱电间的网络机柜。二至七层住宅每户用超五类 UTP 双绞线从一层弱电间交换机引接至家庭多媒体接线箱，再根据需要用集线器（HUB）分点。

2）除图中注明外，宽带网络系统施工时只预埋焊接钢管和出线盒，管内预穿 10 号铁丝。

3）网络机柜挂墙明装，距地 1m；信息出线盒距地 0.3m。网络机柜及其集线器等硬件和传输介质光纤，UTP 双绞线、信息插座等的型号由甲方招标后，由集成商选定、安装、调试及开通。

课题 2　有线电视系统

有线电视系统公用一组电视天线，以接收电视广播为目的，用有线方式将电视信号分送到电视系统的各个用户。因为有线电视系统不向外界辐射电磁波，以有线闭路形式传送电视信号，所以被人们称之为闭路电视。实际上有线电视系统由于不断发展和扩大（有开路又有闭路），也可称之为电缆电视系统（CATV）或有线电视系统。

1. 有线电视系统的组成

由信号源及前端系统、干线系统、用户分配系统等三个部分组成，如图 9-5 所示。

（1）信号源及前端系统　信号源是有线电视系统电视节目的来源，包括电视接收天线、视频广播接收天线、卫星地面接收设备、微波接收设备、自办节目设备等。主要作用是：对开路信号、闭路信号、自办节目信号进行接收和处理。①开路信号是指无线传输的信号，包括电视台无线发射的电视信号、微波信号、卫星电视信号、调频广播信号等。②闭路信号是指有线传输的电视信号。③自办节目信号是指 CATV 系统自备的节目源，如 DVD、VCD、CD、摄录像机、K 座等。

前端系统是指处于信号源之后和干线系统之前的部分，包括滤波器、天线放大器、调制解调器、频道交换器、混合器等。主要作用是把从信号源送过来的信号进行滤波、变频、放大、调制和混合等。由于 CATV 系统的规模不同，前端系统的组成也不尽相同。

（2）干线系统　是一个传输网络，是处于前端的混合器输出端到用户分配系统之间的部分，主要包括各种类型的干线放大器、干线电缆或光缆、光发射机、光接收机、多路微波分配系统和调制微波中继等设备。主要作用是把前端输出的电视射频信号高质量地传输给分配系统。

（3）用户分配系统　主要包括支线放大器、分配器、分支器、分支线、用户线、用户终端等。对于双向传输系统，还配有相应的调制器、解调器、机顶盒、数据终端等。主要作用是：对于单向传输系统，是把干线输出的下行信号有效的分配给千家万户；对于双向传输系统，既要进行信号分配，又要把用户发出的上行信号传输给干线输出部分。

2. 有线电视系统的主要设备

（1）接收天线　主要作用有：磁电转换，选择信号，放大信号，抑制干扰，改善接收的方向性。

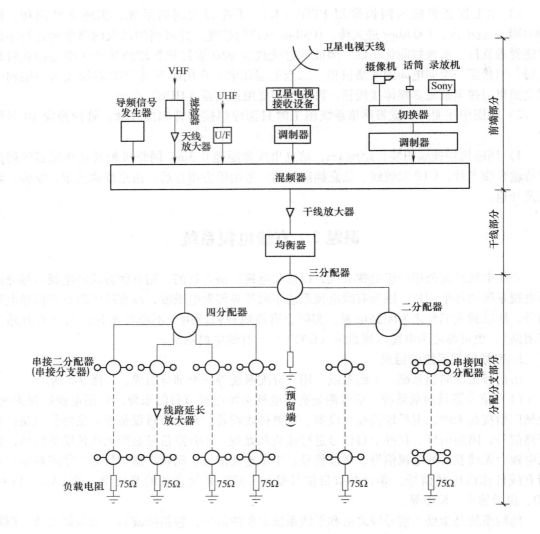

图 9-5　CATV 系统组成示意图

（2）混合器　主要作用有：①把多路射频信号混合成一路，共用一根电缆传输，以便实现多路复用。②对干扰信号进行滤波，提高系统的抗干扰能力。③把无源滤波器的输入端与输出端互换，构成分波器。

（3）放大器　作用是：放大信号；保证信号电平幅度；稳定信号输出电平。

（4）频道变换器　主要作用是：由于电视射频信号在电缆中传输的损耗与信号频率的平方根成正比，为了降低电缆对高频信号的损耗，通常把高频道转换成低频道进行传输；为了避免在离电视台较近和场强较强地区的开路电视信号直接进入电视机，并干扰 CATV 系统中相同频道的信号，故必须对开路信号进行频道变换。

（5）调制器　主要作用有：将自办节目中的摄像机、录像机、VCD、DVD、卫星接收机、微波中继等设备输出的视频信号与音频信号加载到高频载波上面去，以便传输；把

CATV 系统开路接收的甚高频与特高频信号经过解调和调制，使之符合邻频传输的要求。

（6）解调器　主要作用有：在大、中型 CATV 的前端系统，从开路接收的射频信号中取出音、视频信号，然后与调制器配对，把音、视频信号重新调制到符合邻频传输要求的频道上，以便充分利用频道资源。

（7）分配器　主要作用是：分配，隔离，匹配。

（8）分支器　主要作用是：以较小的插入损耗从干线或支线上取出一小部分信号传输给用户；从干线上取出部分信号形成分支；反向隔离与分支隔离。

（9）用户接线盒　主要作用是：为用户提供电视、语音、数据等信号的接口。

（10）串接单元　指把一分支路的输出端与用户端结合在一起的部件，其电器特性与一分支路完全相同。

（11）传输线　CATV 系统中的传输线也称为馈线，它是有线电视信号传输的媒介。常用的有同轴电缆和光缆。如 SYV—75—5 型同轴电缆，其中：SYV 表示同轴电缆类型，75 表示电缆的特性阻抗为 75Ω，5 表示电缆直径（外径）为 5mm。

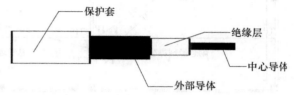

图 9-6　同轴电缆结构示意图

一般的同轴电缆共有四层，最内层是中心导体通常是铜质，该铜线可以是实心的，也可以是绞合线。在中央导体的外层依次为绝缘层、外部导体和保护套，如图 9-6 所示。绝缘层一般为类似塑料的白色绝缘材料，用于将中心导体和外部导体隔开。而外部导体为铜质的精细网状物，用于将电磁干扰（EMI）屏蔽在电缆之外。

3. 有线电视系统工程图

如图 9-7 为某建筑共用天线电视系统图，干线选用 SYKV—75—9 型同轴电缆，穿管径为 25mm 的水煤气管埋地引入，在三层处由二分配器分为两条分支线，分支线采用 SYKV—75—7 型同轴电缆，穿管径为 20mm 的硬塑料管暗敷设。在每一楼层用四分支器将信号传输至用户端。对应的平面图如图 9-8 所示。

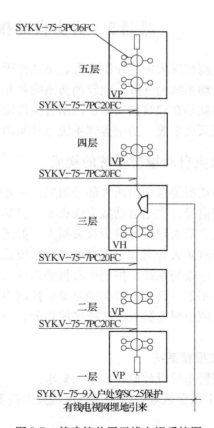

图 9-7　某建筑共用天线电视系统图

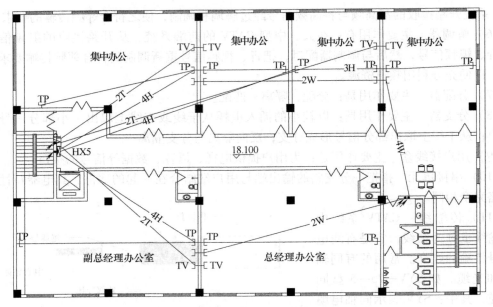

图 9-8　某建筑有线电视系统平面图

课题 3　火灾自动报警与联动控制系统

有效监测建筑火灾、控制火灾、迅速扑灭火灾，保障人民生命和财产的安全，是火灾自动报警与联动系统的任务。建筑消防系统就是为完成上述任务而建立的一套完整、有效的体系，该体系就是在建筑物内部按国家有关规定设置必需的火灾自动报警及消防设备联动控制系统、建筑灭火系统、防烟排烟系统等建筑消防设施。

9.3.1　火灾自动报警系统的构成

火灾自动报警系统由两大部分组成：一是探测报警子系统，其主要功能是感知火灾信息并发出报警信号；二是自动减灾灭火系统，其主要功能是启动所有的联动设备分割火灾区域并自动灭火，最大限度地减少火灾损失。如图 9-9 所示为火灾自动报警系统的构成示意图。

根据建筑防火分类和火灾自动报警系统保护对象分级，火灾自动报警系统分为：区域报警系统、集中报警系统、控制中心报警系统三种。区域报警系统宜用于二级保护对象；集中报警系统宜用于一级和二级保护对象；控制中心报警系统宜用于特级和一级保护对象。

报警区域应根据防火分区或楼层划分。一个报警区域宜由一个或同层相邻几个防火分区组成。

1. 区域报警系统

区域报警系统设计应符合下列要求：

1）一个报警区域宜设置一台区域火灾报警控制器，系统中区域火灾报警控制器不应超过 2 台。

2）区域火灾报警控制器或火灾报警控制器应设置在有人值班的房间或场所。

3）当用一台区域火灾报警控制器警戒多个楼层时，应在每层的楼梯口或消防电梯前室等明显部位设置识别着火楼层的灯光显示装置。

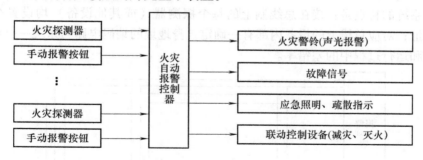

图 9-9　火灾自动报警系统构成示意图

2. 集中报警系统

集中报警系统设计应符合下列要求。

1）系统中应设置一台集中火灾报警控制器和 2 台及以上的区域火灾报警控制器。

2）系统中应设置消防联动控制设备。

3）集中火灾报警控制器应能显示火灾报警部位信号和控制信号，亦可进行联动控制。

4）集中火灾报警控制器应设置在有专人值班的消防控制室或值班室内。

3. 控制中心报警系统

控制中心报警系统设计除应满足集中报警系统设计的要求外，还应符合下列要求。

1）系统中至少应设置一台集中火灾报警控制器及一台专用消防联动控制设备（或一体机）。

2）系统应能集中显示火灾报警部位信号和联动控制状态信号。

9.3.2　火灾自动报警系统的线制

火灾自动报警系统的线制是指各报警控制器输入导线的类型和输入导线的根数，分为多线制系统和总线制系统。

1. 多线制系统

如图 9-10 所示是多线制系统的连接示意图。图中 T_1、…、T_{n-1}、T_n 为分布于各探测区的 n 个火灾探测器（含手动报警按钮），报警控制器的输入导线由到每个探测器的 2 根 24V 公共电源线及各火灾探测器（或手动报警按钮）的一根信号线 S_1、…、S_{n-1}、S_n 等组成，所以报警控制器的输入线共有 $n+2$ 根。

上述连接方式称为多线制连接方式。多线制系统根据信号线和部位线的不同，还有 $n+3$、$2n+1$ 等形式。

由于多线制系统有连接线多、成本高、可靠性差、维护不便等缺点，目前已基本不用。

2. 总线制系统

总线制系统是指报警控制器的输入线由探测器和其他外部设备的几根公共导线组成。根据公共线数量的不同可分为二总线制、三总线制和四总线制等，目前应用最广的是二总线制。

如图 9-11 所示是二总线制的两种不同的连接方式。若在环形连接方式的每个总线上所带设备加装短路隔离器，则当任何一处发生短路或开路故障时，均不影响系统正常运行，系统可靠性大大提高。

总线制系统的特点是：接在总线制上的每个探测器（或其他设备）均设置有一个不重复的独立地址；对应总线上的设备内部有一确定自身地址的编码电路与系统——对应，从而能降低安装和运行过程中的差错率。

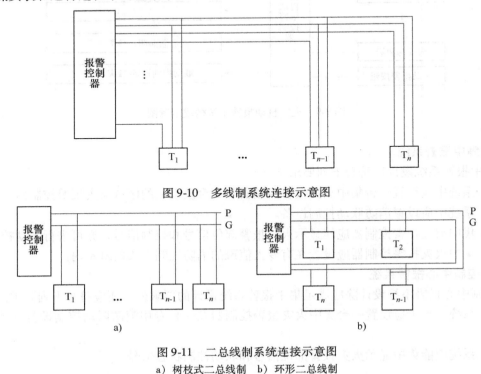

图 9-10　多线制系统连接示意图

图 9-11　二总线制系统连接示意图

a）树枝式二总线制　b）环形二总线制

与多线制系统相比，总线制系统具有以下优点。

1）总线制采用多回路连接方式，大大提高了单台报警控制器的容量，与多线制系统相比可提高十至百倍的容量。

2）总线制系统中采用了许多功能模块，增强了总线对输入输出设备的控制能力及系统设计的灵活性。

9.3.3　消防设备的联动控制

当火灾发生时能迅速地通知并引导人们安全撤离火灾现场、防止火灾蔓延、排出有毒烟雾、开启自动灭火设备实施自动灭火等的所有设备称为消防联动设备，确保这些设备在火灾发生时能正常发挥效益的控制称为消防设备的联动控制。如图 9-12 所示为消防联动设备示意图。

1. 自动灭火系统控制

自动灭火系统是智能建筑配备的早期灭火系统。当消防控制中心火灾报警控制器收到火灾报警信号并确认无误时，立即输出联动控制信号，实现自动灭火达到减灾的目的。

如图 9-12 所示，显示的自动灭火设备有自动喷淋灭火系统（水）、CO_2 灭火系统、泡沫灭火系统、干粉灭火系统、消火栓灭火系统、灭火炮等。自动喷淋灭火系统（水）和消火栓灭火系统最常用,适用面最广;对非常珍贵的特藏库、珍品库房及重要的音像制品库房宜设置 CO_2 灭火系统;泡沫灭火系统适宜非水溶性甲、乙、丙类液体可能泄漏的室内场所;大型体育馆等场所一般采用灭火炮。

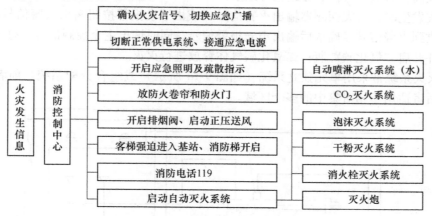

图 9-12　消防联动设备示意图

(1) 自动喷淋灭火系统　根据信号获得方式的不同可分为:湿式喷淋、干式喷淋和预作用喷淋三种形式。限于篇幅,仅介绍湿式喷淋灭火系统。湿式喷淋灭火系统是利用感温喷头探测环境温度变化。当环境温度达到或超过设定温度时,感温喷头玻璃球膨胀破裂,喷头支撑密封垫脱开,喷出压力水。此时,消防水管网压力随之降低,当管网水压力降低到某一设定值时,湿式报警阀上的压力开关动作,水压信号转换成电信号启动喷淋水泵运行。在喷淋灭火的同时,水流通过装在主管道分支处的水流指示器,输出电信号至消防控制中心报警。如图 9-13 所示为湿式喷淋灭火系统控制原理

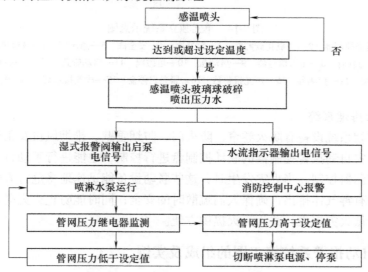

图 9-13　湿式喷淋灭火系统控制原理

(2) CO_2 自动灭火系统　属于气体灭火,适用于不能采用水或泡沫灭火的场所,如柴油发电机房、变配电所、计算机房、档案资料室、图书馆珍藏室、精密仪器设备室、易燃液体(气体)仓库等。

　　CO_2自动灭火系统主要由火灾探测器、火灾报警控制器、二氧化碳贮瓶、容器阀、液流单向阀、高压软管、集流管、安全阀、选择阀、压力信号器、启动瓶、电磁阀、气路单向阀、喷嘴及高压管道、管件、瓶组架等组成。

　　当火灾发生时，火灾探测器输出火警信号（或由手动报警按钮输出火警信号）；火灾报警控制器收到火警信号经确认后输出声光报警信号，同时输出主令控制信号，打开启动瓶上的电磁阀并开启二氧化碳贮瓶；二氧化碳气体释放进行灭火。

　　CO_2灭火系统常采用单元独立系统（如图9-14所示）或组合分配系统。前者适用于单一区域，后者适用于相对集中的多个区域。

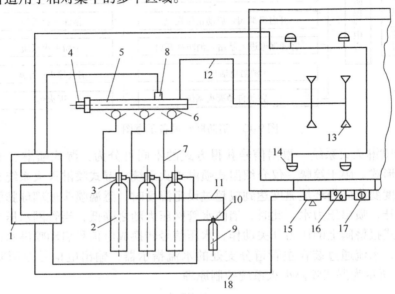

图9-14　单元独立系统示意图

1—报警控制器　2—二氧化碳贮瓶　3—容器阀　4—安全阀　5—急流管　6—液流单向阀
7—压力软管　8—压力信号器　9—启动瓶　10—电磁阀　11—启动管路　12—灭火剂管路
13—喷嘴　14—探测器　15—声光报警器　16—紧急启停盒　17—放气指示灯　18—电气线路

2. 自动防火排烟系统

　　自动防火排烟系统设备有防火卷帘、防火门、防烟垂壁、排烟风机及正压送风机等。这些设备均能由火灾自动报警控制器的联动控制盘进行控制，也能进行手动直接控制，有的也可由自带传感探测器控制。当火灾发生时，这些联动设备能迅速地将危害人生命的一氧化碳及燃烧物释放的有毒气体排出，确保人们疏散时的安全；同时能防止火灾蔓延，将火势限制在某一区域，降低火灾损失，并为灭火提供方便。

9.3.4　火灾自动报警系统施工图的组成及实例

　　火灾自动报警系统图由设计说明、主要设备材料表、施工平面图和系统图等组成。

1. 设计说明

　　火灾自动报警系统设计说明包含下列内容：①火灾自动报警系统形式。②消防联动控制说明。③设计依据。④安装施工要求。⑤图纸中无法表明的问题。⑥验收依据及要求。

2. 主要设备材料表

主要设备材料以表格形式出现，表格项目栏一般有序号、图例、名称、规格、单位、数量和备注。

3. 施工平面图

火灾自动报警系统施工平面图主要反映火灾探测器、火灾报警装置以及联动设备的平面布置、消防供电线路的敷设情况等，是指导施工人员进行火灾自动报警控制系统施工的重要依据。熟悉火灾自动报警控制系统施工图中常用图例符号是识读和绘制施工图的基础。表9-1 为常用火灾报警系统常用图例符号，如图 9-15 所示为某综合楼楼层火灾报警及联动控制平面布置图。

表 9-1　火灾报警系统常用图形符号

序号	图形符号	名　称	序号	图形符号	名　称
1		消防控制中心	8		手动报警按钮
2		火灾报警装置	9		报警电话
3	B	火灾报警控制器	10		火灾警铃
4		感温火灾探测器	11		火灾警报发声器
5		感烟火灾探测器	12		火灾警报扬声器（广播）
6		感光火灾探测器	13		火灾光信号装置
7		可燃气体探测器			

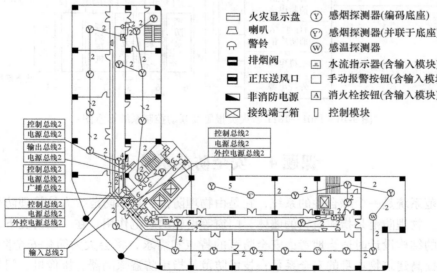

图 9-15　某综合楼楼层火灾报警及联动控制平面布置图

4. 系统图

系统图能直观地反映火灾自动报警系统与联动控制的方式，显示垂直配线情况、系统控制情况及控制室设备情况。如图 9-16 所示为 1501—1811 型火灾自动报警系统及联动控制系统图。

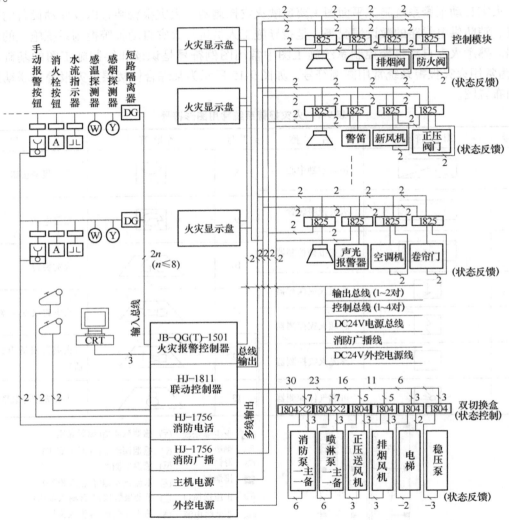

图 9-16　　1501—1811 型火灾报警及联动控制系统示意图

课题 4　安全防范系统

安全防范系统是一个综合性的系统，它是由物理防范、技术防范、人员管理防范组成的有机组合体。物理防范是指建筑物的墙体、门窗等设施的防范作用，在一般情况下，如果在进行建筑物的结构设计时适当地考虑安全防范的特点和需求，将会大大简化安全防范系统，减少投资、提高建筑物本身的安全系数；技术防范是指用防盗探测器、摄像机、门禁等一些电子设备对建筑物内外进行防范的一种手段，是对物理防范的补充和延伸；有了上述两种基础防范设施，再结合人员对设备的管理应用，形成一套行之有效的综合安全保卫系统，而人是整个环节中最重要的一环。

9.4.1　出入口控制系统

出入口控制系统就是对建筑物内外的正常出入通道进行管理，限制无关人员进入住宅小区和楼宇内电梯，以保证住宅小区及楼宇内的安宁。对于综合性住宅小区而言，其出入口控制系统可设置在主要出入口及电梯上，并配合可视对讲系统。

1. 系统的功能

出入口控制系统的主要功能如下。

1）对已授权的人员，凭有效的卡片、代码或特征，允许其进入；对未授权人员拒绝其入内。

2）对某段时间内人员的进出状况、某人的出入情况，在场人员名单等资料实时统计、查询和打印输出。

出入口控制主要目的是对重要的通行口、出门口通道、电梯等进行出入监视和控制。

2. 系统的组成

出入口控制系统也称为门禁管制系统。出入口控制系统由出入口对象（人、物）识别装置、出入口信息处理、控制、通信装置和出入口控制执行机构三部分组成。出入口控制系统应有防止一卡出多人或一卡入多人的防范措施，应有防止同类设备非法复制的密码系统，而且密码系统应能修改。如图 9-17 所示是出入口控制系统的基本结构框图，其中，读卡机、电子门锁、出口按钮、报警传感器和报警喇叭等，用来接收人员输入的信息，再转换成电信号送至控制器，同时根据来自控制器的信号，完成开锁、闭锁等工作。控制器按接收底层设备发来的有关人员的信息，作出比较判断，然后发出处理信息。单个控制器可组成一个简单的门禁系统，用来管理一个或几个门；多个控制器通过通信网络同计算机连接起来组成整幢

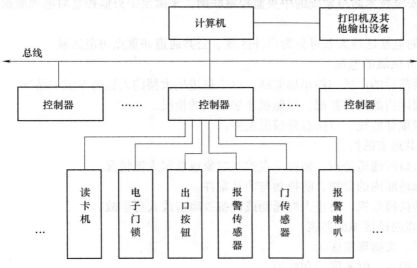

图 9-17　出入口控制系统的基本结构图

建筑物的门禁系统。计算机装有门禁系统的管理软件，它管理系统中所有的控制器，向它们发送控制命令，进行设置，接收其发来的信息，并完成系统中所有信息的分析和处理。

9.4.2　闭路电视监控系统

对于要求较高的办公大厦、宾馆酒店、超级商场、银行或智能小区等场所，常设有保安中心。通过闭路监视电视随时观察入口、重要通道和重点场所的动态。

1. 系统的组成

闭路电视监控系统根据其使用环境、使用部门和系统的功能而具有不同的组成方式。无论系统规模的大小和功能的多少，电视监控系统均由摄像、传输、图像处理和显示四个部分组成，如图 9-18 所示。

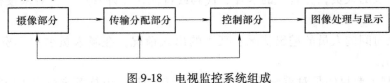

摄像部分 → 传输分配部分 → 控制部分 → 图像处理与显示

图 9-18　电视监控系统组成

当有监听功能的需求时，应增设伴音部分。只需在一处连续监视一个固定目标时，可选单机电视监控系统；也可在一处集中监视多个目标。在进行监视的同时，可以根据需要定时启动录像机、伴音系统和时标装置，记录监视目标的图像、数据、时标，以便存档分析处理。

2. 电视监控的区域及要求

应根据各类建筑物安全技术规范管理的需要，对建筑物内的主要公共场所、重要部位等，进行视频探测的画面再现、图像的有效监视和记录。对重要部门和设施的特殊部位，应能进行长时间的录像。系统应设置视频报警或其他报警装置。

应能与安全技术防范系统的中央监控室联网，来满足中央监控室对电视监控系统的集中管理和控制。

建筑物的监视区域大致可分为户外区域、公共通道和重点防范区域。

（1）户外区域的监视

1）大楼前后的广场与停车场监视，以掌握进出大楼的人流与车流的情况。

2）大楼周边的门窗监视，以监视非法进入的情况。

3）大楼顶部监视，以防意外情况发生。

（2）公共通道的监视

1）出入口的通道监视，捕捉重点控制对象或掌握人流情况。

2）电梯轿厢内的监视，防抢劫与非礼案件。

3）电动扶梯监视，防止人群涌动或设备故障造成人身事故。

（3）重点防范区域的监视

1）金库、文物珠宝库。

2）现金柜台、财务账册存放柜。

3）计算机中心、软盘库。

（4）机要档案室

3. 摄像点的布置

在办公大厦和高级宾馆或酒店的入口、主要通道、电梯轿厢等处设置摄像机，根据监视对象不同，可设置一台或多台摄像机。摄像点的布置是否合理将直接影响整个系统的工程质量。从使用的角度来看，要求监视区域范围内的景物，要尽可能都进入摄像画面，减少摄像区的死角。摄像点合理的布局，就是要求用较小数量的摄像机获得较好的监视效果。如图 9-19 所示是几种监视系统摄像机的布置实例。

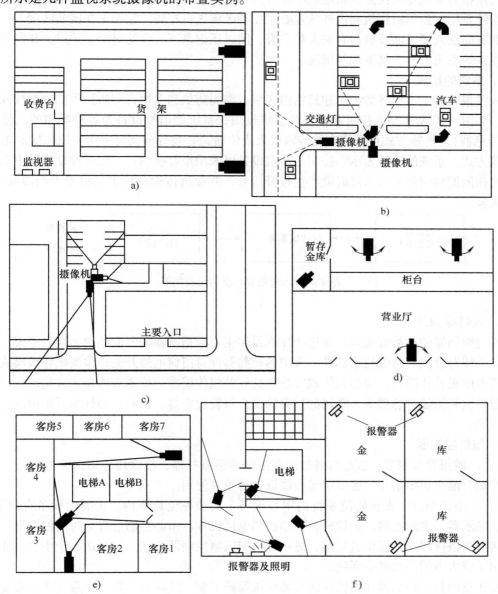

图 9-19 　监控系统摄像机布置实例

a）超级市场监视　b）停车场监视　c）需要变焦场合　d）银行营业厅监视
e）宾馆保安监视　f）银行金库监控

4. 中央监控室

中央监控室应设在禁区内，并应设置值班人员卫生间，避开电梯等冲击性负荷的干扰，并应考虑防潮、防雷及防暑降温的措施。监控中心往往与消防控制中心合用一室。

9.4.3　入侵报警系统

入侵报警系统是在探测到防范现场有入侵者时，能发出报警信号的专用电子系统，入侵报警系统是用探测器对建筑物内外的重要地点和区域进行布防。它用来探测非法侵入，一旦探测到有非法入侵时能及时向有关人员示警。同时还记录下入侵的时间、地点，并向闭路电视监视系统发出信号，录下现场情况。

1. 系统的组成

入侵报警系统由周界防护、建筑物内区域、空间防护和实物目标防护等部分单独或组合构成。如图 9-20 所示是入侵报警系统的组成框图，系统的前端设备为各种类型的入侵探测器（传感器）。传输方式可采用有线传输或无线传输，有线传输又可采用专线传输和电话线传输等方式。系统的终端显示、控制、通信设备可采用报警控制器，也可设置报警中心控制台。当探测器检测到有人入侵时就产生报警信号，并通过传输系统进入报警控制器发出声、光等报警。

图 9-20　入侵报警系统的组成框图

2. 入侵探测器

入侵探测器的种类有很多，在选择探测器时主要根据所在场所的防护等级来考虑，选用的产品必须符合国家有关技术标准。常用的检测器件有门窗电磁开关；检测破坏玻璃或者墙外力撞击的振动传感器；检测人体散发热量的红外线传感器；检测人体和物体运动变化的光电、超声波和微波传感器等。常用的报警输出为报警发声器、警号、警灯和可集中或分散打开的灯光。

3. 报警控制器

1）区域报警控制器。直接与各种防盗报警传感器相连，接收传感器送来的信号，并向上级控制台输出报警信号。区域报警控制器也可单独使用。

2）中心控制台。安全防范系统的中心设备，安装在监控室内，主要的设备有计算机、键盘、显示器、主监视器、录像机、打印机和电话机等。中心控制台可分为两种类型：一种是直接与防盗探测器和摄像机连接，另一种是与区域控制器连接。前者适用于小型系统，后者适用于较大型的局域网络系统。

要注意的是，探测器和报警控制器都应该隐蔽安装，线路敷设采用暗敷方式，系统具有自动防止故障的特性，当使用交流电源时，还应配备备用电器。

9.4.4　楼宇对讲系统

楼宇对讲系统把住宅的入口、住户及保安人员三方面的通讯包含在同一网络中，并与监控系统配合，为住户提供了安全、舒适的智能小区生活。楼宇对讲系统通常可分为单对讲型和可视对讲型两种。

1. 单对讲系统

单对讲系统是指为来访客人与住户之间提供双向通话，并由住户遥控防盗门的开关及向保安管理中心进行紧急报警的一种安全防范系统。它适用于单元式公寓、高层住宅和居住小区等。

如图9-21所示是一种单对讲系统。它由对讲系统、控制系统和电控防盗安全门组成。

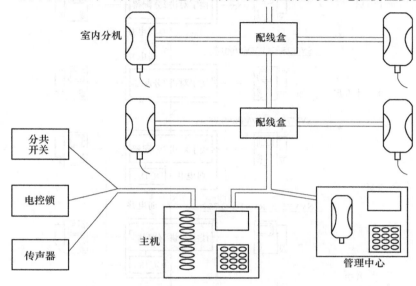

图9-21　单对讲系统示意图

1）对讲系统。主要由传声器、语言放大器、振铃电路等组成，要求对讲语言清晰，信噪比高，失真度低。

2）控制系统。采用总线控制传输、数字编码解码方式控制，只要访客按下户主的代码，对应的户主拿下话机就可以与访客通话，并决定是否打开防盗安全门；而户主则可凭电磁钥匙出入该单元大门。

3）电控安全防盗门。在一般防盗安全门的基础上加上电控锁、闭门器等构件组成。

2. 可视对讲系统

可视对讲系统除了对讲功能外，还具有视频信号传输功能，使户主在通话时同时可观察到来访者的情况。因此，系统增加了微型摄像机一部，安装在大门入口处附近，每户终端设一部监视器。

可视对讲系统主要具有以下功能。

1）通过观察监视器上来访者的图像，可以将不希望的来访者拒之门外。

2）按下呼出键，即使没人拿起听筒，屋里的人也可以听到来客的声音。

3）按下"电子门锁打开按钮"，门锁可自动打开。

4）按下"监视按钮"，即使不拿起听筒，也可以监听和监看来访者长达30s，而来访者却听不到屋里的任何声音；再按一次，解除监视状态。

　　可视对讲室内对话机可配置报警控制器，并同报警控制器一起接到小区管理机上。管理机与电脑连接，运行专门的小区安全管理软件，可随时在电子地图上直观地看出报警发生的地理位置、报警住户资料，便于物业管理人员采取相应的措施。

　　如图 9-22 所示为一高层住宅楼宇对讲系统图。通过识读系统图可以知道，该楼宇对讲系统为联网型可视对讲系统。

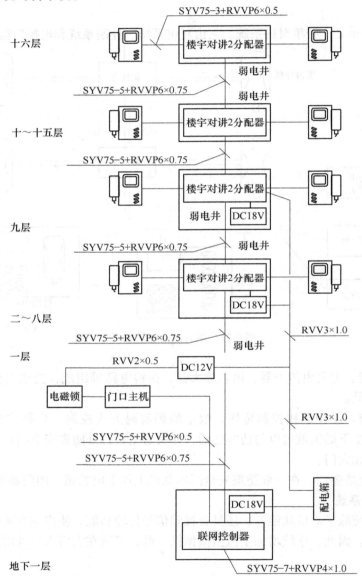

图 9-22　可视对讲系统示意图

　　每户室内设置一台可视电话分机，单元楼梯口设一台带门禁编码式可视梯口机，住户可以通过智能卡和密码开启单元门。来访者可通过门口主机实现在楼梯口与住户的呼叫对讲。

　　楼梯间设备采用就近供电方式，由单元配电箱引一路 220V 电源至梯间箱，实现对每个楼层楼宇对讲 2 分配器及室内可视分机供电。

从图中还可得知，视频信号线型号分别为 SYV75—5 + RVVP6 ×0. 75 和 SYV75—5 + RV-VP6 ×0. 5，楼梯间电源线型号分别为 RVV3 ×1. 0 和 RVV2 ×0. 5。

9. 4. 5　电子巡更系统

巡逻时，传统签名簿的签到形式容易出现冒签或补签的问题，在查核签到时比较费时费力，对于失盗、失职分析难度较大。随着 IC 卡和非接触式 IC 卡的出现，便产生了电子巡更系统。电子巡更系统分为在线式巡更系统和非在线式电子巡更系统两种。

在线式巡更系统是指保安人员在规定的巡逻路线上，在指定时间和地点向中央控制站发回信号以表示正常。如在指定时间内，没有信号发回或不按规定次序发回，系统将认为异常。有了巡更系统后，如巡逻人员出现问题或危险，会很快被发觉。

非在线式巡更系统是指保安人员手持巡更棒，在规定时间内到指定的巡更间，采集该点的信号，并储存在巡更棒中，几个巡更周期后，管理人员将该巡更棒连接到电脑，将所有的巡更信息下载到电脑，由电脑进行统计。这种结构的巡更系统具有安装简单、使用方便、造价低廉、维护方便等特点。在实际情况中，非在线式巡更系统比较常用。

1. 系统的功能

1）巡更路线设定、调整及巡更时间的设定、调整。

2）巡更人员信息的识别。

3）巡更点信息的识别。

4）控制中心电脑软件编排巡更班次、时间间隔、线路走向。

5）电脑对采集回来的数据进行整理、存档，自动生成分类记录、报表、打印。

在线式巡更系统还应具有如下功能：

1）巡更开关的故障报警，住宅小区监控中心图像视频上给出提示信息，并要求确认。

2）发出"未到位"信号，将启动有关摄像机与录像机。

3）报警状态下的信息记录、显示及打印。

4）巡更到位超时报警。

5）巡更路线及当前巡更位置的显示。

6）"未到位"报警时，住宅小区监控中心弹出与报警点相关的摄像机的图像信号。

2. 系统的组成

非在线式电子巡更系统主要由巡更棒、人员信息卡、巡更点信号器、数据转换器、计算机和专用管理软件六部分组成，如图 9-23 所示。

在每个巡更点安装一个巡更点信号器，值班巡更人员首先输入人名信息，然后手持巡更棒在规定的时间内到指定的巡更点采集该点的信号。巡更棒有很大的存储容量，几个巡更周期后，管理人员将该巡更棒连接到电脑，将所有的巡更信息下载到电脑，由电脑进行统计。管理人员可根据巡更数据知道各点巡更人员的检查情况，并能清晰的了解所有巡更路线的运行状况，而且所有巡更信息的历史记录都在电脑里储存，以备事后统计和查询。控制中心的计算机内存有巡更的管理程序，可设定巡更路线和方式，管理人员可通过软件更改巡逻路线以配合不同的场合（如有特殊会议、贵宾访问等）的需要。

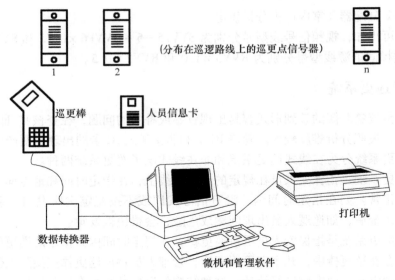

（分布在巡逻路线上的巡更点信号器）

巡更棒　　人员信息卡

数据转换器　　微机和管理软件　　打印机

图 9-23　巡更系统示意图

9.4.6　停车场管理系统

随着人们生活水平的提高，家庭轿车的拥有量逐年增加，住宅小区内必须修建一定规模的停车场。为提高停车场的管理质量、效益及安全性，应建立完善的停车场管理系统。

1. 系统的组成

停车场管理系统主要由车辆出入的检测和控制、车位和车满的显示、管理、计时收费管理等三部分组成。

当车辆驶近入口时，可看到停车场指示信息标志，标示显示入口方向与车库内空余车位的情况。若车库停车满额，则车满信号灯亮，拒绝车辆入库；若车库未满，允许车辆进入，但驾驶员必须用停车票卡或使用停车卡，通过验读机认可，入口电动栏会自动升起放行，车辆驶过栏杆门后，栏杆自动放下，阻挡后续车辆进入。进入的车辆可由车牌摄像机将车牌影像摄入并形成当时驶入车辆的车牌数据。车牌数据与停车凭证数据（凭证类型、编号、进库日期、时间）一齐存入管理系统的计算机内。进库车辆在停车引导灯指引下停在指定位置上，此时管理系统的显示器即显示该车位已被占用的信息。车辆离库时，汽车驶近出口，出示停车凭证并经验读机读出的数据识别出行的车辆编号与出库时间，出口车辆摄像识别器提供的车牌数据与阅读机读出的数据一齐送入管理系统，进行核对与计费。若需当场核收费用，由出口收费器（员）收取，手续完毕后，出口电动栏杆升起放行。放行后电动栏杆落下，车库停车数减一，入口指示信息标志中的停车状态被刷新一次。

2. 智能感应卡停车场管理系统

随着现代科学技术的发展，智能感应卡已应用于停车场管理系统中，因此省去了使用磁卡而带来庞大的计算、传递、动作机构，此系统以智能卡技术和电脑应用软件为核心，配备精良的停车场设备而成。

智能感应卡停车场管理系统流程示意图如图 9-24 所示。

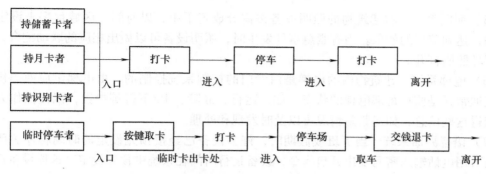

图 9-24 智能感应卡停车场管理系统流程示意图

课题5 楼宇自动控制系统

楼宇自控系统是建筑设备自动化控制系统的简称。建筑设备主要是指为建筑服务的、提供人们基本生存环境（风、水、电）所需的大量机电设备，如暖通空调设备、照明设备、变配电设备以及给排水设备等。通过实现建筑设备自动化控制，以达到合理利用设备，节省能源、节省人力，确保设备安全运行之目的。

楼宇自控系统的组成包括：系统软件、DDC 模块、传感器及末端执行器等。

1. 楼宇自控系统的子系统

楼宇自控系统要对建筑物内的各机电设备，包括暖通空调系统、送排风系统、给水排水系统、变配电系统、照明系统、电梯系统等，采用集散系统进行自动监控和管理，以便于对各类机组提供可靠的、经济的优化控制。

（1）暖通空调系统　通过楼宇自动化系统（BAS）实现对空调末端设备的节能自动控制。当空调负荷发生变化时，通过采集相关数值，经系统运算后改变冷水机组工作状态、冷冻水和冷却水流量以及冷却塔风机的风量，确保冷水机组始终工作在效率最佳状态，使主机始终处于高转换效率的最佳运行工况。

另外，通过楼宇自控系统，对中央空调系统末端的新风机、空调机以及风机盘管等装置进行状态监视及"精细化"控制，以实现节能的目的，也就是通过 DDC（直接数字控制器），将检测的相关量值进行 PID 运算，实现对上述设备的 PID 控制，达到一定的节能效果，同时创造舒适性环境。

（2）送排风系统　根据时间表（日常和节假日）合理启停送排风，达到节能目的；监视风机的运行状态和故障报警，记录风机工作时间，及时维护、维修，达到延长设备使用寿命的目的。

（3）给水排水系统　检测生活水池、消防水池以及污水池等的水位，控制水泵的开关以及高低水位和水泵故障报警。系统主要通过对水泵的合理控制达到延长设备使用寿命和节省能源的目的。

（4）供配电系统　BAS 对供配电系统只监不控，针对高/低压回路检测其电压、电流、功率等参数。尤其是低压供电部分，其每个供电回路的供电对象比较具体，因此，这些参数对于建筑物的管理人员非常有用，通过这些参数可以分析建筑物内各主要用电设备的用电情况，为更有效和科学地用电提供帮助。

（5）照明系统 将建筑物的照明设备按需分成若干组，以时间、区域程序来设定设备的开关，达到节能的效果。当有紧急事件发生时，照明设备可以做出相应的联动配合，将相应的区域照明打开。

（6）电梯系统 建筑物内的电梯是由专门的控制系统控制的，由电梯供应商提供。楼宇系统通常只是监视每部电梯的状态，如，运行、故障、上/下行等参数，以便操作人员可随时获得这些信息，如遇紧急情况可以及时发现和处理。

（7）语音界面系统 当下班或假期时，许多设备已经按预先设定的时间程序关闭，操作人员可用电话输入密码发出开启指令，设备运行时间在系统中预先设定，这样设备运行一段时间后自动关闭。可以通过电话密码输入，根据授权进入系统，提取温度、湿度、流量等数据，也可发出指令开启空调、照明设备。系统产生报警时，可通过电话进行报警。实时记录电话拨号登录数据，并进行打印。

楼宇自动化系统是由中央计算机及各种控制子系统组成的综合性系统，它采用传感技术、计算机和现代通信技术，对采暖、通风、电梯、空调监控，给水排水实行监控，配变电与自备电源监控，火灾自动报警与消防联动，安全保卫等系统实行全自动的综合管理。各子系统之间可以信息互联和联动，为大楼的业主、管理者及客户提供最有效的信息服务和高效、舒适、便利和安全的环境。BAS 一般采用分散控制、集中监控与管理，其关键是传感技术、接口控制技术、管理信息系统。

2. 给水排水系统的控制

为了保证系统的正常运行，对各给水泵、排水泵、污水泵及饮用水泵运行状态的监视，对各种水箱及污水池（箱）的水位监视，给水系统压力监视；以及根据这些水位及压力状态，启停相应的水泵，自动切换备用水泵；根据监视和设备的启停状态非正常情况进行故障报警；并实现给排水系统的节能控制。

1）给水系统的监控，如图9-25所示。建筑物中的生活给水系统由高位水箱、给水泵和低位蓄水池等构成。

①给水泵启/停控制。根据高位水箱和蓄水池液位控制给水泵启/停。高位水箱（蓄水池）一般设有4个水位传感器，即，溢流水位、最低报警水位、给水泵停泵水位和启泵水位。DDC 控制器根据水位开关信号来控制给水泵的启/停；当高位水箱液位低于启泵水位时，DDC 控制器送出信号启动给水泵投入运行；当高位水箱液位高于停泵水位或蓄水池液位达到停泵水位时，DDC 控制器送出信号停止给水泵。当工作泵发生故障时，备用泵自动投入运行。

②检测及报警。当高位水箱（或蓄水池）液位高于溢流水位时，自动报警；当液位低于最低报警水位时，自动报警。但蓄水池的最低报警水位并不意味蓄水池无水，为了保障消防用水，蓄水池必须留有一定的消防用水量，发生火灾时，消防泵启动。如果蓄水池液位达到消防泵停泵水位，将发生报警，水泵发生故障时自动报警。

③设备运行时间累计。累计设备运行时间，为定时维修提供依据，并根据每台泵的运行时间，自动确定作为运行泵或是备用泵。

2）排水监控系统，如图9-26所示。建筑物内的污水集中于污水集水坑（池），然后用排水泵将污水提升至室外排水管中，排水泵为自动控制，排水监控系统应保证排水系统完全通畅。

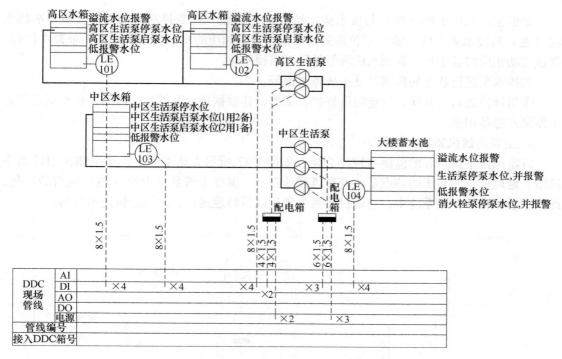

图 9-25　生活给水系统监测与自动控制系统图

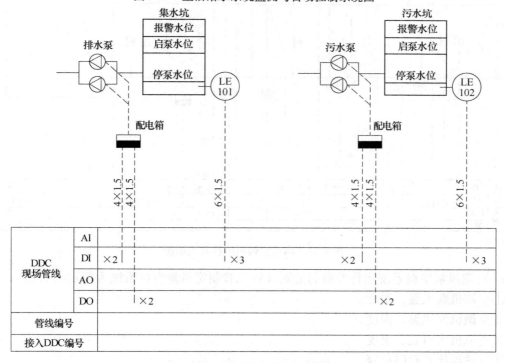

图 9-26　生活排水系统监测与自动控制系统图

排水监控系统的监控对象为集水坑（池）和排水泵，监控功能如下。

①污水集水坑（池）与废水集水坑（池）水位监测及超限报警。

②根据污水集水坑（池）与废水集水坑（池）水位，控制排水泵的启停。当污水集水坑（池）与废水集水坑（池）水位达到高限时，启动相应的水泵；当水位高于报警水位时，联锁启动相应的备用泵，直到水位降至低限时联锁停泵。

③排水泵运行状态的监测及发生故障时报警。

④累计设备运行时间，为定时维修提供依据，并根据每台泵的运行时间，自动确定作为工作泵或是备用泵。

3. 空调与通风系统的控制

以定风量空调系统的监测与控制为例，如图 9-27 所示为典型的定风量空调机组控制系统图，定风量空调系统的特点是改变送风量的温度、湿度来满足室内冷（热）负荷的变化，维持室温不变。在该系统中，空调机接通电源后以恒转速运行，风量是恒定不变的。

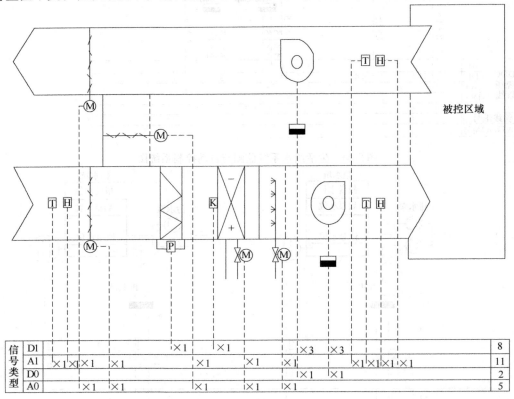

图 9-27　典型空调机组控制系统图

（1）定风量空调系统运行参数的监测（以二管制定风量空调系统为例）。

①空调机新风温、湿度。

②空调机回风温、湿度。

③送风机出口温、湿度。

④过滤器压差超限报警。

⑤防冻报警。

⑥送风机、回风机状态显示及故障报警。

⑦电动调节水阀、加湿阀开度显示。

（2）定风量空调系统的自动控制

1）空调回风温度的自动调节。它把温度传感器测量的回风温度送入 DDC 控制器与给定值进行比较，根据 $\pm \Delta T$ 偏差值，由 DDC 按 PID 规律调节表冷调节水阀开度以控制冷冻（加热）水量，使室内温度达到控制要求。

在回风温度调节中，随天气变化的新风温度对回风温度调节是一个扰动量，回风温度调节总是滞后于新风温度的变化。为了提高系统的调节品质，把测量的新风温度值作为前馈信号加入回风温度调节系统，在调节阀开度满足室内负荷的要求处于平衡状态时，新风温度测量值增大（减小），这个温度增加量（减小量）经 DDC 运算后输出一个相应的控制电信号，使调节阀开度增加（减小），补偿新风温度变化对室温的影响。

对空调机组进行最优化控制，使各空调机的调节水阀始终保持在最佳开度，满足冷负荷的要求，根据冷负荷的需求，进而控制冷水机组和水泵启动台数，达到节约能源的效果。

2）空调系统回风湿度控制。回风湿度调节系统是按 PI（比例、积分）规律调节加湿阀以保持室内相对湿度在要求的范围内。

3）新风阀、回风阀及排风阀的比例控制。将测量的回风温、湿度值和新风温、湿度值由 DDC 控制器进行回风及新风焓值计算，按新风和回风的焓值比例输出相应的电信号，控制新风阀和回风阀的比例开度，使系统在最佳的新风/回风比状态下运行，以便达到节能的目的。

排风阀的开度控制从理论上讲，应和新风阀的开度相对应，排风量应等于新风量。

（3）联锁控制

1）空调机组启动顺序控制。送风机启动→新风阀开启→回风机启动→排风阀开启→调节水阀开启→加湿阀开启。

2）空调机组停机顺序控制。送风机停机、关加湿阀→关调节水阀→停回风机→新风阀、排风阀全关→回风阀全开。

3）火灾停机。火灾发生时，由系统实施停机指令，统一停机。

单 元 小 结

1. 电话通信系统是由终端设备、传输设备和交换设备三大部分组成。

2. 计算机网络的功能是实现网络中资源共享和数据通信。计算机网络的组成可以划分为三个部分：用于连接各局域网的骨干网部分、智能楼宇内部的局域网部分以及连接 Internet 网络的部分。计算机网络设备主要有服务器、工作站、网卡、集线器、交换机、网关、网桥、路由器等。

3. 有线电视系统由信号源及前端系统、干线系统、用户分配系统等三个部分组成。有线电视系统中设备较多，应了解它们的功能。

4. 建筑电话通信系统工程图、计算机网络系统工程图、有线电视系统工程图都是由系统图和平面图组成，是指导具体安装的依据。

5. 火灾自动报警系统由两大部分组成：探测报警子系统、自动减灾灭火系统。根据建筑防火分类和火灾自动报警系统保护对象分级，火灾自动报警系统有区域报警系统、集中报警系统、控制中心报警系统三种。确保消防联动设备在火灾发生时能正常发挥效益的控制称为消防设备的联动控制。火灾自动报警与联动控制系统工程图主要由系统图和平面图组成。

6. 安全防范系统是一个综合性的系统，是由物理防范、技术防范、人员管理防范组成的有机组合体。包括出入口控制系统、闭路电视监控系统、入侵报警系统、楼宇对讲系统、电子巡更系统、停车场管理系统等。应清楚它们的组成。

7. 楼宇自控系统要对建筑物内的各机电设备，包括暖通空调系统、送排风系统、给水排水系统、变配电系统、照明系统、电梯系统等，采用集散系统进行自动监控和管理，以便对各类机组提供可靠的、经济的优化控制。

楼宇自控系统的组成包括：系统软件、DDC 模块、传感器及末端执行器等。

同 步 测 试

一、如习题图 1、习题图 2 所示，为某别墅电话、电视和网络的综合布线系统图，请读懂系统图与底层平面图。**HDD** 为家居配线箱，**BD** 为建筑物配线架，**FD** 为楼层配线架，**TP** 为电话插座，**TD** 为网络插座，**TV** 为电视插座。识图并回答以下问题。

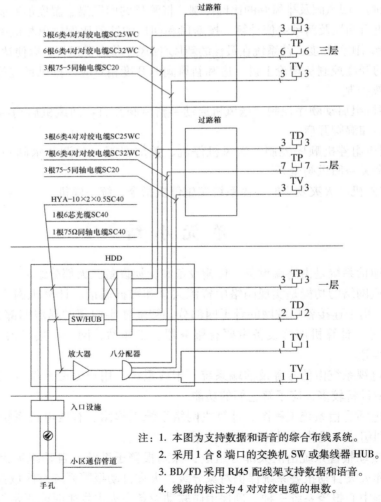

习题图 1　综合布线系统图

1. 有线电视系统由哪几部分组成？放大器和分配器有何作用？
2. 有线电视系统采用何种传输介质？有什么组成结构？优点是什么？
3. 光缆与电缆相比有何优点？
4. HYA—10×2×0.5SC40 表示什么含义？

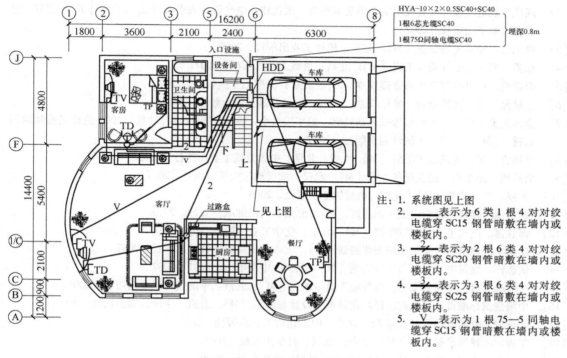

习题图 2　一层综合布线平面图

二、简答题

1. 建筑物电话通信系统由哪些部分组成？
2. 计算机网络设备有哪些，其作用是什么？
3. 集中火灾报警系统的组成包括哪些？消防联动控制设备包括哪些？
4. 安全防范系统包括哪些内容？
5. 楼宇自动控制系统包括哪些子系统？
6. 给排水系统监控的基本功能包括哪些？

参 考 文 献

[1] 刘兵. 建筑电气与施工用电 [M]. 北京：电子工业出版社，2006.
[2] 现代建筑电气设计安装技术实用手册编委会. 现代建筑电气设计安装技术实用手册 [M]. 北京：世图音像电子出版社，2002.
[3] 张东放. 建筑设备工程 [M]. 北京：机械工业出版社，2009.
[4] 徐勇. 通风与空气调节工程 [M]. 北京：机械工业出版社，2007.
[5] 李媛英. 中央空调运行与管理读本 [M]. 北京：机械工业出版社，2007.
[6] 王继民，等. 建筑设备 [M]. 2版. 北京：中国建筑工业出版社，2007.
[7] 全国造价工程师执业资格考试培训教材. 编审委员会. 安装工程技术与计量（2009 造价工程师培训教材）[M]. 北京：中国计划出版社，2009.
[8] 赵培森，等. 建筑施工手册 [M]. 4版. 北京：中国建筑工业出版社，2003.
[9] 刘昌明，鲍东杰. 建筑设备工程 [M]. 武汉：武汉理工大学出版社，2007.
[10] 黄翔. 空气调节 [M]. 北京：机械工业出版社，2006.
[11] 杨清德. 轻轻松松学电工·识图篇 [M]. 北京：人民邮电出版社，2010.
[12] 谭胜富. 电气工人识图100例 [M]. 北京：化学工业出版社，2006.
[13] 汪永华. 建筑电气安装工识图快捷通 [M]. 上海：上海科学技术出版社，2007.
[14] 侯志伟. 建筑电气识图与工程实例 [M]. 北京：中国电力出版社，2007.
[15] 电气施工员一本通编委会. 电气施工员一本通 [M]. 北京：中国建材工业出版社，2009.
[16] 中国建筑标准设计研究院. 民用建筑电气设计与施工 [M]. 北京：中国计划出版社，2008.
[17] 陆亚俊. 暖通空调 [M]. 2版. 北京：中国建筑工业出版社，2007.
[18] 蔡秀丽. 建筑设备工程 [M]. 2版. 北京：科学出版社，2005.
[19] 王青山，王丽. 建筑设备 [M]. 北京：机械工业出版社，2009.
[20] 付祥钊. 流体输配管网 [M]. 3版. 北京：中国建筑工业出版社，2009.
[21] 范丽丽. 弱电系统设计 [M]. 北京：中国电力出版社，2010.
[22] 徐第，孙俊英. 建筑智能化设备安装技术 [M]. 北京：金盾出版社，2008.
[23] 黄利萍，胥进. 通风与空调识图教材 [M]. 上海：上海科学技术出版社，2004.